JN106303

新訂版

リクガメの飼い方

吉田 誠 著

エムピージェー

はじめに

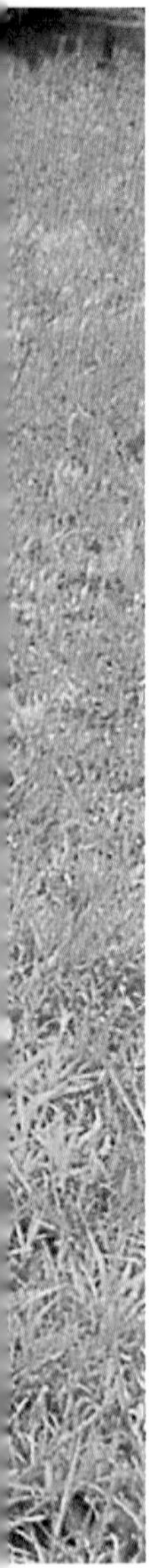

ペットショップなどで見かけるリクガメは、硬い甲羅を身にまとい、鱗《うろこ》に包まれたごつい手足は太古の生き物を連想させます。また、美味しそうに野菜を食べる様子、のんびりとくつろいでいる姿は、我々の日常の流れとは全く異なり、見ているだけで癒されてしまうことでしょう。鳴くことも毛がとぶこともなく、あまり動かないのでスペースもさほど必要ではなく、草食でおとなしい。「飼いやすそう」と思われるかもしれません。しかし、それは本当でしょうか？

リクガメは、我々と身近なペットである、イヌやネコのような生き物とは全く異なった性質を持っています。昔から私たちになじみの深い身近なカメ━クサガメやニホンイシガメ、そしてミドリガメことアカミミガメ━などの水生のカメもいますが、リクガメは彼らともまた異なった生き物といってよいでしょう。

リクガメに限らず、生き物を飼おうと思った場合の準備は、第一に、飼おうとする生き物のことを十分調べること、そして飼い主が、彼らの命に責任を持つという自覚を持つことだと思います。リクガメは日本には生息していません。遠い彼方から連れてこられたリクガメにとって、日本での生活は、決して楽なものではありません。

本来、リクガメは、父なる太陽と母なる大地の恩恵を、最大限に受けて生活しています。彼らをよく理解し、彼らとうまく付き合う方法を知り、真剣に彼らと向きあって飼育し続けないと、生かしておくことすら難しい生き物だということをぜひ知ってください。それができれば、彼らはあなたに様々な表情を見せてくれるでしょうし、彼らと過ごすひと時が、あなたの心を豊かにしてくれるであろうことは間違いありません。

本書は、そんなリクガメとの付き合い方を、初心者の方でも理解できるように心がけてまとめたものです。筆者（私）は、本格的にリクガメ飼育を始めて30年になる愛好家であり、また獣医師でもあります。この本が、皆さまとリクガメの生活の向上に、少しでもお役に立てれば幸いです。

新訂版

リクガメの飼い方

contents

飼育のヒントがたくさん

リクガメ愛好家お宅拝見

ここでは、7人のリクガメ愛好家のお宅を紹介します。
飼育という趣味は、実際の様子を見ることで
「なるほど」と思えることが多いものです。
のちに続く本文の、参考になる部分もあることでしょう

取材／編集部

一連の作品に散々怖がらせられた方も多いであろう日野日出志先生。その実態は……生き物好きでキュートなナイスシルバーだった！

人間とは時間のペースがまるで違う。そこに惹かれるんでしょうね

漫画家・日野日出志さん

愛好家訪問

ヘルマンリクガメのマメコ（右）は、かかりつけの獣医さんも「見たことがないサイズ」と太鼓判を押すデカさ！　最古参であるロシアリクガメのデカは、だいたいシェルターで寝ているとか

かつて誰もがトラウマに……

ホラー漫画の巨匠、日野日出志氏。その名前に強烈な印象を抱いている読者も多いでしょう。グロテスクなキャラクターたちが紡ぐ、残酷で哀愁を漂わせる物語は、かつて多くの少年少女に忘れがたいインパクトを与えたものです。

そんな日野日出志先生が、どうやらカメの飼育に夢中らしいと聞き及びました。日野先生でカメというと蔵六の奇病が脳裏に浮かびますが、さてどんな風にして飼われているのか……。興味が湧き、さっそくツテを頼って取材に伺ってみました。

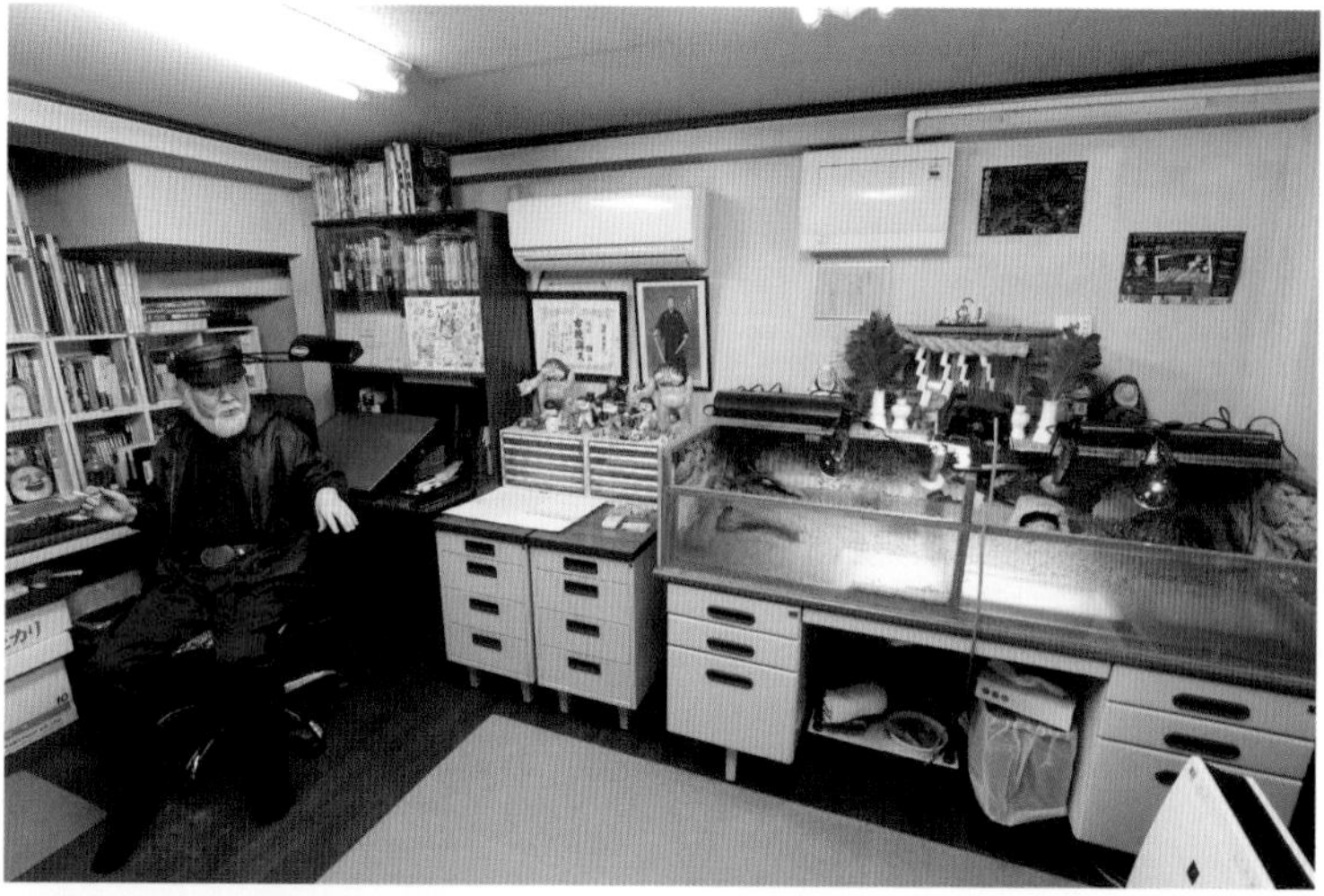

リクガメたちは先生の仕事部屋の一角（というにはかなりのスペースを占めているが）で飼育中。元は仕事用だったデスクを、カメたちのために提供されている

ワークチェアの下に潜り込んでぐいぐい回すのが大好き。先生が座っていてもお構いなしだ

仕事部屋を悠々と闊歩するホシガメのホシカ。なぜか消灯後に餌を食べ始めるので、他のカメもつられて起きてくるとか

長年の生き物好き

ご自宅に向かうと、現れたのは白髪の優しそうな人物。その作風を知るだけにちょっぴり意外な出会いでした……。ともあれカメたちを見せていただくと、仕事部屋に置かれた大きなケージで気ままに遊ぶ、3頭の立派なリクガメたちが。そこからは、生き物飼育のベテランと直感させるオーラがプンプン漂ってきます。その勘はピタリ的中。昔から大の生き物好きで、熱帯魚ショップで働いた経験もおありだといいます。

「昔錦鯉に憧れてて、その頃は三色とかしかいなかったけど、プラチナとか色々出てきて……」

「ネオンテトラは濁った川にいるから、暗くしてあげないと産卵しないんだ」

なんて話がポンポン飛び出してくるのだから、筋金入りです。

ケージは手作り

適当な市販品がなかったため、15年ほど前に自作したリクガメ用ケージ。約180×80×H40cmと広さは十分で、爬虫類用のメタルハライドランプから保温球まで揃った本格派。中央に据えられた神棚が、いかにも、である

気持ちの悪い生き物は苦手!?

そんな日野先生のリクガメとの出会いは20年ほど前のこと。当時は仕事に疲れると、リフレッシュのため熱帯魚ショップへ車を走らせていたといいます。

意外なことに、トカゲやヘビといったグネグネした生き物は苦手で、爬虫類も好きではなかったそうです。しかし、お店で小さなロシアリクガメに出会ってからは、それもどんどん変わっていきました。

「ロシアのデカは最初すごく調子が悪かったんです。生き物を飼うときは必ず飼育書を色々読むんですが、これは尿酸結石に違いないと。それでとにかく暖めて温浴させたら、ザラザラした尿酸をたっぷり出して。そこからはどんどん調子が上がりましたね」

「それから20年、のうのうと生きてます。感謝してるのかどうだかわからないけど（笑）」

と嬉しそうに語ってくれました。

その後インドホシガメのホシカとヘルマンリクガメのマメコも仲間に加わり、長くリクガメライフを楽しんでいます。

こまめな世話がポイント

カメたちを見ると、とにかくしっかり育っている、という印象が強く、ひとえに、まめな世話のたまものでしょう。それは今でも毎日朝と夕の2回、必ず温浴をさせていることからも伺えます。

「尿酸が溜まるのはリクガメ飼育の宿命のようなもの。私はそこからのト

ケージ内にはウッドペレットを敷いてある。朝夕の温浴時に排泄するので、床材は汚れにくいとか。ただ、ホコリは出るので空気清浄機で対応している

食事は小松菜などの葉野菜に好物のトマト、さらに少量のリクガメフードをまぶして栄養のバランスを取っている

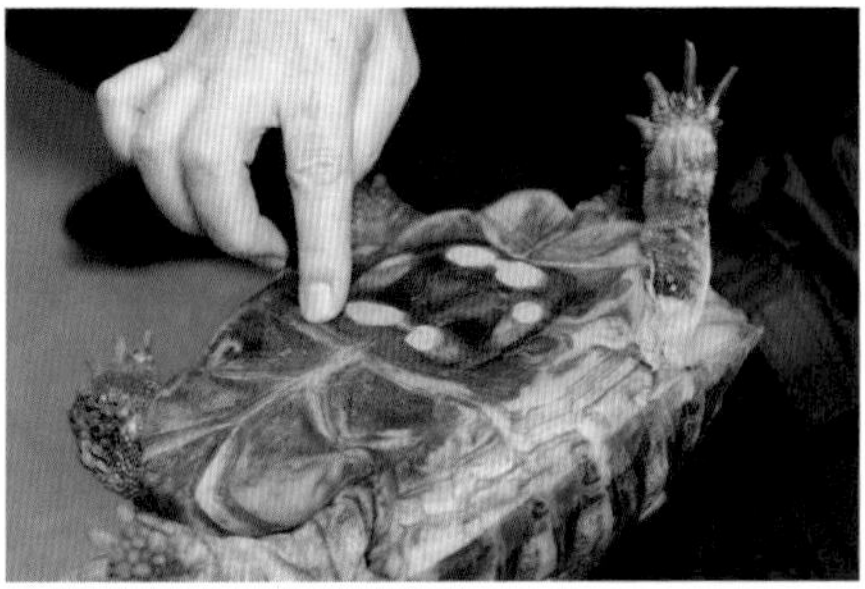

マメコはお腹に手術跡がある。2 年ほど前に卵が膀胱に入り込み危険な状態になったが、なんとか取り留めた。今では元気いっぱいだ

ラブルが怖いので、毎日温浴させていますね」

リクガメの温浴には様々な意見がありますが、日野先生の飼い方も一つの目安になるのではないでしょうか。

「ゴトゴトうるさいなぁって思うこともありますけど（笑）、人間とは時間のペースというか、波動がまるで違う生き物なんです」

リクガメに惹かれる理由を、そんなふうに語ってくれた日野先生。近ごろは創作意欲も大いに盛り上がっているといいます。今後のさらなる活躍が楽しみです。

自著を手に。今なお創作意欲は旺盛で、取材時（2019年1月）には長年の夢だった絵本の制作に挑戦されていた

無有の活動をなるべく妨げないようにしているのが植木さん宅の飼育スタイル。このスロープを設置したことで、クーラーを使えなくなってしまったが、それもカメのため

自分より無有《ムー》を大切にできる人はいないので、絶対に無有より長生きします

愛好家訪問

神奈川県／植木祥恵さん

ベランダでも自由。徘徊したり、暑くなりすぎたら木陰で休んだり。冬場以外の日中は、こちらがメインの活動スペース

自由なリクガメ

植木さんの飼育する無有（ムー）の生活は、自由です。朝、ケージのなかで目が覚めると、ケージの外に出ます。そして、暖かい時期にはベランダに出て日がな一日過ごし、3時ごろになるとまた室内に戻ります。室内には、爬虫類用のケージとは別にウサギ小屋があり、まずそこで眠ります。眠る間に植木さんに抱えられ、ケージへ移動。そしてまた朝を迎えると、外に出て行きます。

自由というのは、こうした行動のほとんどを、無有自身の意志で決めていること。少し驚いてしまいますが、朝起きると無有は「自分で」ケージのガラス戸を開け外に出ます。ケージの戸はノブのないレール式ですから、リクガメの手でも開けることができるのは理解できますが、特に教えたわけで

ケージにもスロープがあり自由に行き来できるように。自分で戸を開けてしまうので、落下防止のために床に置いてある

呼べば（やや）ダッシュで駆け寄ってくる

ほとんど放し飼いのため、部屋の中にもホットスポットがある

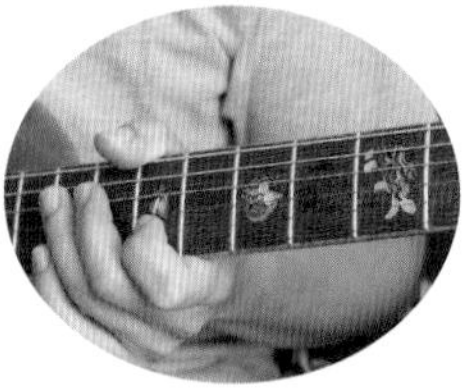

ご主人はプロのギタリスト。ネックのポジションマークは、祥恵さんがカメをモチーフにデザインしたもの

レシピ集を開くと、料理の写真が気になるのか、すかさず寄ってくる無有。好奇心旺盛なのだ

園芸も趣味で、リクガメの餌も栽培。ポーチュラカ、クワ、カランコエなど

無有を飼育してから、細かく日記をつけている。他に「無有的日常」というブログも開設しており、カメファンならのぞいて楽しいはず

もないのに憶えたそうです。そして、植木さんのご主人お手製のスロープを使って、ベランダから室内を行き来します。お住まいがマンションの上階で虫があまり飛んでこないこともあり、このスロープの幅の分だけサッシが開けてあります。つまり、ケージ、ベランダ、室内は連続しており、無有の行動を制限するものが、ほとんどないのです。

リクガメとのコミュニケーション

とはいっても、ただ放っておかれるわけではありません。生活のスペースを同じくする植木さんと無有からは、まるで犬猫とその飼い主のように親密に接している様子がうかがえます。植木さんが「ムー!」と呼べば、嬉々とした様子で足元に駆け寄ります。また、植木さんが台所で餌を用意する間

植木さんのリクガメ飼育データ

リクガメ飼育歴	約２年半
飼育しているリクガメ（飼育年数）	ギリシャリクガメ（無有（ムー）／約３才）
ケージの数・サイズ	60 × 45 × 30cm
基本温度の設定	ケージのサーモスタットの最低温度は 27℃設定。冬場には室内暖房を入れ、ベランダには出さない
ホットスポットの設定（W 数／時間）	ケージは 50W ／ 8 時間（カメがケージの外にいるときには消している）、ケージ外は 100W で温度の低いときに点灯
ケージの保温器具の種類と W 数	インフラレッドヒートランプ 50W
ケージに使っている蛍光管（UVB）	レプティサン 5.0
ケージの湿度	60%くらい、40%を切らないようにしている
ケージの床材	ヤシの実チップとバークチップの混合、巻きダンボール
与えている餌	主に野草（オオバコ、タンポポ、クローバー、ノゲシなど）、補助的に大根やカブの葉（無農薬）
与えている頻度	1 日 2 回
温浴の頻度	毎日排泄するのでほとんどしない。汚れた時に
サプリメント	炭酸カルシウム（毎食）、マルベリー Ca（3 ～ 4 日に一度）

餌は野草がメイン。10 日に一度ほど、まとめて近所でとってきたものを冷蔵保存している。農薬や除草剤を使っていない場所を選んでいるそうだ

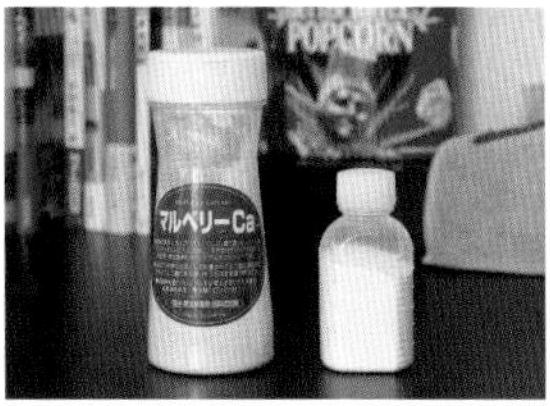

獣医さんのすすめもあり炭酸カルシウムのパウダー（右）をメインのサプリメントとして与えている。左は爬虫類用のサプリメント

には、その足の甲に乗り餌を待ちます。飼育の当初には、大きな動作をとることができず声を出すわけでもないリクガメと、どこまでコミュニケーションをとれるのか不安があったという植木さんですが、今では無有の様子を見ればなにを要求しているのか大体わかるようになったといいます。

無有との生活に大満足といった様子の植木さんに、「困ったことはありますか？」とお聞きしたところ、飼育を始めてから家を空けにくくなったことを挙げられていました。リクガメは、行動に予測がつきにくい動物ですから、留守にしている間にひっくり返ったり、なにかに挟まってしまうのが心配で、活動している昼間には留守にできないのだそうです。しかし、そのエピソードを話す口ぶりからも、部屋で無有と一緒にいる時間が楽しくてしょうがないことが伝わってきます。

かわいいといっても爬虫類ですから、ペットとしてあまり密な付き合いができないというのが、リクガメに対する世間一般の見方でしょう。しかし、植木さんのお宅では、大げさではなく犬猫、いやそれ以上の付き合い方をしていると感じます。リクガメが持つペットとしての資質は、私たちが考えている以上に大きいものなのかもしれません。

（取材は9月）

ノンビリとお散歩

手前がアンディ。成長した個体を知人より譲り受けたので正確な年齢はわからないが、おそらく20才くらいではないかとのこと

飼育場が広いせいか、あまり細かいことを気にせずに飼えています

神奈川県／桐生典明さん

10年ぶりの再会

現在、国内に流通するリクガメのなかで最も大きくなるアルダブラゾウガメ。リクガメ好きなら一度はその飼育を夢みるであろうこの魅力的なリクガメを、桐生さんは2頭飼育しています。

編集部では、桐生さんのお宅に10年ほど前にも一度うかがっています。そのときは熱帯魚の飼育をメインに取材したのですが、大型のゾウガメを一頭、手のひらに乗るサイズのゾウガメを一頭飼育していました。その成長した姿を見てみたく、10年ぶりに訪ねようと思ったのです。

お宅に着くと、2頭のリクガメがちょうど日向ぼっこをしています。手のひらサイズだった個体（とも）は見た目のボリュームは中型犬ほどに、もともと大きかった個体（アンディ）はさらにひと回りほど大きくなり、どちらも貫禄たっぷりの姿に育っています。

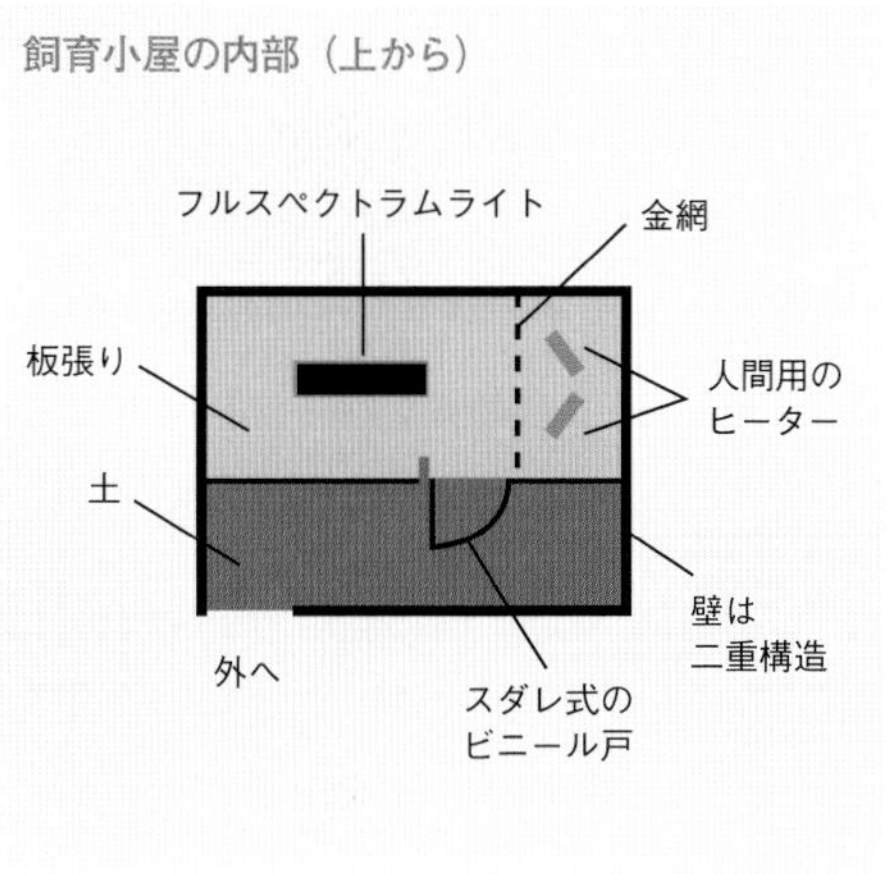
飼育小屋の内部（上から）
フルスペクトラムライト
金網
板張り
人間用の
ヒーター
土
壁は
二重構造
外へ
スダレ式の
ビニール戸

奥に見える小屋が就寝スペース。手前のブロックが敷いてある部分で餌を食べたり日向ぼっこをする。小屋の脇には馬の放牧場へ抜ける小道がある

馬の放牧場をぐるりと囲んだゾウガメの散歩道。写真奥の方まで続いている

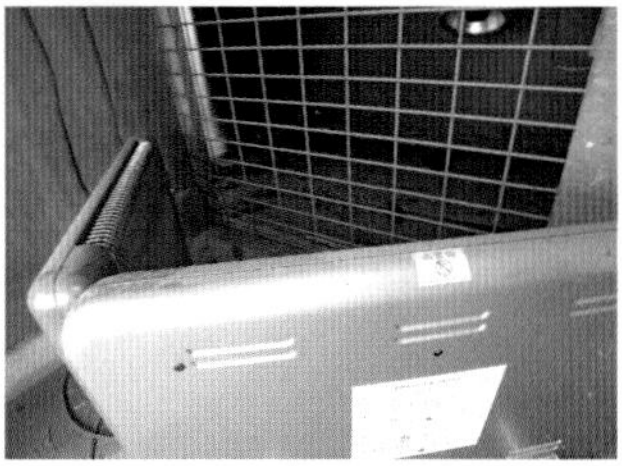
保温には人用のヒーターを。電球タイプを使っていた頃より、光熱費がだいぶ下がったとのこと

小屋の内部はふたつに仕切られており、ビニール戸の向こう側が保温されている

のびのびと飼育

桐生さんは、アルダブラゾウガメを屋外で飼育しています。庭の一角に材木でこしらえた飼育小屋があり、２頭のシェルターというか寝床になっています。その飼育小屋のすぐ前にはブロックで固めたスペースがあり、こちらで主に餌を与えます。そこから広い庭を囲うように作られた小道がのび、アルダブラゾウガメの散歩コースとなっています。

「広い」と一口にいっても想像しにくいかもしれませんが、桐生さんはこの庭で馬も数頭飼っています。馬を飼うことができるスペースを囲うように散歩コースがあるわけですから、アルダブラゾウガメにとっては十分な広さといえるでしょう。桐生さんいわく、それでもゾウガメにとって広すぎることはないといいますが、これ以上の設備となると一部の動物園くらいのものです。

ゾウガメは賢く、昼間はこの散歩コースをグルグルと歩き、夕方になると小屋に戻りますが、大きな個体は慣れてしまったのか、夜になっても小屋に戻らないことがあるといいます。こちらのゾウガメたちは冬も屋外で飼われており、雪がふっても平気で日光浴をするほど寒さに慣れているそうですが、さすがに寒い季節の雨が降った夜に外においたままではまずいだろうと、小屋に戻らないときには雨よけのシートを被せる

桐生さんのリクガメ飼育データ

リクガメ飼育歴	10 年以上
飼育しているリクガメ（飼育年数）	アルダブラゾウガメ（アンディ／ 10 才以上、とも／ 10 才くらい）
ケージの数・サイズ	屋外飼育。小屋のスペースは 6 坪くらい、その他に散歩コース
基本温度の設定（昼／夜）	小屋の中は 27℃くらい
ホットスポットの設定（W 数／時間）	—
保温器具の種類と W 数	人用のパネルヒーター（380W で運転）を 2 台サーモスタットにつなげて
使っている蛍光管（UVB）	爬虫類用のフルスペクトラムランプを小屋の中で照射
湿度	—
床材	小屋の床部分は板、餌を与えるスペースはコンクリートブロック、散歩コースは土
与えている餌	無農薬野菜を栽培している方からいただく季節の野菜（モロヘイヤやニンジン、大根の葉など）。その他、馬用のチモシーや散歩コースの野草
与えている頻度	1 日 1 回
温浴の頻度	なし
サプリメント	The くわ

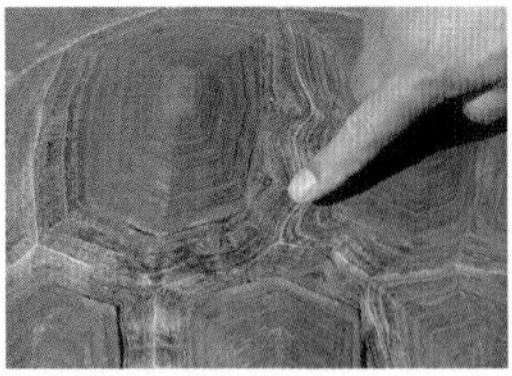
ともの背甲にはいちぶ成長不良の跡が見られる

桐生さんは幼稚園の園長さん。自宅をミニ牧場にして、時おり園児たちを招いている

人なつっこい、とまではいえないが桐生さんとのスキンシップを嫌がることもないゾウガメたち。手前が 10 年前には手のひらサイズだった、とも

そうです。この大きさでは、持ち上げて運ぶことができないからです。

屋外飼育のメリット

小さいほうのゾウガメは、桐生さん宅に来てしばらくは屋内のケージで飼われていました。そのときの狭さのためか、はたまた紫外線の質か、具体的な原因はわからないのですが、背甲の一部に成長不良が現れてしまいました。そのため、一時期はいびつな形の甲羅をしていましたが、屋外での飼育に切り替えたところ徐々に回復し、全体のフォルムで見れば不自然な印象は少なくなったといいます。屋外は、その広さといい、紫外線といい、ゾウガメにとって向いている環境なのでしょう。

飼育者にとって、体に比べて大きなリクガメの糞の処理には頭を悩ませるところ。こちらの2頭は1日で大人がひと抱えの野菜を食べるといいますから糞も相当な量になりますが、風通しがよく太陽にあたることから、ほとんど臭いは気にならないといいます。そんな点にも屋外飼育のメリットはありそうです。

誰にでもできる飼育スタイルではありませんが、ゾウガメはこれくらいの設備があってはじめて上手に飼える動物なのかもしれません。無理をして飼っても、リクガメにとっては不幸ですし、飼育者もたいへんなだけです。桐生さん宅でのびのびと育つ2頭を見ると、そんな風に思えました。

（取材は10月）

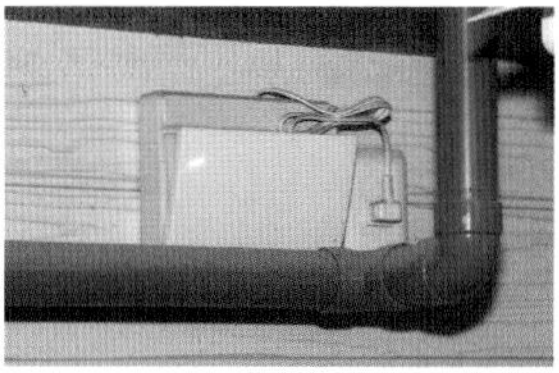

ケージ内の壁に設置された換気扇。暑いな、と思ったらこれで温度を調整する

飼育スペースにはちゃんと扉も完備。普段は閉じられている

ノッシノッシと力強く歩くビルマホシガメ。歩き方を見るだけで、健康に育っているのが伝わってくる

ビルマホシガメを殖やす、そのコツは?「ざっくばらんに飼ってます」

神奈川県/日下貴之さん

水槽部屋の一画につくられた、リクガメの飼育スペース。一見すると屋外のようだが、れっきとした室内の風景だ

水槽部屋にリクガメスペースを

日下さんが2年ほど前に自宅を新築した際、どうしても欲しくなって作ったのが、アロワナや淡水エイなどの大型魚を飼育する水槽部屋。ここで紹介しているリクガメの飼育スペースも、そのときにこしらえたもので、ブリーディングまで考慮された設計となっています。

室内ながら、床は深めに掘り抜いてあり、そこへ赤玉土などを混合したものが30センチほどの厚さで敷いてあります。足下が良くふんばりが利くためか、カメたちの足どりもしっかりしたもので健康そのものといったあんばい。また床材を土にしてからは、以前水槽で飼育していたときに悩まさ

子ガメはコンスタントに生まれている。こちらは以前に撮影した、日下さん宅生まれのベイビー

吊り下げられたセラミックヒーター（左）がホットスポット代わり。ちょうど温度の具合がよいのか、産卵はこの下で行なわれることが多い。右の板で区切られているのが、仔ガメ用スペース

カメのコンディションはバツグンに良い。ちょっと目を離すと、ほれこの通り

カメラを向けたのは迷惑だったかな？　途中で萎えちゃったみたいです

れた悪臭も消え、たいへん快適とのこと。そのまま再現するのは難しいにしても、リクガメの室内飼育をされている方には参考になる部分も多いでしょう。カメたちはこのスペースを自由に歩きまわり、ケージ内で産卵まで行ないます。まさにこの環境だけで、ライフサイクルが完結しているのです。

自然に生まれる仔ガメたち

　こちらでカメたちが繁殖期を迎えるのは、梅雨時に蒸し暑くなってくる辺り。発情したホシガメは盛んに交尾を行ない、産み落とされた卵は半年ほどでふ化します。これもあくまで自然の成り行きにまかせ、仔ガメたちは自力で地上に現れます。

　日下さんの飼育スタイルは、あくまでも気を遣いすぎることなく、ざっくばらんにカメまかせ。これも、生態をふまえて整備された飼育環境の助けがあってのことでしょう。「爬虫類を飼うことは、環境を飼うこと」とはよく言われますが、まさにこの言葉を実践している環境で、ホシガメたちはすくすくと育ち、世代を紡いでいるのです。

（取材は9月）

日下さんのリクガメ飼育データ

リクガメ飼育歴	5年
飼育しているリクガメ	ビルマホシガメ1ペア
ケージの数・サイズ	150 × 220cm
基本温度の設定(昼／夜)	30℃前後
ホットスポットの設定	吊り下げ式セラミックヒーター（250W）を常時
保温器具の種類とW数	同上
使っている蛍光管（UVB）	爬虫類用蛍光灯
湿度	50 ～ 60%
床材	砕いた赤玉土、ヤシ殻土、バーミキュライトの混合。ホコリが立たない程度に湿らせてある
与えている餌	クワなど、自宅周辺で採れる野草がメイン。 家庭菜園のコマツナなどを時折与える
与えている頻度	週に3回程度
温浴の頻度	なし
サプリメント	なし

日下さん。エイもリクガメもバリバリ殖やす、生粋の生き物好きだ

床材は乾きすぎるとカメの鼻水がひどくなるので、適度な湿り気を保つようにしている

左の大きな個体がメスで、初めて飼育したリクガメだ

人によく馴れていて、まるで物怖じしない

初めて飼ったリクガメである、ケヅメリクガメのパコ（手前）。奥のミームーは、元は捨てガメだったのを引き取ったもの。どちらもずっしりと重く大きく育っている

カメのための野草探しは、もうひとつの趣味になりました（笑）

神奈川県／齋藤　直さん

ケヅメとの出会いがきっかけで

幼少の頃から生き物好きだった齋藤さんが、ホームセンターでケヅメリクガメのベビーを衝動買いしたのは8年ほど前のこと。大きくなるとは知っていたものの、まさかここまで、というほどに育ったカメを前に、当時住んでいたアパートを出て庭付き一戸建ての購入を決意！（奥様には、君のため、と伝えたそうです…）。以来、忙しくも楽しいリクガメライフを満喫されています。

野草にこだわり

リクガメたちは庭の広々とした空間を与えられ、自由気ままに歩き食草をはんでいます。現在冬眠中のフチゾリ以外は寒さにもたいへん強く、一年を通して屋外で活動するそう。特にアルダブラは寒さに耐性があり、かなり冷え込む時期でも屋外で動いて餌を食べるほど。もちろんそれぞれの飼育スペースには加温されたカメ用の小屋があり、自由に行き来して体温を調整できます。

リクガメを屋外で飼うためにこだわっているポイントは、「カメの腸をうまく動かしてやること」。この点に気を配ることで環境への抵抗力が付き、健康に育つといいます。具体的な方法としては、基本的に野草のみ

ケヅメ用の水飲み場。夏はよくここに浸かっているそう

意外と低湿度には注意が必要なケヅメリクガメ。地面にまかれた木片も湿度保持を狙ってのもの。夏には地面に穴を掘り、潜っていることも多い

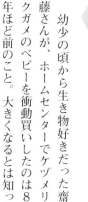

ゾウガメ用の小屋。自由に出入りでき、内部には加温スペースがある

小屋の内部にはメタルハライドランプなどを24時間点け、ホットスポットとしている

特に寒さに強いアルダブラゾウガメ。近所の方から差し入れられたウリの葉を、もりもりとたいらげ中

娘のややちゃんはカメが大好き。カメたちは保育園でも大人気だとか

取材時にはフチゾリリクガメはこちらで冬眠中。暑すぎても寒すぎてもよくないので、週1回は温度を確認し、5℃近辺をキープ。湿度調整のため、下の層には生草、上層には落ち葉を敷き詰めてある

を与えること。おやつ程度に庭のサボテンも与えますが、野草は繊維質を多く含み、また付着している土からもビタミンやミネラルが摂れるため、カメの腸内細菌が活発になり、腸が正常に働くようになるそうです。そのため齋藤さん宅のカメたちは下痢などしたこともなく、病気知らずだということです。

　食欲旺盛なカメのために、良い野草を探しに出かけるのが齋藤さんの日課。もちろん毒のある野草は避けるため、図鑑やホームページで常にチェックしており、〝野草狩り〟はもうひとつの趣味とも言えそうな勢いです。

　さすがに冬場は野草狩りもお休みかと思いきや、さにあらず。意外とイネ科やカヤツリグサ科のものなど、けっこう野草は見つかります。冬場こそ野草を与えるべき、というのが齋藤さんの考えで、空気が乾き脱水ぎみになる冬場のカメにとって、市販の高タンパクな野菜は結石の原因となりやす

齋藤さんのリクガメ飼育データ

リクガメ飼育歴	8年
飼育しているリクガメ（名前／年齢）	アルダブラゾウガメ２頭（ウーコエ、ピーちゃん／７才）、ケヅメリクガメ（パコ、ミールー／８才）、フチゾリリクガメ
ケージの数、サイズ	庭での屋外飼育
基本温度の設定	自然まかせ。小屋内は30℃以上に設定
ホットスポットの設定	小屋内にオイルヒーター、セラミックヒーター、メタルハライドランプなどを24時間
与えている餌	野草（クワ、クズ、ツル科、イネ科、カヤツリグサ科など各種）、ウチワサボテンをたまに
与えている頻度	毎日
温浴の頻度	なし
サプリメント	なし

玄関先がゾウガメたちのスペース。暖かい時期は、ここにフチゾリも加わる

く、これを警戒しているのです。

観察はしっかりと！

基本的にはカメに干渉しない飼育スタイルですが、食欲が落ちたり不活発になっていないか、普段と違ったところがないか、観察し原因を追及することは怠りません。屋外で自由に暮らすリクガメたちですが、それも細やかなサポートがあってこそなのでしょう。

いずれはゾウガメのブリーディングにも挑戦したいという齋藤さん。これだけの環境と熱意があれば、実現はそう遠くはなさそうです（これ以上リクガメを増やすのは止められているそうですが……）。

（取材は11月）

庭のデッキをのしのし歩いて水場へ向かう。庭のほぼ全てのスペースが、リクガメに提供されている

餌の野草は毎日このバッグいっぱいに採ってくる

寒い時期でも、元気いっぱいに動き回る

自家栽培のウチワサボテンは、おやつとして時おり与える

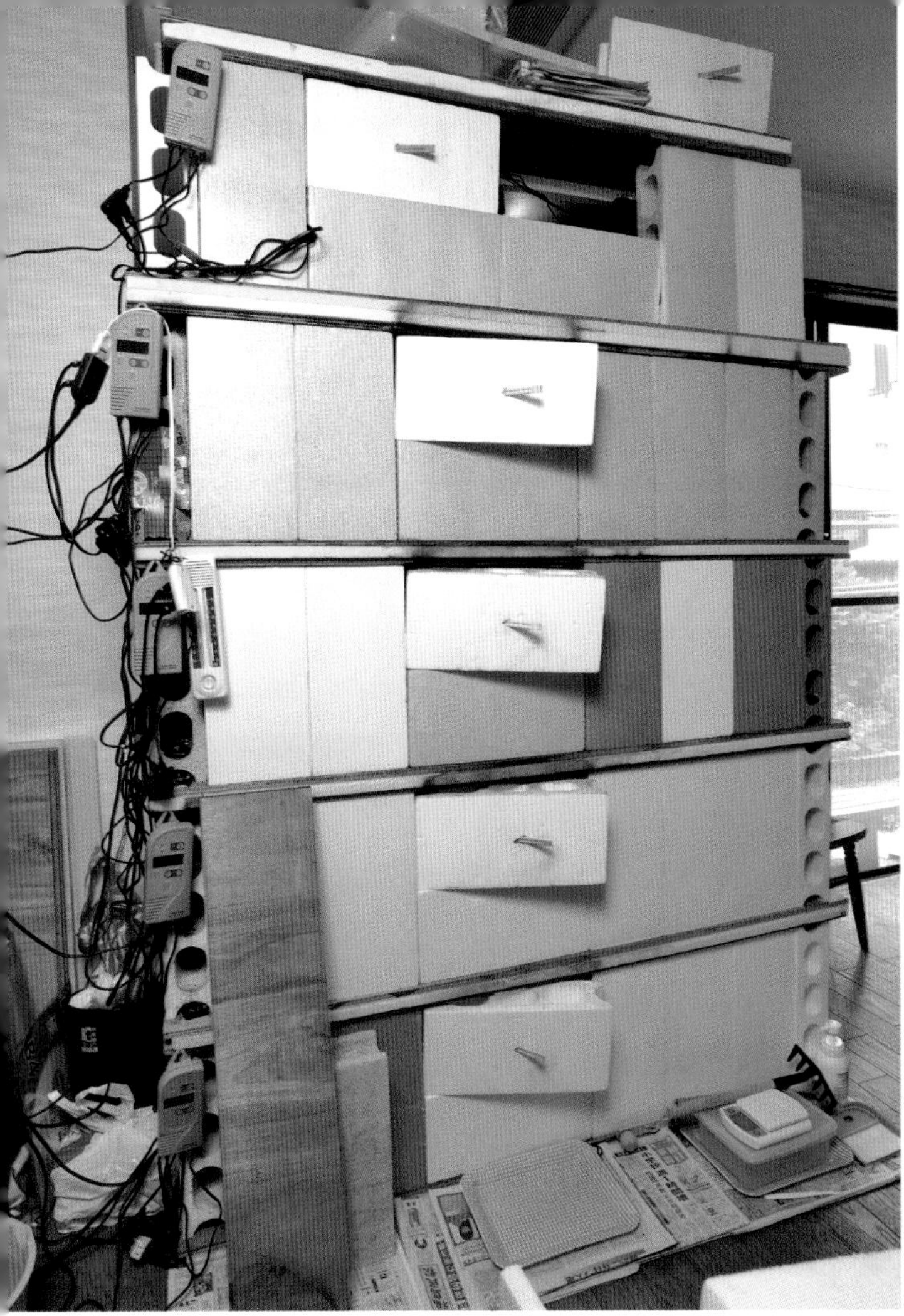

ゆっくりしているところが、自分に向いている気がします

福島県／Oさん

愛好家訪問

Oさんオリジナルの発泡ブロックタワー。いわば5階建てのリクガメマンションだ

密閉することで調子が上がる

Oさんは、インドホシガメの繁殖を楽しんでいます。２００４年からインドホシガメの飼育を本格的にはじめ、今シーズンで、合わせて計年）と昨シーズン（２００８5回の産卵で7頭の子ガメを得ることに成功しました。今シーズンはまだ10個ほどの卵がふ化を待っていますから、今後その数は増えるかもしれません。現在インドホシガメは計16頭飼っており、そのうち4頭がメス親、2頭がオス親、7頭がOさん宅で生まれた子ガメになります。近年ではある程度方法が確立されつつあるとはいえ、まだまだ難しい部類に入るインドホシガメの飼育。その繁殖まで楽しんでしまうOさんの飼育スタイルをのぞいてみましょう。

お部屋に入ってまず驚かされる

飼育場の出入り口はここだけ。入り口が狭いからだけではないが、ヤシガラ土を厚く盛り、土壌バクテリアによる汚れの分解を促している。実際、掃除はほとんどせず、時おりヤシガラを混ぜるだけとか

タワーの内部。140ℓのプラ船が収まっており、そこが飼育場となる。湿らせたヤシガラ土と、水中ヒーター（左奥）で水を保温することにより、高い湿度を維持している

ふ化を待つ卵たち。有精卵であっても、ふ化するのは数分の一であり、ここに見える卵すべてが孵るわけではない。卵の形が違うのは、メス親の個体差

ふ卵器も自作。保温材で水槽を覆い、ふ卵器内にはパネルヒーターを敷き、爬虫類用のサーモスタットで28～29℃に設定している。湿度はおよそ60～70％

のが、大きな壁。実はこれ、発泡スチロール製のブロックで組み立てたリクガメの飼育ケージです。ブロックは土台と壁を兼ねており、5段分の飼育スペースを確保しています。掲載した写真では、前方にやや隙間を持たせていますが、それは夏場のみ。冬場はほぼ完全に密閉して、ケージ内の湿度と温度を保つようにしています。〝通風を確保しつつ湿度と温度を維持する〟ことがすすめられる爬虫類の飼育にあって、ほぼ密閉するスタイルに疑問を感じる人もいるかもしれませんが、Oさんは試行錯誤の末このケージにたどり着きました。以前、オープン型のケージで飼育していた頃には、残念なことですが7頭が死んでしまったとのこと。今では「密閉すればするほど調子が上がる」とその飼育スタイルに確信を持つようになりました。補足すれば、密閉するそのこと自体よりも、高い温度と湿

Oさんブリードの7頭。いちばん小さいのが今シーズンの子で、他は昨シーズンのもの。今後はより美しい個体の作出を目指すそうだ

産卵ボックス。衣装ケースに土をいっぱいに入れ、上部を囲っている。産卵の兆しが見えたメスはこちらに移動する。飼育ケージではヤシガラ土が薄く、うまく産卵しないのだという

DATA Oさんのリクガメ飼育データ

リクガメ飼育歴	本格的に始めてからは４年くらい
飼育しているリクガメ（飼育年数）	インドホシガメ×16（最古参で４年）、ヨツユビリクガメ、他
ケージの数・サイズ	ブロックの外寸で 160 × 90cm のケージを５段 (以下のデータはこのケージのインドホシガメのもの)
基本温度の設定	28 ～ 31℃くらい（昼夜ともに）
保温器具の種類と W 数	各ケージに、水に入れた熱帯魚用のヒーター、ひよこ電球 100W、 土の中にパネルヒーターを２枚、これらをサーモスタットで管理
ホットスポットの設定・時間	なし
使っている蛍光管（UVB）	各ケージに Power UVB　20W 型を１本　12 時間／１日
湿度	80 ～ 100％の間を目標に
床材	ヤシガラ土
与えている餌	コマツナ、チンゲンサイ、モロヘイヤ、サツマイモの葉や茎、インゲンの葉、クウシンサイ、タアサイ、タンポポ、オオバコ、九官鳥の餌、リクガメ用のフード
餌の頻度	1 日２回
サプリメント	カルシウム補給に牡蠣ガラをコーヒーミルで砕いたもの、鳥用の塩土
温浴	ほとんどしない

度をなるべく変化がないように維持することに意味があるのだと思います。

繁殖についてはまだ試行錯誤とのことです。先ほど7頭の子ガメを得たと書きましたが、実はこれは産み落とされた卵の数分の一でしかないのです。どのようにすればふ化率が上がるのか？　それを飼育のテーマのひとつとしています。今のところ、親の栄養状態、ふ卵器の環境などにその原因があると見て、日々改善につとめています。

なるべく陽に当てたい

屋外にも飼育場があり、6月の暖かい日から9月くらいまでの午前中は、晴れていればなるべくリクガメを出すようにしています。うかがった日はまだ暑い夏の盛りであり、ちょうど屋外の飼育場にリクガメたちを放すところを見る

左手前のリクガメのいる部分でおよそ2×6mほど。花壇は餌となる野菜の栽培スペースで、取材時には、サツマイモ（茎と葉を与える）、モロヘイヤ、モロッコインゲン、コマツナなどが育っていた

太陽を浴びてガシガシ歩くインドホシガメ。かわいいというよりも、たくましい

食欲も旺盛。取材子やカメラに脅えることがない

プランターの上にヨシズなどを置いてシェルターとしている

ことができました。太陽を浴びたリクガメたちは全身で喜びを表現し、大げさではなく跳ぶように這い回ります。Oさんも、そんなリクガメの様子を見るのがいちばん楽しいと、かいがいしく世話をします。リクガメの繁殖と聞くとなんだか遠い世界のように感じますが、Oさんにとっては元気に育ってほしいという気持ちの延長線上に繁殖があるのかもしれません。リクガメを前に目を細めるOさんを見ると、そんな風に思えました。

（取材は8月）

著者のお宅の紹介です

福島県／吉田　誠さん

元気いっぱいに餌を食べるリクガメたち

庭の一角の、わりと高い木で覆われたスペースが、メインのリクガメの飼育場

「(爬虫類飼育の先進国の) アメリカやドイツにならうだけではダメなんです。日本では日本に向いた飼育法を確立しないと」と吉田さん

屋外飼育へのこだわり

お宅訪問の最後は、この本の著者である吉田さんのお宅を、編集部の取材で紹介します。

うかがったのは夏の盛りの8月です。吉田さんは暖かい時期には屋外でリクガメを飼育しており、自身も「なるべく屋外で飼いたい」という思いがあることから、この季節を選びました。

さて、その屋外の飼育場を見てみましょう。庭を見るとリクガメに限らず、ハコガメ類や水ガメ類がそこかし

こちらは16年ほどいるケヅメリクガメのオス。メスは死んでしまったが、以前にはよくケヅメリクガメの繁殖も手がけた

ヒョウモンガメ。飼育しているカメの中では最古参の19年選手（取材時）

熟して落ちたブラックベリーは、そのまま下で飼われているヨツユビリクガメの餌になる

イシガメの幼体のケージ（プラ舟）。ミズガメ、リクガメを問わず、どのカメの飼育スペースも、このように木の陰をうまく利用している

リクガメの飼育スペースにはわざと色々なものを置いて、単純ではない環境を作り出している

こに生活しています。「生活」と書きましたが、吉田さん宅の庭には、「いかにも飼っています」というようなケージはあまりありません。それぞれの種やグループの特性に沿って区画を分けてはいますが、生えている木や草の陰をうまく利用しているためにケージが周囲に溶け込んで、まるでフィールドにいるようです。

そもそも、なぜ屋外であるのかというと、なるべく夏場にリクガメの体調を整えてあげたいという気持ちからだといいます。吉田さんは、リクガメを「大地と太陽の子」と言い表します。広い環境や紫外線が必要なことからの言葉であり、飼育するのであれば屋外こそリクガメ本来の生活に合っていると考えています。日本の気候ではどうしても冬場には屋内での飼育をしなくてはなりませんが、その時期のマイナスを夏で取り戻してあげたいという思いがあるのです。

マメ類、サボテン、クワなどなど、たくさんのカメの餌用の植物が植えられている

庭の様子。左側の吉田さんが立っている開けた場所が、リクガメのメインの飼育場。茂みに隠れて見えないが、その他のスペースにもたくさんのケージが置かれている

とにかく元気！　というのが、吉田さん宅で飼われているリクガメの印象

まだ、かなりの数のリクガメを飼っているが、「そろそろ歳ですから、責任を持って飼えるように数を絞っているところなんです」とのこと

ケージにも工夫あり

もちろん、屋内のケージがダメだと言っているのではありません。吉田さん宅は屋内のケージにも工夫を施し、リクガメ飼育になるべく適した環境を作り出しています。リクガメ飼育歴は30年にも及びますが、その間に得られたノウハウが、自作のケージにはぎゅっと詰まっています。

例えば、屋内のリクガメ飼育ケージのほとんどは密閉されています。これには、なるべく電気代を抑えたいという理由もありますが、外気の影響を受けやすいケージ内の気温を維持するために、たどり着いた方法です。一般に爬虫類の飼育書には「通風を確保した上で温度・湿度の維持をする」と書かれていますから、これは矛盾するように思えます。しかし、通風を確保しながら温度や湿度を維持するためには、最低でも部屋からの環境管理が必要となります。それ

自作のケージ。本書 75 ページでも紹介している「閉鎖型」の一例。ケースによっては、なるべく外気と遮断することでリクガメの調子が上がることを確認した

インドホシガメの幼体。しっかりとフタを閉めた水槽で、高湿度で飼育する。一時的にガラス面がビシャビシャになるくらいが、ちょうどいいのだという

自作のふ卵器。食器棚を利用して作成した。リクガメのためには器具を自作しなくてはならないことも多い

はなかなかできることではありませんし、吉田さんのように多彩な生物を飼う人にとって、部屋をある一定の環境にしたところで、それぞれの生物に合うとは限りません。例えば、高温多湿に設定した部屋で、低温乾燥を好む生き物は飼いにくいということです。そうして密閉型にたどり着いたわけですが、それを用いて複数のリクガメやトカゲを健康に育成し、多くの種類で繁殖に成功するという結果も出しています。

ここから先をお楽しみに…

先ほど飼育暦30年と書きましたが、この本にはその飼育、そして獣医師としての経験で得られたノウハウを余すところなく詰め込んでいただきました。特に初めて飼育する方、今まで飼育をしたことがあるけれどうまくいかなかった方には、大切な情報が詰まっていると思います。どうぞ、隅から隅までじっくりとご覧ください。

人気種よりぬき

リクガメカタログ

ペットショップやホームセンターなどで見られる、
一般的なリクガメのカタログです。
それぞれに個性がありますから、
自分に合うリクガメを選ぶ参考にしてください

カタログの注
※夜間温度は全て成体のもの。特にその点について表記のない種では、幼体は夜間温度を24～28℃と若干高めに設定した方が問題は少ない
※「大きさ」は自然下でのもの
※比較図における人は、成人男性（身長約170cm）のもの。手も同じ人のもの（指の先から手首まで約19cm）
※c.b.個体とは、Captive Bred（キャプティブブレッド）の略で、飼育下で繁殖された個体のこと。w.c.個体とは、Wild Caught（ワイルドコート）の略で、野生個体を捕まえて連れてきたもの

アルダブラゾウガメ

アルダブラゾウガメ属

分　　布：セーシェル領アルダブラ諸島
大 き さ：甲長80～90cm、まれに甲長120cmを超え、体重300kg前後にもなることもあるといわれる
飼育環境：乾燥系
主 な 餌：野菜などは極力避け、イネ科植物、その他の野草、クワの葉、クズの葉、キク科植物など、できうる限り高繊維質のものを与える。また、成長期にはその大きな甲羅を作り出すために大量のカルシウムの添加も必要になる。たまに動物性たんぱく質を与えても良い。

甲長約70cmの個体

世界最大級のリクガメ。その大きさから安易な飼育はすすめられず、飼育にあたっては牛1頭を飼うくらいの心構えが必要。日中の適温は24～31℃、夜間は少なくとも18℃以上がよい。野菜など栄養価の高いものを与えると急激に大きくなるため、甲羅や骨の異常を起こしやすい。太陽と大地の申し子であり、最終的にはひと部屋と、それにつながる屋外放牧場を自由に行き来できるような環境を与える。最大限に太陽の力と大地の恵みを利用させられる飼い方をできる方にだけ飼っていただきたい。幼体期には、温度と湿度を高めにして飼育するほうがよい。

愛好家の飼育の様子は、
14～16、
20～22ページに

ケヅメリクガメ　リクガメ属

分　　布：モーリタニア、セネガルからエチオピアにかけての中央アフリカ
大 き さ ：甲長 70cm 以上、体重 60kg 以上にもなる
飼育環境：乾燥系
主 な 餌 ：イネ科植物、クワの葉、クズの葉、その他の野草、多肉植物、野菜類

一般的に売られている幼体からは、想像できないほど大きく、力強くなるため、安易な飼育はすすめられない。将来的に「飼育場」を準備できる環境が必要。食欲が非常によく、野菜を中心に毎日食べるだけ与えていると、急激に成長するため、紫外線はもちろんのこと、十分なカルシウム、その他のミネラルを補給しないと、甲が柔らかくなったり、変形、デコボコになったりしやすい。また、かなり膀胱結石ができやすいので、キュウリやレタス、サボテンなどを上手く与え、脱水に気を付ける。日中の気温は 24 ～ 30℃くらい、夜間は 20℃くらいまで下げてもよい。非常に活発で、大きくなった個体はとても力強く、飼育場の強度を十分考慮する必要がある。ベニヤで作ったケージを破壊し、保温設備から小火を起こし、全身に大火傷を負った個体を治療したことがある。

愛好家の飼育の様子は、
20 ～ 22、
27 ～ 30 ページに

甲長 7cm ほどの c.b. 個体。
この個体は特に色が淡い

ヒョウモンガメ　ヒョウモンガメ属

分　　布：スーダン、エチオピアからナミビア、南アフリカ共和国にかけて
大 き さ：甲長 40 ～ 70cm（タイプにより大きさが異なる）
飼育環境：乾燥系
主 な 餌：イネ科植物、その他の野草、多肉植物、野菜類、きのこ類、果実、花

愛好家の飼育の様子は、
27 ～ 30 ページに

大きく「ナミビアヒョウモンガメ」と「バブコックヒョウモンガメ」の２亜種に分けられる。やはり最終的には特注のケージが必要になる。特にソマリアの個体群は非常に大きくなるため、ケヅメリクガメと同様「飼育場」が必要となる。日中は 24 ～ 30℃くらい、夜間は 18℃以上がよい。日中の温度をしっかり上げておけば、アクシデント的な低温（10℃前後）には比較的強い。個人的には賛成できないが、大きな個体ではあったが、関東圏のマンションのベランダで、無加温で越冬できたという。水を好む傾向にあり、脱水や甲の盛り上がりを防ぐためにも、しっかり水場を設けたり、できなければ定期的に温浴を行なうとよい。大きくなった個体は、とてもきれいで見応えがある。

バブコックヒョウモンガメとして流通する個体。甲長約 20cm の個体

ナミビアヒョウモンガメとして流通する個体。模様がもっと細かく入り、それもまた美しく、違った雰囲気がある。甲長約 19cm の個体

アカアシガメ　ナンベイリクガメ属

分　　布：南アメリカの比較的広い範囲に分布、その他ボリビア、パラグアイ、アルゼンチン
大 き さ：甲長 20 ～ 50cm（タイプにより大きさが異なる）
飼育環境：高湿度系
主 な 餌：野菜類、きのこ、果実、花、時に湯がいた鶏肉やドライのドッグフードなど

現在のところ亜種分けはされていないが、4 タイプほどに分けられるという。比較的頑強で飼育しやすいといわれており、筆者のところでもコンスタントに繁殖をしていたが、一時的な低温でも体調を崩し、あっけなく死亡してしまうことがあるので温度管理はしっかり行ないたい。成長期に乾燥した環境で飼育すると、甲羅が凸凹になってしまったり、脱水から調子を崩すことがあるので注意が必要。果物やゆでたカボチャなどを非常に好む。週に 1 ～ 2 回、少量の動物性のタンパク質を与える。高温で、比較的高い湿度であると調子がいい。できればケージ内に水入れを用意したい。気温は 24 ～ 30℃、夜間の温度は最低でも 20℃以上、ある程度大きくなるまでは、空中湿度は 80％以上あってもよい。

アカアシガメの「チェリーヘッド」と呼ばれる頭の赤みの強いタイプ。
甲長約 10cm の個体

ギリシャリクガメ チチュウカイリクガメ属

分　　布：地中海沿岸諸国、南ヨーロッパ、北アフリカ、ロシア西南部
大 き さ：甲長 13 ～ 36cm（亜種により大きさが異なる）
飼育環境：一般に乾燥系
主 な 餌：野菜類、野草類

古くからコンスタントに輸入があり、日本でもリクガメとして馴染みが深い種。手に余すほど大きくならず、飼育環境も比較的寛容であり、特にその亜種のトルコギリシャリクガメは冬眠も可能で、飼いやすいリクガメ。亜種が多く、この種だけでも1冊の本ができてしまうくらいで、生息域も広く、外見から亜種を特定できないことも多く、亜種によって飼育環境、大きさ、冬眠できるかできないかが異なる。またその時代で入荷する亜種が移り変わっているので、購入時に輸入先、飼育環境等を確認したほうがよい。一般的に飼育温度は日中 25 ～ 28℃、夜間は 18 ～ 20℃くらいが適当。アラブギリシャやキレナイカギリシャなどは、日中温度を 30 ～ 34℃、夜間でも 28℃くらいに保った方が問題が起こりにくい。トルコギリシャやアナムールギリシャリクガメなど、冬眠可能な亜種でも、繁殖を狙うなどの目的がなければ、本格的な冬眠はさせない方が無難。性成熟したオスは、繁殖期にかなり攻撃的になり、複数飼育の場合隔離が必要になることもある。

アラブリギリシャリクガメとして流通する個体。甲長約 10cm の個体

愛好家の飼育の様子は、
11 ～ 13 ページに

トルコギリシャリクガメとして流通する個体。甲長約 12cm の個体

ヘルマンリクガメ　ヘルマンリクリクガメ属

分　　布：スペインからトルコにかけて
大 き さ ：甲長約 14 ～ 17cm（ニシヘルマン）、20cm 前後（ヒガシヘルマン）
飼育環境：乾燥系
主 な 餌 ：マメ科植物、野菜類、イネ科植物その他の野草、少量の果実と動物質

ヘルマンリクガメの特徴（ギリシャリクガメとの違い）

ヘルマンリクガメ。尾の先が爪状になる

ヘルマンリクガメ。臀甲板が２枚に分かれる（◯）

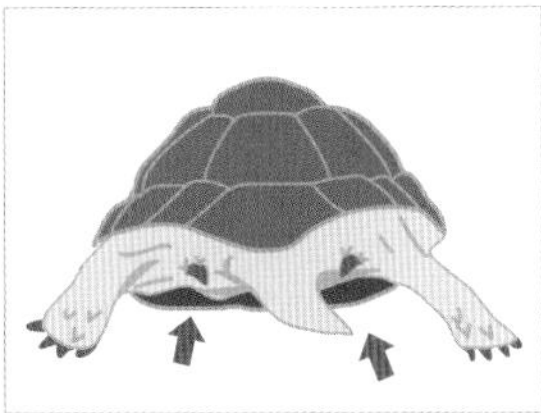

ギリシャリクガメ。大腿（後ろ足の付け根）にいぼ状の突起（矢印）がある

愛好家の飼育の様子は、
7 ～ 10 ページに

ヒガシヘルマンリクガメとして流通する個体。甲長約12cm の個体

ニシヘルマンリクガメとして流通する個体。甲長約 7cm の個体

ニシヘルマンとヒガシヘルマンという２亜種に分けられる。ニシヘルマンは、比較的温暖な地域に分布しているため、ヒガシヘルマンに比べると低温にあまり強くないところがある。日本国内に入ってくる個体のほとんどは欧米の c.b. である。

産地が不明であったり、亜種間の交雑であることも多いともいわれる。繁殖を狙うためには、冬眠や休眠が必要。野草や野菜のみでも十分飼育できる。野生下では草食性哺乳類の糞を積極的に食べるようである。日中温度は 25 ～ 28℃、夜間温度は 18 ～ 20℃。成長により甲羅が凸凹になったり、変形を起こしやすく、きれいに育っている個体の方が少ないイメージがある。そのため、適度な紫外線や十分なカルシウム、そして繊維質の多い餌を与えて、きれいな甲羅に育てたい。ギリシャリクガメに似るが、臀甲板《でんこうばん》や尾の先、大腿部《だいたいぶ》付け根などで区別できるといわれる（例外も見られる）。

フチゾリリクガメ　チチュウカイリクガメ属

分　　布：ギリシャ、アルバニア
大 き さ：甲長 25 ～ 40cm
飼育環境：乾燥系
主 な 餌：野草類、野菜類、多肉植物

愛好家の飼育の様子は、
20 ～ 22、27 ～ 30 ページに

甲長約 13cm の個体

甲羅の縁が大きく広がった成体

分類学的には、オオフチゾリリクガメとペロポネソスフチゾリリクガメという 2 亜種に分けられる。マルギナータリクガメとも呼ばれる。日本に入ってくる個体の多くがヨーロッパ c.b. である。成体になると、背甲の後縁部が大きく張り出すようになり、見ごたえのある甲羅になる。しかし、急成長や栄養性の問題から、甲羅がでこぼこになりやすく、きれいな甲羅に育て上げるのは簡単ではない。若干高湿度に弱かったり、飼養環境にうるさい面があり、その他のチチュウカイリクガメ属に比べると、やや飼育しにくい感があるため、初心者にはおすすめできない。冬場、温度を下げるのであれば、冬眠はさせずに休眠程度にとどめた方がよい。日中温度は 25℃～ 28℃、夜間温度は 18℃～ 20℃。暑い日が続くと、夏眠することがある。

ヨツユビリクガメ

ヨツユビリクガメ属

分　　布：イランからカザフスタン、中国の一部にかけて
大きさ：甲長 12 ～ 25cm
飼育環境：乾燥系
主な餌：野草類、野菜類、多肉植物、果実、花

ホルスフィールドリクガメ、ロシアリクガメとも呼ばれる。アフガニスタン、カザフスタン、トルクメニスタンヨツユビリクガメと３亜種に分けられているが、外見からの明確な区別は難しい。古くから輸入されている種で、近頃では幼体の流通がメインになっている。リクガメの中では最も安価で比較的飼いやすいリクガメであり初心者向けと言われることが多いが、されどリクガメ、そのイメージが災いして安易に飼育されやすく、このカメにとって命取りになっている面もある。また、幸運にも大きく育てることができたとしても、代謝性骨疾患などにより、とても悲惨な育ち方をしている個体を目にする。ジメジメした環境には弱いとされる。ポイントさえつかむことができれば、実際とても飼いやすいリクガメのひとつなので、手を抜くことなくしっかりした飼養管理をしてあげたい。本来巣穴を掘ってそこに隠れて生活を送っているので、屋外飼育などの場合、穴を掘って脱走されないよう注意が必要。日中の温度は 25 ～ 28℃、夜間は 18 ～ 20℃。暑さには比較的弱い面があり、猛暑時には一時に夏眠のような行動（地中に潜って出てこない）が見られた。体調のよい個体であれば、比較的簡単に冬眠や休眠をさせることができる。

愛好家の飼育の様子は、
7 ～ 10 ページに

甲長約 13cm の個体

インドホシガメ　リクガメ属

分　　布：インド、スリランカ
大 き さ ：甲長 15 ～ 30cm
飼育環境：高湿度系
主 な 餌 ：野草類、野菜類、果実、花。幼体時には、動物性たんぱく質を積極的に加えるとよい

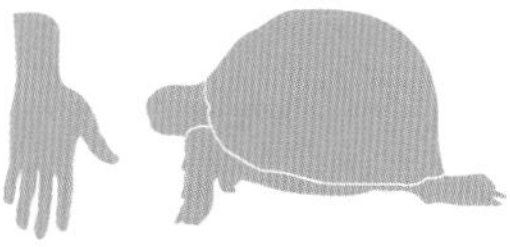

愛好家の飼育の様子は、
7 ～ 10、23 ～ 26、
27 ～ 30 ページに

2019 年にワシントン条約附属書 I に登録された。甲羅の放射状の模様が美しく、以前は比較的安価で、非常に人気が高かった。飼育のポイントは、高温多湿環境。ヤシガラなどを厚く敷き、手のひらで握っても崩れない程度に水分を含ませるとよい。日中の温度は 28 ～ 34℃、夜間も 20 ～ 24℃。成体でも常時湿っている環境で飼育した方が調子がよい。特に幼体は乾燥に弱く、脱水を防ぐためにも、結石を予防するためにも、大き目の水入れを用意し、必要なら霧吹きなどで湿度を上げる。

甲長約 8cm の個体

ビルマホシガメ　リクガメ属

分　　布：ミャンマー
大 き さ ：20 ～ 35cm
飼育環境：高湿度系
主 な 餌 ：野草類、野菜類、花、果物

甲長約 23cm の個体

インドホシガメと
ビルマホシガメの見分け方

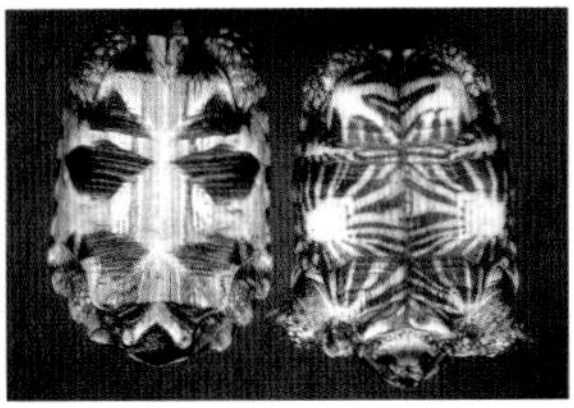

インドホシガメ（右）には放射状の模様があるが、ビルマホシガメ（左）にはそれがない

美味しそうにミミズを食べるビルマホシガメ

愛好家の飼育の様子は、
17 ～ 19、27 ～ 30 ページに

一時は絶滅したとされており、現在でも生息数が少ないと思われる。2013 年にワシントン条約附属書Ⅰに登録されている。インドホシガメに似ているが、腹甲の模様で簡単に見分けることができる。インドホシガメに比べ、とても飼いやすい、というか、筆者の経験では、あまり問題が起こったことがない。大きくなった個体は、とても美しく見応えがある。メスの甲長は最大で 35 ｃｍ、オスで 28 ｃｍほどといわれる。主に野菜や野草を与えているが、かなり食欲はよい。果物なども好んで食べる。夏場の庭での飼育時、這い出してきたミミズを見つけるや、一目散に寄ってきて食べてしまった。メニューに動物性たんぱく質を加えてもよいと思われる。日中は 28 ～ 32℃、夜間は 20℃以上にしている。ケージ飼いしているときは、その大きさから大きな水入れを入れると、ケージ内の汚れが激しくなるので、体が入らない程度の水入れを入れているが、比較的よく水を飲んでいる姿を見る。甲羅がデコボコになるのを防ぐためにも、湿度を高く維持する方がよいと思っている。通年雌雄同居させていても、過度にオスがメスに負荷をかけることもなく、繁殖も問題なく行なわれていた。

パンケーキガメ　パンケーキガメ属

分　　布：ケニア、タンザニア
大 き さ ：甲長 15 ～ 20cm
飼育環境：乾燥系
主 な 餌 ：野草類、野菜類、
多肉植物、果実

甲長約 15cm の個体

立体的な行動も得意

餌をもらおうと駆け寄ってくるパンケーキガメ。動きは素早い

非常に平べったい甲羅をしている

2019 年にワシントン条約附属書Ⅰに登録された。甲羅が平たくてしかも硬くないところからリクガメらしくない。甲羅に放射状の模様があり、しかも色や形にいろいろなパターンがある。他のリクガメと異なり、身軽で若干立体的なレイアウトでも苦としない。垂直なところでも、適度な隙間があると器用に上ってしまうので脱走には注意。岩の間や露出した木の根の隙間などに身を隠して生活しているため、この種類には高さのない、体がすっぽりはまるシェルターを用意する。日中の温度は 28 ～ 35℃、夜間は 20℃。水にもよく入るので、浅い水入れも用意する。飼育個体は、甲がデコボコしている個体をよく見るので、空中湿度が足りていないのではないかと思われる。餌の時間を察して、大騒ぎしているとき以外は、シェルターに隠れていることが多い。今まではほとんどが w.c. のため、消化管内の寄生虫がひどく、しっかり駆虫を行なわないと、あっけなく状態を崩し死亡してしまうことがあった。オス同士は激しく争うので、できれば同居させない方がよい。一回の産卵で 1 つ希に 2 つの卵しか産まないこと、クラッチ数も少ないこと、ホシガメほどの人気がないこと、今後輸入が望めないことから、そのうちほとんど見られなくなる可能性が高いと個人的には思っている。

ワシントン条約の（CITES）附属書について

本書の初版が出版されて10年余り、その間に紹介したビルマホシガメ、インドホシガメ、パンケーキガメがワシントン条約の附属書I類に記載されました。この附属書I類というのは、現地で絶滅の恐れがあり、早急に保護する必要のあるカメが対象となります。

ここでワシントン条約の附属書について、簡単に説明します。

CITES（サイテス：絶滅のおそれのある野生動植物の種の国際取引に関する条約）、通称ワシントン条約の附属書I類になった場合、商業目的での国際取引が規制され、国境をまたいでの正規の輸出入は、基本的にできなくなります。つまり、これで制約を受けるのは、主に輸出入のことだけで、国内の譲渡・販売には影響はありません。しかし、「絶滅のおそれのある野生動植物の種の保存に関する法律」（種の保存法）という日本国内の法律があり、「ワシントン条約で附属書I類になったカメ」は種の保存法で保護される対象となります。これにより、これらのカメたちは、国内での取り扱いを制限され、個体ごと認識できるようにして（マイクロチップ等）登録することが必要になりました。つまり、売買や譲渡、繁殖、展示をしようと思っている場合は登録していないと、それらができません（違反した場合、重い罰則が科せられることがあります）。

本書の読者に向けて端的に言うと、たとえワシントン条約の附属書I類に記載されているカメでも、飼育することは可能です。以下に登録の有無に分けて解説します。

1．登録を行なわない

種の保存法は、飼育や所持の規制ではないため、法令が施行される以前から所有している個体は、所有者が今後もその個体を終生飼い続けるのであれば、登録の必要はありません。しかし、その場合、基本的にその個体を売る・買う・あげる・もらう・預ける・預かる・殖やすということができなくなります。様々な事情で飼えなくなったり、繁殖してしまったり、どのようなことが起こるかわかりませんので、よく考えて登録の判断をしてください。

2．登録を行なう

その個体が附属書I類に入る前から飼育（所有）していたことを証明する必要があります。

登録に必要な書類の一つとして、リクガメ購入時、そのリクガメについての基本的な情報を説明され、生体販売証明書、生体販売確認書といった書面に署名し、その控えを渡してくれます。その控えの書類がそれ（証明）にあたりますので、必ず保管しておくことをおすすめします。ただし、あまり古いものになると、その効力は限定的となります。その場合には、ワシントン条約の締約国会議において、あなたの飼っているカメが附属書I類に記載されたケースでは、獣医師が作成する、規制適用前に診断したことを証明する書類が有効となる場合がありますので、施行される前に動物病院にかかり、診断書を作成してもらいましょう。その時にマイクロチップによる登録もしておくとよいでしょう。

附属書I類に記載された場合の登録申請手続きについては、一般財団法人自然環境研究センターのHPを参照の上、直接電話にて問い合わせをしてください。また、マイクロチップ挿入・登録は、爬虫類の診察のできる動物病院に相談してください。

ワシントン条約附属書I類に記載されたリクガメを購入した場合は、購入に当たり個別の登録票がついているので、購入後は所有者情報などの変更が必要となります（譲受け後30日以内）。所有者情報の変更手続きは、一般財団法人自然環境研究センターのHPから行なえます。ただし、現時点ではパソコンからのみになりますので、その他の場合は一般財団法人自然環境研究センターに問い合わせてください。

この登録票には、現在5年という有効期限がありますので、期限が切れる前に更新が必要になり、その都度登録料を収める必要があります。

基本的には、以後輸入が望めないと思われる附属書I類のカメたちの多くは、国内での繁殖例が限られていて、なかなか目にすることはないと思いますが、以前から人気があり、比較的繁殖が容易なビルマホシガメやインドホシガメは、これからも比較的目にすることができると思います。そして、著者がリクガメに興味を持ちだした当初から、究極のカメと思っているホウシャガメも（ワシントン条約附属書I類に記載後に輸入された例がある）、とても丈夫で飼いやすく、やさしい顔、フォルム・模様とも美しいカメなので、もう少し時間はかかると思いますが、現在よりは見かけることが多くなると思っています。この3種に関しては、ある程度のリクガメ飼育経験があれば、十分に飼育可能であると思います。

リクガメの全種はワシントン条約附属書II類以上の貴重な野生動物です。どのリクガメたちも、それぞれに甲羅の形や模様、色などの外見的な魅力があり、大胆であったり、繊細であったりの特性があり、それがリクガメ飼育の醍醐味であると、筆者は思っています。

飼う前に知っておきたい

プロフィール・リクガメとは

あなたがこれから飼おうとする、または現在飼っているリクガメは、
どのような動物なのでしょうか？

リクガメの活動サイクル

リクガメは他の爬虫類同様「外気温動物」です。すなわち私たち哺乳類や鳥類のように自分で体温を作り出すことはできず、環境の温度によって体温が変化します。そこで必要な体温を維持するために、野生下では場所を移動しながら、極端な温度変化がないように調節しています。

一日の行動はこのことに大きく影響され、陽が昇ると太陽のぬくもりで体を温め、活動する体温を得られると餌を求めて広い大地を歩き回り、暑すぎる日中は物陰に潜み、陽が傾き適度な温度に下がったところでまた活動開始、日没が近づくと夜の寒さをしのぐことができるねぐらへと向かいます。主食は多くの場合植物で、私たちの食べている野菜に比べて一般に高繊維質で低タンパク質です。その栄養価の乏しい食べ物をうまく栄養に変える体の仕組みを長い年月をかけて獲得しました。

特に成長期は、体のかなりの部分を占め、かつ外敵から身を守るため丈夫な甲羅《こうら》を形成するために、多くのカルシウムなどのミネラルの摂取が必要となります。そして主食が草類であるため、カルシウムを吸収するた

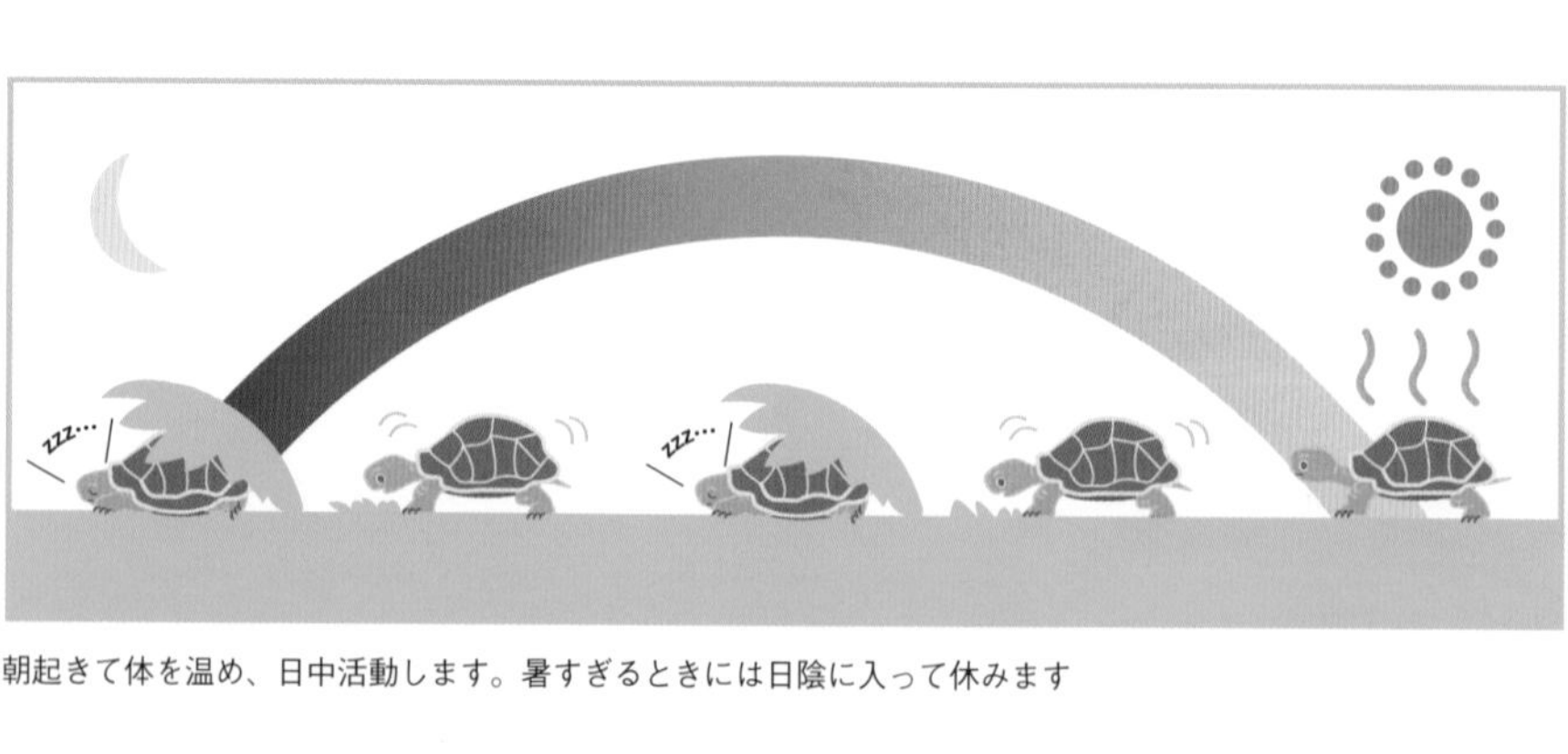

朝起きて体を温め、日中活動します。暑すぎるときには日陰に入って休みます

【リクガメの体のつくり】

上

前

下

後

めの活性型ビタミンD_3を、外部から摂ることができないので、体内で作り出さなくてはなりません。そのためリクガメは十分な紫外線を浴び、ビタミンD_3を作り出しています（詳しくは餌の項で述べます）。このことがリクガメ飼育において、紫外線がとても重要となる理由です。

一般的なリクガメは単独生活をしているため、単独飼育でも寂しがることはありません。しかし、複数で飼育してみると、彼らなりにお互いを認識し、それはそれで見ていて楽しいものです。ただし、人に対しては大人しいのですが、オス同士の闘争やメスに対する求愛行動は、狭い飼育スペースでは命にも係る問題を起こすことがありますので注意が必要です。野生下のヒョウモンガメの映像で、上手に泳ぐ姿を見たことがありますが、カメと言えども一般的にリクガメは泳ぎは下手です。

一見何も考えていないような彼らですが、いつも接していればあなたをしっかり認識し、あなたを見つければ、一目散に寄ってきて餌をねだるようになるし、夢中になって野菜を美味しそうに食む姿、リラックスして寝ているところ、実際に飼ってみると、なぜか心が癒され、そしていろいろと面倒を見たくなる不思議な魅力をもつ生き物であることがわかるはずです。

体のつくりと構造

カメの最たる特徴は何といっても、外見の多くを占める甲羅でしょう。上側の甲羅を背甲、お腹側の甲羅を腹甲と呼びます。この甲羅は「ざっくり言うと」皮膚が変化した角質甲板《かくしつこうばん》と、肋骨《ろっこつ》や鎖骨《さこつ》などが変化した骨甲板《こうばん》で構成されています。甲羅の表面を作っているのが角質甲板、その下に骨甲板と言われる骨が裏打ちされています。この角質甲板と骨甲板が、異なる形で密着していることによって、甲羅の強度をより強くしていると言われています。

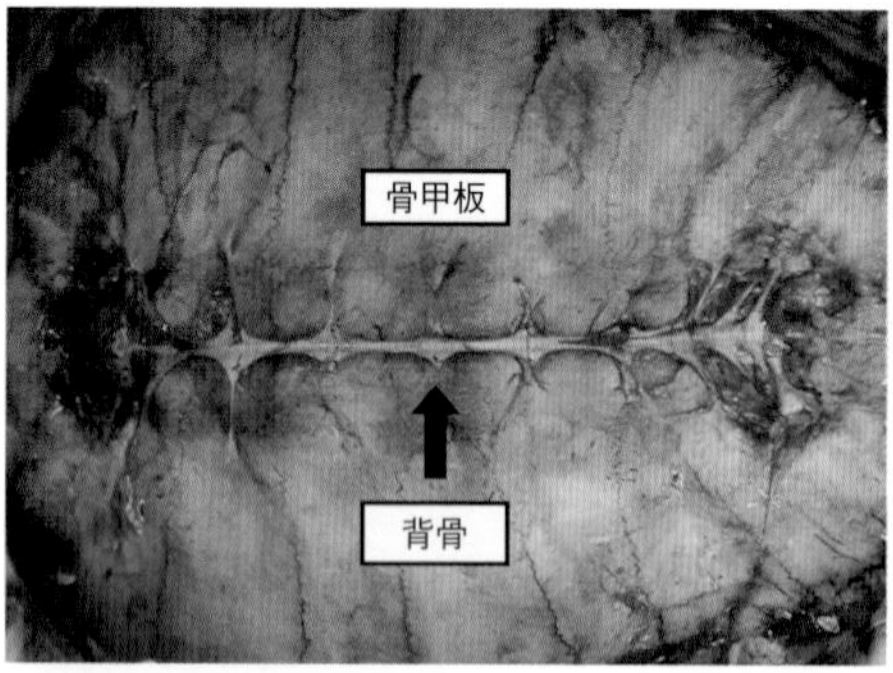
骨甲板
背骨
甲羅を内側から見ると中央に背骨があり、その両脇は肋骨から変化したといわれる細長い骨が、互いに頭蓋骨のようにギザギザに入り組んで強固にくっついています

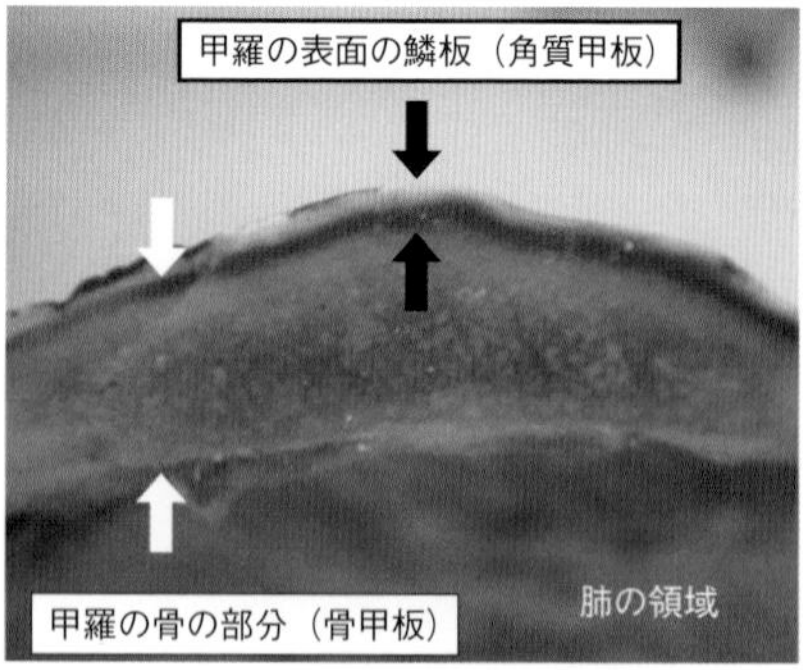
甲羅の表面の鱗板（角質甲板）
甲羅の骨の部分（骨甲板）
肺の領域

【リクガメの骨格】

甲を形成する骨は肋骨が変化したものといわれ、背骨、胸骨、骨盤、
前後ろ足の骨と一体化しています。

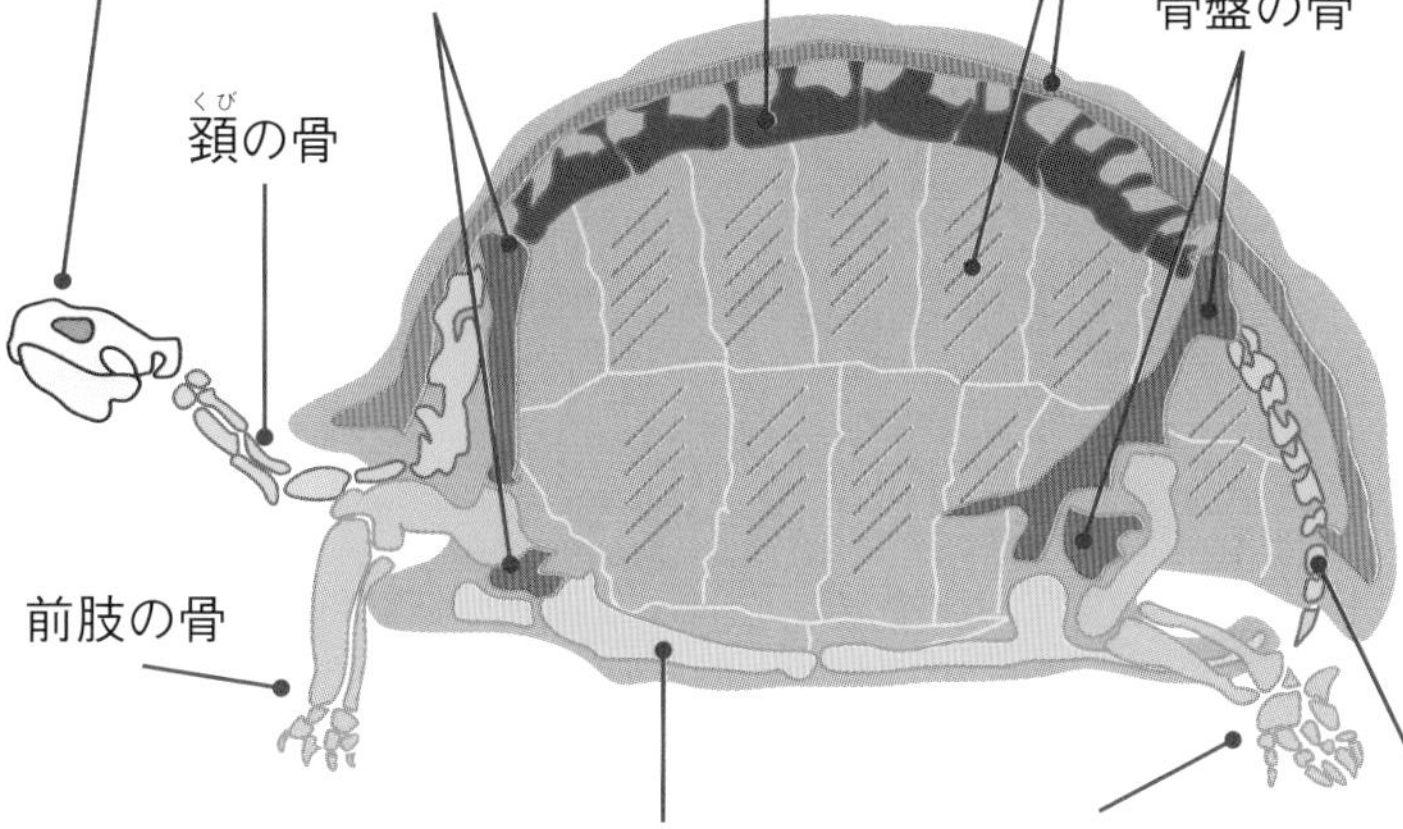
頭部の骨
背骨
背甲を作る骨
肩のまわりの骨
骨盤の骨
頸《くび》の骨
前肢の骨
腹甲の骨
後肢の骨
尾の骨

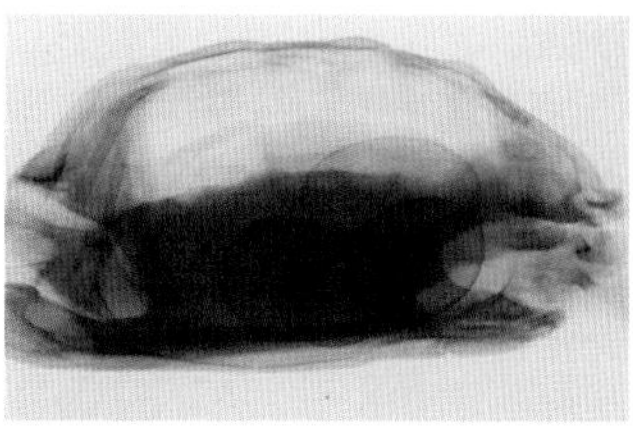

甲羅の中は、半分近くが肺でしめられている（上部の白っぽい部分）。丸や楕円に見えているのは卵

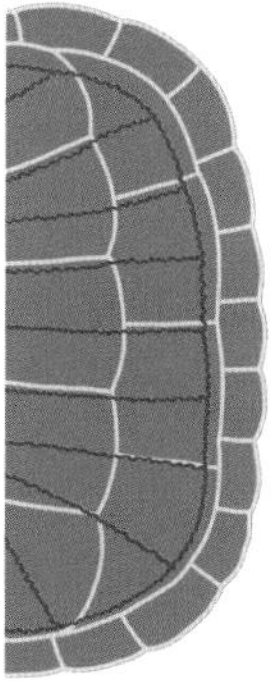

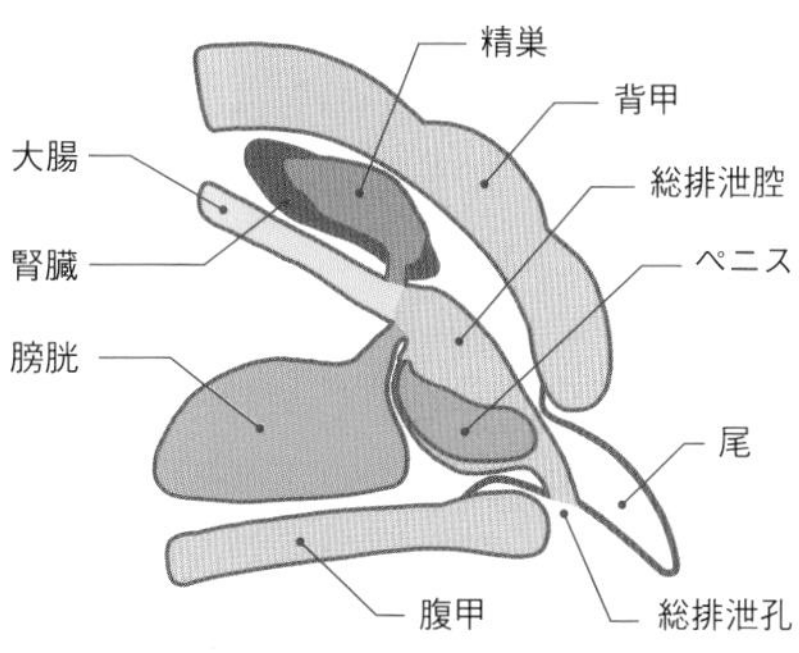
精巣
背甲
大腸
総排泄腔
腎臓
ペニス
膀胱
尾
腹甲
総排泄孔

甲羅の模式図

赤い部分が骨甲板、茶色の部分が角質甲板。それぞれが異なった形状をして密着していることにより、強度を増していると言われている

総排泄腔の模式図

総排泄腔には、大腸、膀胱、尿管や卵管などさまざまな器官が開口している。また、オスではペニスも収納されている

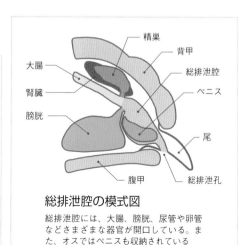

甲羅を裏から見てみると、骨甲板の中央に背骨がくっついています。また、肩を作る骨や骨盤を作る骨とでも、背甲と腹甲がつながっています。この骨甲板にはもちろん血管もありますし感覚もあります。

甲板はいくつものパーツに分かれ、それぞれに名前が付けられています。成長にしたがい、それぞれの甲板の周辺部に新しい甲羅が作られることによって大きくなります（129ページ参照）。

カメには歯がありません。硬い嘴《くちばし》が歯の役目をはたしています。鼻は直接上顎に開いていて、分厚い舌を使い、少ない水でも鼻から効率よく水を飲むことができます。また、嗅覚は発達していて、多くの情報を得ています。耳たぶはなく、鼓膜があるだけです。

お尻には総排泄孔《そうはいせつこう》と言われる穴が一つだけあります。その内部の総排泄腔《くう》には、腸管、尿管、膀胱《ぼうこう》、生殖道が開いていて、オスではペニスも収納

リクガメの体のつくり

足
乾燥地帯に生息するリクガメの手足は硬い鱗（うろこ）につつまれ、外敵からの攻撃から身を守ると同時に、皮膚からの水分の蒸発を緩和する構造になっています

口
歯はなく、するどい嘴が歯の役目をしています。鼻は前方に開き、単純に上顎につながり、水を鼻から吸い上げるように飲むことができます

舌
分厚い舌をしています

耳
リクガメの耳には耳たぶや外耳道はなく、まるいところが鼓膜です

されています。

硬い甲羅に囲まれているため、加えて呼吸を助ける横隔膜《おうかくまく》がないため、呼吸は首の部分や前肢《ぜんし》の運動によって行なわれています。驚いて甲羅の中に手足を急激に引っ込めるとき「シュー」となるのは、肺の中の空気が一気に押し出されるためです。

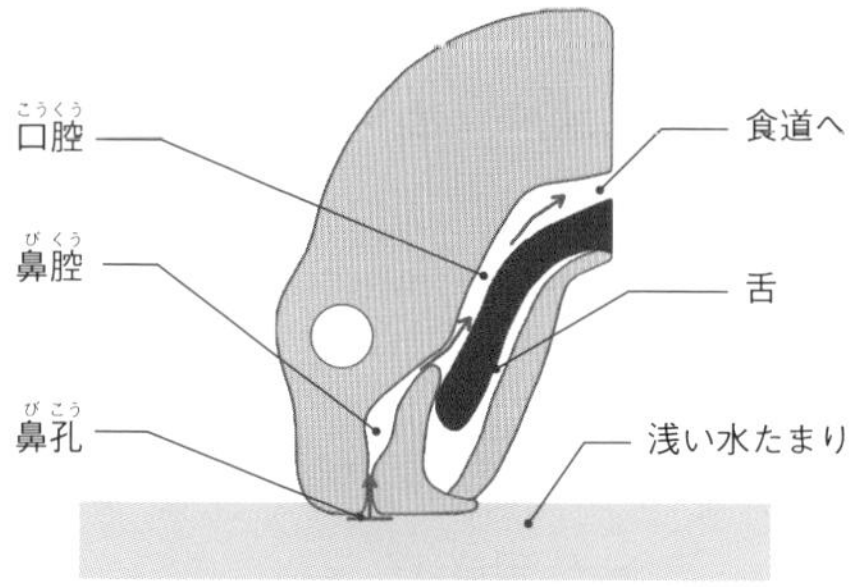

リクガメの鼻腔と口腔の模式図

リクガメは口を閉じ口腔内を陰圧にすることで、鼻から水を吸い上げ、浅い水たまりでも水を飲むことができる

総排泄孔 尾の付け根に総排泄孔があります。その内部の総排泄腔には腸管、尿道、生殖道が開いています

甲羅 カメを最も特徴づける甲羅。この甲羅の形や模様は、ペットとしてのリクガメの魅力のひとつです

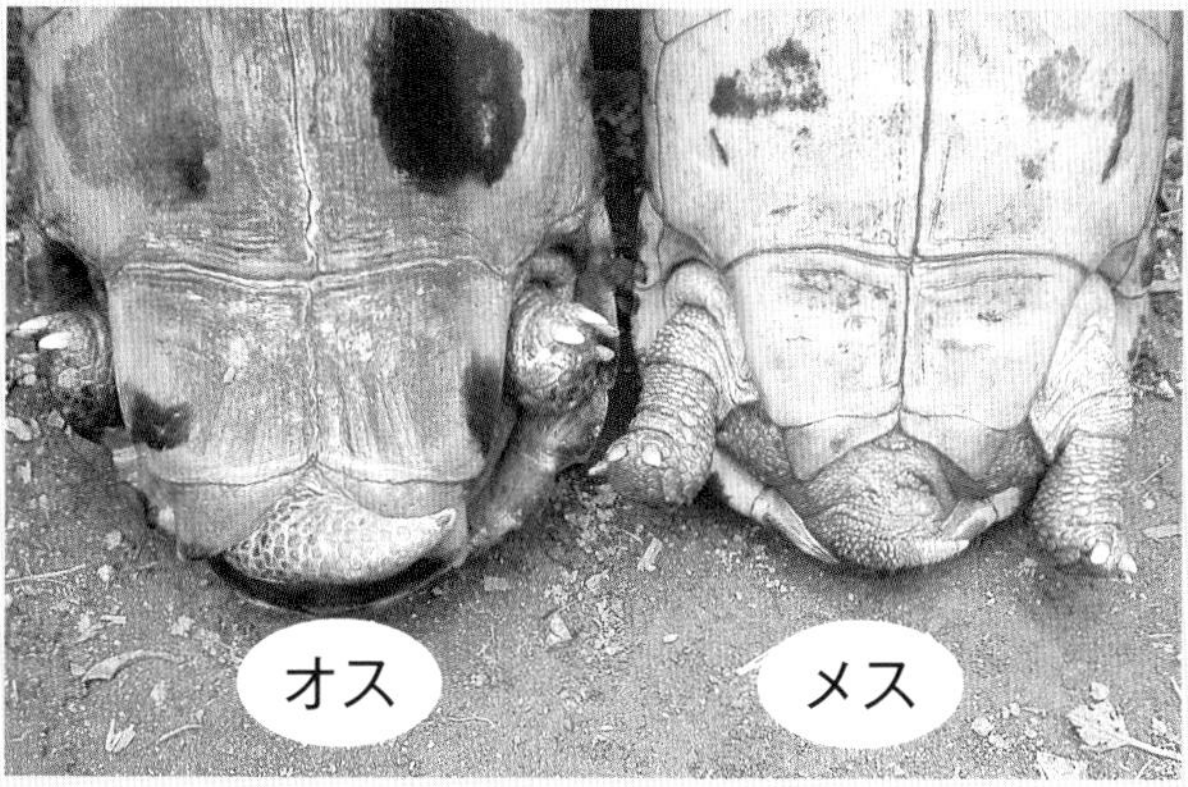

オスとメスの違い

一般的にメスの腹甲は平らですが、オスのそれは凹んでいます。交尾（こうび）の際に、オスの体を安定化させる働きがあるといわれています。また、オスの尾は長くて太く、メスは短く小さいのが特徴です。オスの尾の付け根には、ペニスが収納されていて、長い尾を、メスの腹甲の下に滑り込ませて交尾を行ないます

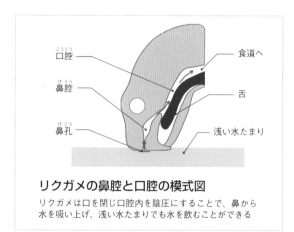

【リクガメの甲羅についている名称】

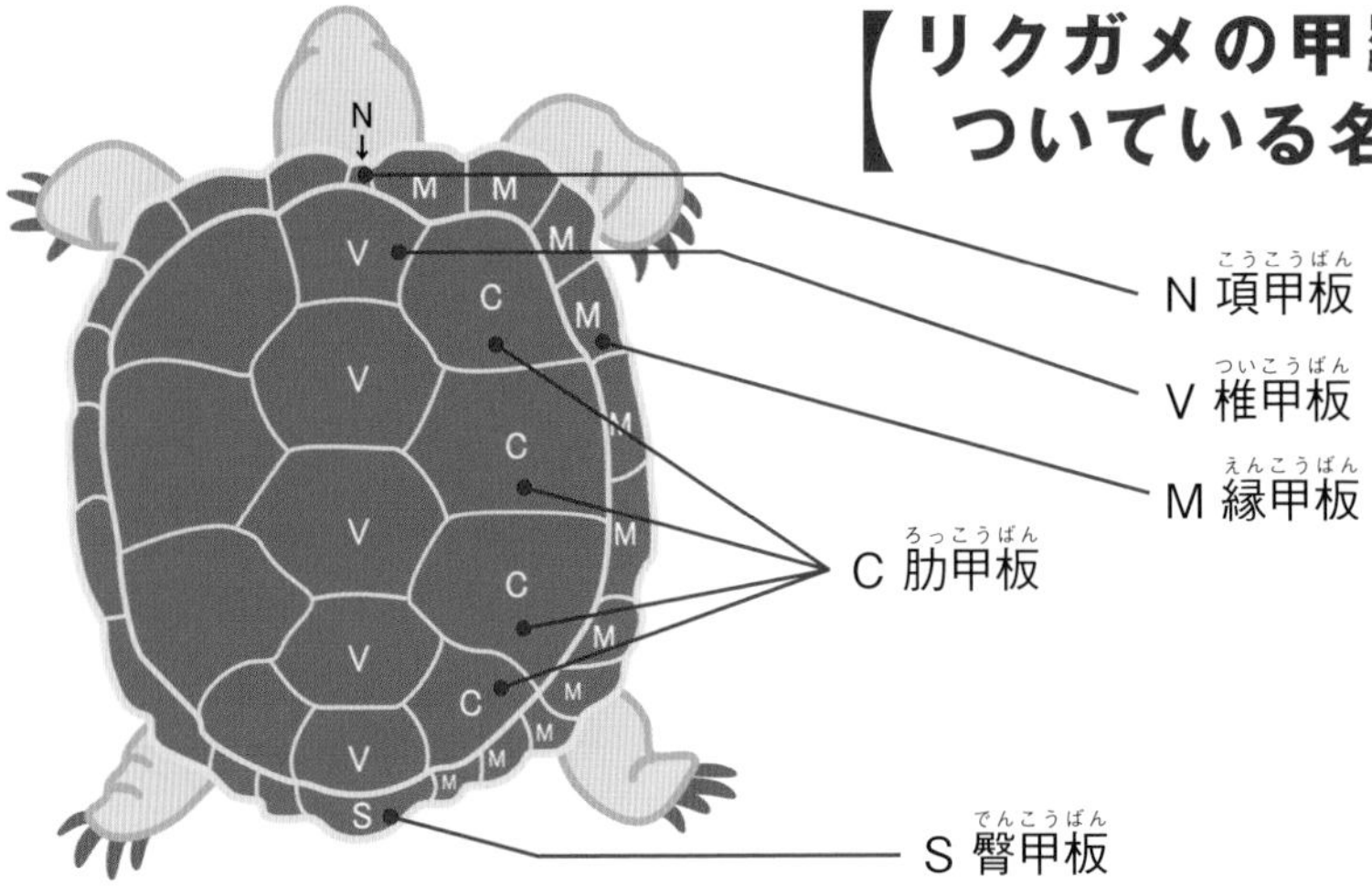
N
M
V
C
S
N 項甲板《こうこうばん》
V 椎甲板《ついこうばん》
M 縁甲板《えんこうばん》
C 肋甲板《ろっこうばん》
S 臀甲板《でんこうばん》

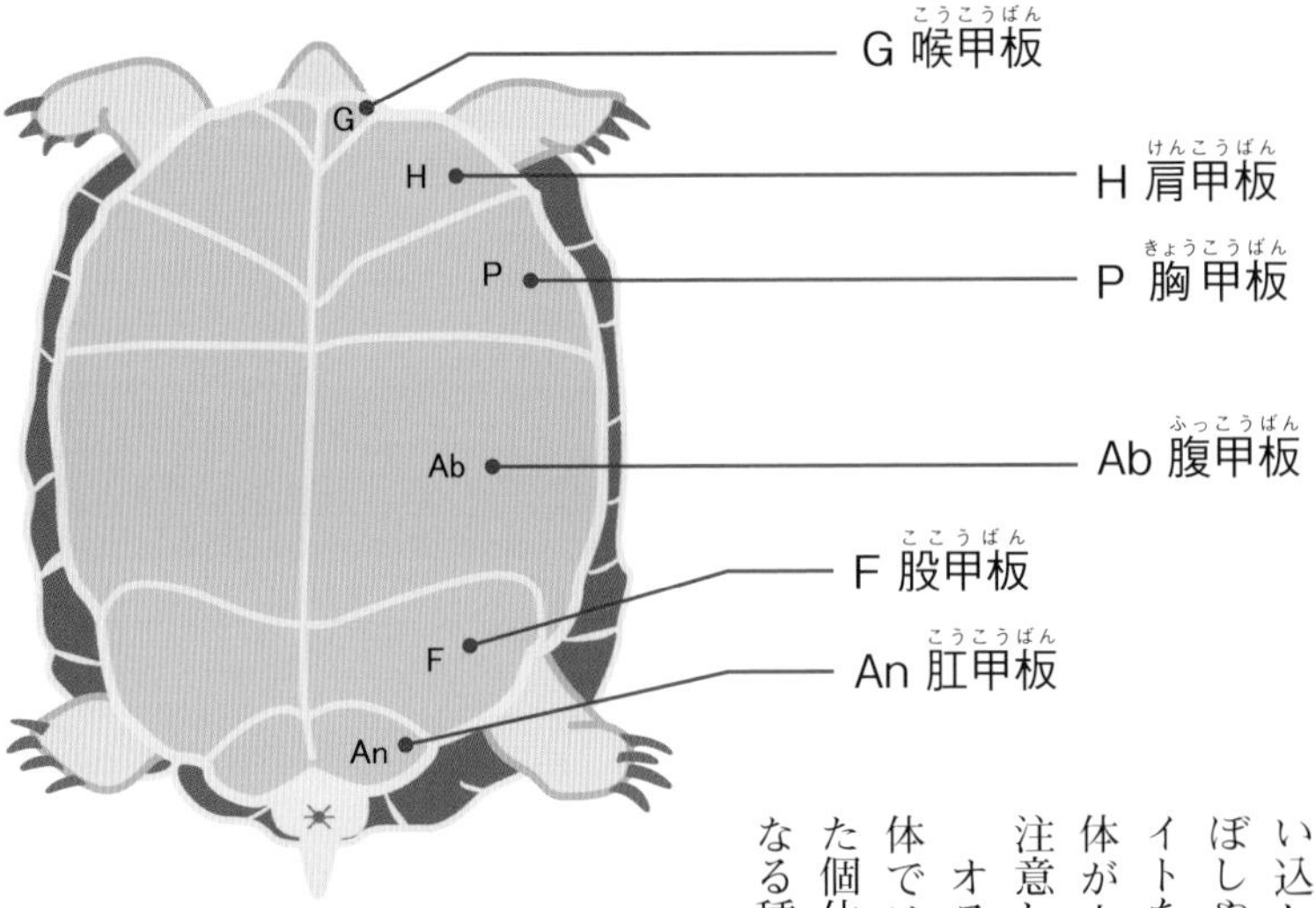
G 喉甲板《こうこうばん》
H 肩甲板《けんこうばん》
P 胸甲板《きょうこうばん》
Ab 腹甲板《ふっこうばん》
F 股甲板《ここうばん》
An 肛甲板《こうこうばん》
G
H
P
Ab
F
An

リクガメのなかにもこのような変わり者がいる。健康でも、甲羅を上下から持ち、少し力を入れるとフワフワとした柔らかい感触をしている。身軽で動きも早く、一般的なリクガメとは趣きが異なる

甲羅の中の背中側の広い範囲に肺があります。このことでリクガメは吸い込む空気の温度が体温に影響を及ぼしやすく、特に冬場などスポットライトを浴びていても、空気が冷たいと体が十分温まらないことがあるので注意してください。

オスとメスの違いは、多くの場合幼体では判別はできません。性成熟した個体では、尾の感じでわかるようになる種類が多いです。

リクガメを飼うということ

リクガメを飼うにあたって、心に留めておいてほしいこと、注意点などを記します

リクガメは、日本でも比較的暖かい地方で、十分な土地があり、お金と時間に余裕がある人であれば、比較的簡単に飼うことが可能な生き物かもしれません。しかし、筆者を含め多くの方がその条件を満たしていません。それでも用意してあげられる環境、時間、金銭的なことを考慮してリクガメを選び、彼らの特性を知り、手間と愛情をかけ、創造と工夫を加えれば、それらを補うことができ、長期に健康にリクガメを飼育していくことが可能です。

■特殊性

リクガメは犬や猫などのペットとは全く異なった生き物です。飼育するうえでは、その大きな違いの一つは「体温が環境によって大きく影響を受けること」です。日本の冬は彼らにとっては寒すぎるので、彼らに適した暖かい環境を用意する必要があります。これは、こたつの中やホットカーペットの上で飼えばよい、というような単純なものではありません。様々な道具を使うので、多くの場合、万単位の初期費用が必要となります。

もう一つの大きな違いは、犬猫のように、ドックフードやキャットフードを与えておけばよい、というような完全な製品は今のところありません。確かにリクガメ用の人工飼料が各種販売されていますが、嗜好性に問題があったり、それだけ与えているとカロリーが高すぎて、健康上問題を起こすことがあります。また、ただ単に野菜を与えておけばよい、というような感覚では「長期に健康に」飼育することはできません。

つまり、飼育環境から食餌まで、全てにわたり飼育者が気を配る必要がある生き物です。しかし、これがリクガメ飼育のひとつの楽しみでもあります。

■大きくなる種類もあります

ペットショップで見かけるリクガメの多くは、幼体もしくは亜成体で、そのかわいらしさから、気軽に飼育を考えてしまいますかもしれません。リクガメの幼体であればさほど飼育に手間はかからないかもしれません。しかし、大きくなるにつれ、環境維持にはそれなりの手間がかかるようになります。

リクガメは、成体でも甲長が10センチちょっとの小型のものから、1メートルを超える種類までであります。今は小さいそのリクガメが、最終的にはどのくらいの大きさになるのか、しっかりその時をイメージしておくことが大切です。

　例えば甲長30センチのリクガメというと、さほど大きく感じられないかもしれませんが、平面的な動きしかしないリクガメには、最低でも半畳くらいのスペースは与えてあげたいところです。体重も5キロを超え、食べる量も排泄量もかなりのものになるので、清潔に環境を維持するのは、甲長15センチのリクガメを飼うより、数倍手間がかかります。甲長40センチほどのケヅメリクガメは、人の頭ほどのキャベツを簡単にたいらげ、おしっこやうんちの量は、ゴールデン・リトリバークラスの犬なみになります。

ケヅメリクガメの幼体

ケヅメリクガメの成体。売られている幼体は、手に簡単に乗るほど小さくかわいいのですが、うまく育てると、10年もしないうちに甲長で10倍の50cm以上、体重はなんと600倍の30kgになってしまいます

長生きします

　もう一つ考えなくてはいけないのが彼らの寿命です。犬や猫の寿命は10数年、長くても20年くらいですが、リクガメはちゃんと飼うことができれば、それを簡単に超えてしまう寿命を持つ生き物です。30年、40年、種類によっては１００年以上生きることも十分考えられます。現在のところ飼育下でどの種類がどのくらい生きるか正確にはわかっていませんが、飼育されて約１５０年生きたアルダブラゾウガメは有名です。捕獲された時にはすでに成体だったので、２００年近く生きたのではないかとさえ言われています。その他にも１００歳を超えたチチュウカイリクガメ属や、捕獲されて50年生きている例であればかなりの数にのぼります。これらの記録から推察しても、本来短命な生き物ではないことがわかると思います。

　長寿であることは、長くゆっくり

と彼らと付き合うことができるということですが、反面、自身の生活の変化、例えば就職や結婚、天災などによる生活環境の変化は、彼らの飼育環境にも大きな影響が出ることがあります。そのようなときにも、しっかりと彼らのことも考え、最良の方法を選択してあげてください。

1989 年に我が家にやってきたヒョウモンガメ（1990 年撮影）

2008 年夏、見た目はこんなにぼろぼろになりましたが、とても元気です。我が家に来たときの大きさと、野生個体であるということから、この時点で年齢は優に 20 年を超えているでしょう

注意点

リクガメを飼育するにあたって、一般的なペットを飼う場合と同じように、いえ野生動物であること（C.B.であっても）から、それ以上に注意しなくてはならないことがいくつかあります。

まず、あまりにも神経質になる必要はありませんが、人のためにもリクガメのためにも、できるだけ清潔な環境を用意してあげましょう。

リクガメには、時に人の病気の原因となる可能性のある細菌や真菌、原生動物その他の寄生虫などを保有していることがあります。それを家の中に持ち込むことになります。これらは多くの場合、健康な人にはほとんど影響のないものであるとは思います。しかし、家の中に乳幼児やお年寄り、免疫抑制剤の治療を受けている人がいる場合には、注意するに越したことはありません。そのために心がけたいことをお話ししましょう。

人の健康のためにした方がよいこと

リクガメとうまく付き合うために、最低限知っておきたいことのお話をしましょう。

まず、ケージの置き場所には注意しましょう。台所や居間など食事を用意したり、食べたりするところは、衛生面からリクガメの飼育場所には適しません。

次にリクガメのケージやその付属物は清潔に維持しましょう。リクガメ自身やそのケージ、およびその付属品を触った後は、手に付着しているかもしれない汚れを、他の場所に広げてしまわないように、必ず石鹸などを使い、しっかり手洗いしましょう（汚れは目に見えるものとは限りません）。

　リクガメのケージを大掃除するときは、その粉塵《ふんじん》を吸うことがないよう、マスクをすることをおすすめします。リクガメの水入れの水は、衛生的な観点から、台所はもちろんのこと、風呂場や洗面所などに流したりせず、トイレに流しましょう。

リクガメを触ったあとは必ず石鹸で手を洗う。衛生には特に気をつけて

　リクガメを触っているときや掃除をしているときには、物を食べたり飲んだり、タバコを吸いながらなど。手を口に持っていくような動作は行なわないことも重要です。

　特に幼児は頻繁に手やものを口に運ぶため、乳児とリクガメの接触は最小限にするのがよいでしょう。

リクガメとサルモネラ

　ミドリガメで有名になったサルモネラ菌についてもここでお話ししましょう。サルモネラ菌は、腸内細菌科に属するグラム陰性桿菌です。それらは2500種以上に分けられ、人に対する病原性は様々です。これらは広く自然界に存在していて、人を含め家畜や犬猫などあらゆる哺乳類や鳥類、爬虫類、両生類から発見されています。健康なリクガメは、腸管内にサルモネラ菌を保菌していても、必ずしも症状を表しているわけではありませんし、便へのサルモネラ菌の排出も必ずあるわけではありません。このことから、サルモネラ菌を持っていても、検査で必ず検出されるわけでもありません。

　リクガメから排出されたサルモネラ菌は、飼育水や床材を通してカメ自身や人に経口感染します。

　多くの場合、健康な人には軽い下痢などで大きな問題を起こすことはないと言われています。しかし、10歳未満の乳幼児や妊婦、老人や免疫力の落ちている人には、とても大きな問題を起こすことがあるので注意が必要です。抗生物質を用いていても、カメから完全にサルモネラ菌をなくすことは困難で、不適切な抗生物質の使用は、耐性菌を作り出すことにもなります。

　これらのことから、カメにはサルモネラ菌がいるかもしれないということを前提に、前述のようにカメとの接触に関しては十分に注意を払ってください。

　筆者が言いたいことは、リクガメは「怖い生き物だ」ということではなく、リクガメのことを少しでも理解し、好ましい付き合いをしていただきたいということです。なぜなら、何か問題が起こった場合、全てリクガメが、爬虫類が悪者にされ、肩身の狭い扱いを受けてしまうからです。

より詳しく知りたい方は、厚生労働省HPで爬虫類、サルモネラ症などで検索、参考にしてください。

■ペットという観点から見たリクガメ

リクガメとは犬猫などのような、濃厚な付き合いを求めることはできません。地面から離れることのない生き方は、ひっくり返されることはもちろん、持ち上げられるだけでも、彼らにとっては恐怖でしかありません。食べ物もいちいち用意してあげる必要があります。

聴覚はさほど良くないと思われます。しかし、嗅覚は高性能で多くの情報をにおいから得ています。リクガメを見ていると様々な場面で鼻を使い、においを嗅いでいることに気が付くと思います。食べられるものか否か、ここはどこか、相手は誰かなどなど、その他産卵時にも、しきりに地面のにおいを嗅いで、産卵に適した場所を選定しています。

味覚も発達していて、好みでない植物を口にしても、すぐに敏感に感じ取り吐き出します。

視覚もしっかりしていて、位置関係はもちろん、いつも接している相手かどうかも理解しています。以前旅行に出かけるために、ケヅメリクガメの世話を知り合いに頼みました。いつもは顔を見せると寄ってきて、餌皿を置くのにも苦労するような子です。ところが旅行から帰ってくると「最初の数日は餌をやったのに、警戒してなかなか食べにこなかった。ちょっと離れてみていたら、しばらくしてやっと食べだした」という話を聞きました。このとき一見何も考えていなさそうな彼らが、しっかり私たちを認識していることに感心させられました。

リクガメの独特な容姿は最大の魅力ですが、飼育していくとその仕草やいろいろ考えながらの行動、一見無表情で、食べることと寝ることしか考えていないような彼らが、不器用ながらもコミュニケーションをとろうとしていることがわかるはずです。彼らはあなたが思っているよりもずっと知能があり、一緒にいて飽きることはありません。手をかけて一所懸命彼らと接していれば、彼らの魅力がじわじわと伝わってくることでしょう。

よく観ていれば、彼らなりの意志表示をくみとることができるはず

落ち着いて選びたい

リクガメの購入

リクガメをどこで購入すればよいのか、
またどんな個体を購入すればよいのか、
2点について解説していきましょう

ショップなどで「ヨーロッパc．b．」などという表示を見ることがあります。このc．b．というのはCaptive Bredの略で、飼育個体の親から繁殖させた子のことです。野生の個体を捕まえてきたものがWild Caughtの略でw．c．と言われます。

c．b．個体は一般的に成長も速く飼いやすいと言えます。多くは国外からの輸入物です。小さい頃から同じ飼い方をしてると、甲羅の成長が一定していて、まるで工芸品のようなきれいな甲羅に育てることも可能です。しかし、健康にしっかりと育てるにはかなりの知識が必要で、繁殖をさせるより若齢個体を健康に成体に育て上げるほうが難度が高いかもしれません。

上はw.c.個体で、甲羅はつるつるで非常に硬く、表面にはさまざまな傷が見られる。下の個体は、上の個体の子どもで、c.b.個体になるが、工芸品のような美しさで、とても同じ種類（ギリシャリクガメ）には見えない

w．c．個体は、ゆっくりと長い年月をかけて成長し、厳しい自然の中で生き延びたことにより、見た目には頑強で迫力のある姿になっています。

しかし、w．c．個体は環境適応性がc．b．個体より低く、また、ほぼ間違いなく内部寄生虫がいますので、その環境変化などのストレスから抵抗力が落ち、内部寄生虫が勢いづき、購入当初に体調を崩すこともあります。最近、しっかりした専門店では入荷後、きちんと駆虫をしてあることも多いようです。

どこでリクガメを購入するか

リクガメに興味を持った時点で多くの場合、好みの種類は大方決まっているのではないでしょうか。しかし、ちょっと待ってください。本当にそのカメさんを飼えるでしょうか。他のリクガメと比較して、そのカメの飼育の難易度、どのくらい大きくなり、将来的にどんなケージが必要になるか、飼育セットを用意するのにどのくらい予算が必要か、店員さんに聞いたり、自分で調べたりして十分な準備が必要です。

● ショップ

リクガメを購入する場所には大きく分けて、ホームセンターや総合ペットショップと爬虫類専門ショップがあります。最初にリクガメを目にするのは前者のことが多いと思いますが、リクガメに関しては種類、個体数ともに少ない傾向にあります。爬虫類に興味のある方はぜひ専門ショップに出かけてみてください。とても感動することは間違いありません。飼い方なども詳しく教えてもらえます。いろいろ見て回ると、同じ種類でも、大きさや甲羅の柄など、好みの個体が見つかるかもしれません。

● さまざまなイベント

その他には、毎月のようにどこかの地域で爬虫類のイベントが開催されています。ネットで「爬虫類　イベント」などで検索してみてください。これらには爬虫類専門店が集まって出店しているものや、個人で繁殖させた子たちを持ち寄って販売しているイベント、その両者が出店しているイベントなどがあります。一種のお祭りなので、普段より安く販売されていることも多いのですが、反面仕入れたばかりで十分に状態を整える前に販売しているのではないかと感じるケースも経験したことがあります。

イベントもさまざまで、個人で繁

専門ショップや個人ブリーダーなどが出店する爬虫類のイベント。多くの愛好家と情報交換したり良質個体を安価で入手できることもできる

専門ショップにはさまざまな種類のリクガメがストックされている。気に入った個体を購入したら、寄り道しないで、早めに連れ帰ってほしい

殖させた個体を販売しているものでは、お話させていただくとその方の熱意が直接伝わってきて、とても参考になる情報も得られるかもしれません。また、とても良い状態の子たちをリーズナブルな値段で手に入れることができるかもしれません。

いずれのイベントも開催期日と開催場所が限られているという問題はありますが、同じ趣味を持つ人たちが集まってのお祭り騒ぎはとても楽しいものです。ただしその熱気に当たって判断力がマヒすることもしばしば。衝動買いには注意をしてください。

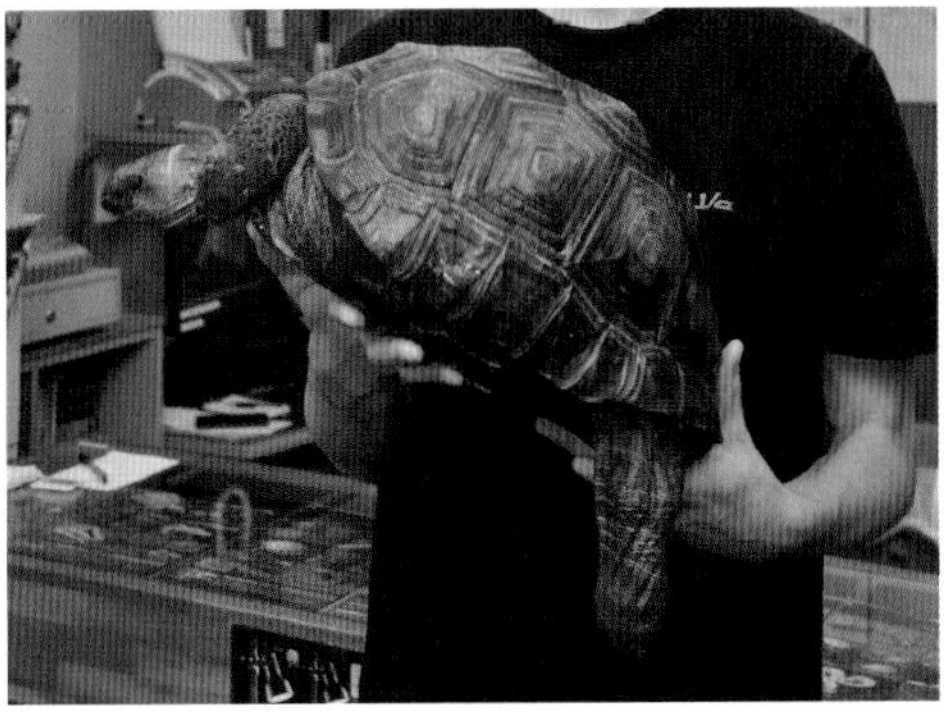

成長すると甲長が 80cm 以上になるアルダブラゾウガメ。ショップでは幼体だけでなく、大型個体が販売されていることも

個体選び

リクガメを購入するときには「元気で健康な個体を選ぶ」ことが大切です。つまり、目が生き生きとしていて、しっかり四本の足で体を持ち上げて歩いている。持ってみてしっかり重さがあり、率先して餌を食べている個体というわけです。

とはいってもこの「元気か否か」ということが見てわかるようになるにはかなりの経験が必要です。リクガメなどの爬虫類は状態の悪いこと、またその重症度が非常にわかりにくい生き物です。リクガメで見るからに具合の悪そうな個体は、すでに死の手前まで来ていることが多いのです。ですから、かわいそうかもしれませんが、見るからに具合が悪そうな個体は避けるべきです。少なくても初心者は、「大人しそう」とか、「少しでも、具合が良くなさそう」と思う個体は選ばないでください。

また、1匹だけで判断するのはより難しいので、複数の中から比較・選別する方がより間違いありません。そして、良い個体を見つけるためには、実際に手にとってみる必要があります。

以下にそのポイントを解説していきますから、参考としてご覧ください。

食欲

実際にリクガメを購入する際は、給餌時間でないことが多く、その食いっぷりを確認することは難しいかもしれません。状態の良い個体は、ワシワシととてもおいしそうに野菜を食べます。嘴に餌の破片がついていたりすれば「こいつはしっかり食べているのではないか」と推測することができたり。餌が残っていれば、その食い散らかし方で食欲の「感じ」がわかることもあります。しかし、確認できない

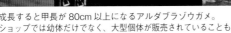

場合はやはり店員さんに質問するのが良いかもしれません。

元気はあるか

・ケージ内の様子

　元気な個体はケージ内を元気に歩き回っていたり、リラックスしていれば上から見て卍型に四肢を伸ばして寝ています。逆に元気のない個体は、ただ単に甲羅に体を引っ込めた状態でいて、あまり動かないことが多いものです。ある程度大きくなった個体のなかには、甲羅が凸凹していたり、甲羅の腰の部分が落ちくぼんでいる個体が見られます。そのような個体では、とても元気に見えても、しっかりと後肢で踏ん張って体全体を支えて甲羅を浮かせて歩くことができない場合は、治すことができない麻痺が後肢にある可能性があります。

・手に取った時の感触

　気に入った個体が決まったら「この個体を見せてください」と申し出て、実際に手に取ってみてください。元気な個体はたとえ寝ていても、持ち上げればすぐに目を開き、逃げようと力強く手足を踏ん張ったりします。逆に持ち上げても目をなかなか開けなかったり、涙ぐんでいたり、虚ろな目をしている個体は状態が良くないかもしれません。また頭を引っ込めたままでなかなか頭を出さないような個体、ケージ内を落ち着きなく歩き回り、ケージの壁を一所懸命登ろうとしていたり持ち上げた時になかなか顔を出さない個体は、警戒心が強く、飼育当初に食が細かったり、すぐに餌付いてくれなかったり、苦労することがあるかもしれません。これも飼育にあたって気をもむ原因になるので、少しくらい触られても平気で動いているくらいの個体の方が特に初心者には飼いやすいでしょう。

　もし同様な個体が複数いる場合は、持った時の感触を比較してください。他の個体と比べて軽く感じる個体は、食が悪く痩せていたり、状態の悪さなどを反映しているかもしれませんから、そのような個体は避けます。

　ただし、重たければそれが良いというわけではありません。体のわりに重たいのに痩せていたり、動きが悪かったり、甲羅が柔らかすぎたりする個体がいます。これは内臓などに致命的なダメージを負っているサインかもしれません。しかもそのような状態でも緩慢《かんまん》ですが動いたり、細いなりに餌を食べている場合もあり、注意深い観察が必要です。

痩せていないか

　リクガメは甲羅に覆われていて、よく観察しないと痩せているのがわかりにくい生き物です。それを判断するポイントは、前肢の前腕部（甲羅に引っ込んだ時にフタのようになる部分）の肉付きです。ここが太い個体は栄養状態がよく、平べったい個体は痩せていると判断できます。また後頭部に筋肉の部分も、栄養状態が

不健康な個体

健康な個体

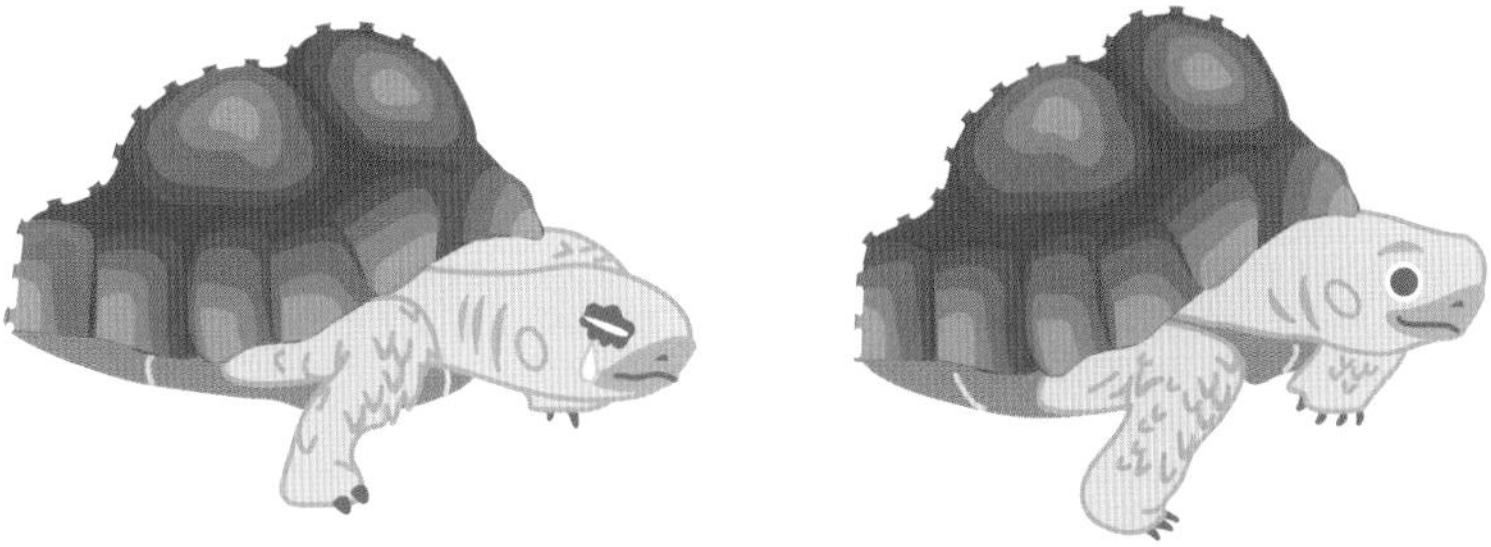

健康な個体は目がパッチリと開き、腕（前腕）が太い。不健康な個体は、目に力がない、涙目、前腕が痩せているなどのサインが見られる

不健康な個体

健康な個体

健康な個体では、すべりやすい面においても四肢でしっかり体を持ち上げる。後ろ足で体を支えられず、甲を引きずるようにして前に進む個体は問題がある

こんなところも

チェック

・鼻孔のまわりが赤くなり腫れぼったくなっていたり、鼻水などで濡れている。分泌物などで覆われている

・嘴（くちばし）の合わせ目がよだれのようなものや、アブクなどで汚れている

○で囲んだ部分がへこんでいるのは、かなり痩せている

良い個体は「張って」いますが、悪い個体は落ちくぼんでいます。そのほかに、目が落ちくぼんでいるような場合、脱水があったり、かなり悪い状態であるといえます。

いずれも慣れていないと判断が非常に難しいと思いますが、他の個体と比較しながら観察してください。

ヤブカラシを食べるヒョウモンガメ

● 目が生き生きしているか

健康な個体は目が生き生きしていて、周りの状況に興味を示しています。開いていても、ぱっちりとした目ではなく虚ろな感じがしたり、分泌物で目が開きにくいような個体は状態が悪い可能性があります。

● 甲羅は硬いか

小さな幼体はまだまだ十分には甲羅が硬いとは言えないかもしれませんが、それでもつまんでみればしっかりしている感触は伝わります。しかし中には〝筆者の個人的意見ですが〟もともとの病気があり、甲羅が極端に柔らかくなってしまう個体がいます。筆者がケヅメリクガメを繁殖していた時、一腹20～30弱の卵を孵化させると、時に他と比較した場合、甲羅が極端に柔らかい個体が生まれました。そのような個体はうまく育った経験がありません。

ある程度育った個体では、紫外線やカルシウムの不足、あるいは腎疾患により、十分に甲羅が硬くなっていない個体がいます。このような個体も避けるべきです。

個体選びは様々なポイントから総合的に判断しなくてはなりません。慣れてくるとその判断はさほど難しいものでもありませんが、爬虫類飼育の経験が浅い方には少し難しいことだと思います。もちろん多くの場合、健康な個体が売られています。特に専門ショップではその傾向が高いと思います。また、この本では紹介していませんが、セオレガメの仲間は未だw.c.が多く、しかも気難しい個体が多いので、ショップで十分にトリートメントされた、つまり状態を整えられた個体を選ぶのがよいでしょう。個体選びのポイントは、よいショップと出会うことだと思います。そのうえでここに記したことを知ってもらえれば、少しでも失敗を防ぐことができるでしょう。

リクガメの導入

ショップから持ち帰る〜本格的な飼育を開始するまでのポイントを記します。この飼育の初期の初期にこそ行ないたい大切なこともあります

連れ帰り方

ショップでリクガメを購入すると、カメを箱に収容し、その箱を袋に入れます。冬場は使い捨てカイロで保温して渡してくれると思います。

ショップからリクガメを持ち帰る場合、夏場はカメの入った袋に長時間直射日光が当たると、思った以上に温度が上がってしまうことがあります。過度の高温は短時間でカメの状態を崩すことがあります。

逆に冬場は温度が下がるので、気を配った方がよいでしょう。ショップが用意してくれた使い捨てカイロだけでは十分な温度を維持できないことがあるので、保温バッグを用意しておくと便利です。ただし、一時的な低温は大きな問題にはならないので必要以上に心配することはありません。いずれにせよカメを購入したら、寄り道せず速やかに家に連れ帰るようにしてください。

家に着いたら

カメを家に連れ帰ったら、まず温浴（写真）をしてみます。ここで最初のチェックです。通常調子の良いリクガメはこのタイミングで水を飲むことはありません。排便や排尿をすることはありますが、しっかりした便や無色の尿であれば、調子の良い証拠です。もし水を飲むようであれば十分に飲ませます。10分ほどしたらキッチンペーパーなどで体の水分をふき取り、用意したケージに入れてみます

家に着いたら、浅く張った30℃から35℃ほどのぬるま湯に、リクガメを入れてみましょう（温浴）。最初は少し暴れるかもしれませんが、10分ほど様子を見てください。頭を下げてのどあたりが波打っているようであれば、水を飲んでいます

（飼育ケージに関しては後述します）。最初は慣れない環境のため、ケージ内をうろうろ落ち着きなく歩き回るかもしれません。あるいは、狭いところに入りたがるかもしれません。本来臆病な生き物ですので、見知らぬ環境に戸惑うのは当たり前です。このようなとき心配してちょっかいを出したくなりますが、あまり触ったりせず早くその環境に慣れてもらうよう努めます。

その日でも翌日でも、少しカメが落ち着いたところで餌を入れてみましょう。ここでワシワシと食べてくれれば一安心、その後検疫（後述）を行ない、問題がなければ通常の飼育に移行します。しかし、すぐに餌に興味を示さなくても焦る必要はありません。数日間餌を食べなくてもそれだけで調子を崩すことはないからです。ただ、水分の不足は調子を崩す原因にもなりますので、餌を食べない場合は毎日温浴を行なってください。

COLUMN リクガメの種類による飼育難易度

ヨツユビリクガメ。安価で飼いやすいというイメージが、マイナスに働いてしまっている

大型種は特に餌の管理が大切

「どのようなリクガメが飼いやすいか」あるいは「初心者向きか」ということが言われます。間違ってはいけないのが、飼いやすいイコール簡単、丈夫という意味ではありません。丈夫といっても、飼育温度や湿度、餌などの許容範囲が若干広い、という程度です。また、成体時の大きさもある意味飼育難易度に関係しています。甲長が30cm 以上になると、環境を用意するのが思いのほか大変です。

よくヨツユビリクガメ、ギリシャリクガメ、ヘルマンリクガメは飼いやすいリクガメと言われますが、その点では飼いやすいと言えるでしょう。とりあえず 90 × 45cm ほどのケージで飼育可能で、冬場に一時的に温度が下がっても問題がありません。餌も特殊なものは必要なく飼育できます。

ただし、ギリシャリクガメの中でもアラブギリシャやキレナイカリクガメは、低温に弱いので例外です。パンケーキガメは w.c. が多いのか、線虫類の寄生が重度の場合があり、あっけなく体調を崩すことがあるので、しっかり駆虫をしてあげるとよいでしょう。ホシガメは、環境湿度を高く保つ必要がわかってから、以前ほど飼育が難しい種類ではなくなりました。また、同じ種類でも一般に、w.c. の成体よりも、c.b. の少し育った個体の方が、環境適応性が高く飼いやすいと言えます。

反対に飼育がとても難しいのが、セオレガメ、チャコリクガメ、ソリガメ、インプレッサムツアシガメなどです。環境や餌に関してまだ十分にわかっていないと思われ、長期飼育の例が少ない種類です。

購入当初の拒食

この子と決めて購入し、わくわくして連れ帰ったリクガメに、餌を与えてみたら食べてくれない。このようなことは時に起こります。リクガメはデリケートな生き物で、環境認識能力も高いので、環境の大きな変化にとまどい、食べるどころではない心境になっているのかもしれません。

リクガメは、病気やよほど小さな幼体でなければ、例えば1週間以上何も食べなくても、それによって急激に弱ってしまうことはありません。ですから、連れ帰ったリクガメが、すぐに餌を食べなくても2～3日は様子を見守りましょう。

それでも餌を食べ始めてくれない場合はどうしたらよいでしょうか。

その原因は迎える環境であったり、与える食べ物であったり、環境の変化にとまどう性格に由来するものであったり、カメの健康状態が悪いことから来ていることもあります。

まず一番に対処しなくてはならないのが、カメの健康状態が悪い場合です。明らかに元気がない、動きが悪い、目がうつろなどという場合は、すぐに動物病院で診てもらってください。よく動き回っている、目が生き生きしている場合はまだ時間があります。

人に問題があることもあります。かわいいから、心配だからと触りすぎたり、餌を食べないからと餌のところに繰り返しカメを置きなおしたりしていませんか。落ち着くまでは最低限のケアにとどめましょう。また、人の往来が多いところにケージは置かないようにしてください。いつまでも落ち着かずに歩き回っているようであれば、ケージの周りを新聞紙など

COLUMN かわいい子ガメに要注意

孵化して間もない子ガメは、とてもかわいくてきれいで、一目でとりこになってしまう魅力があります。食べるものも見た目も親と同じで錯覚を起こしがちですが、「縮小されたリクガメ」ではなく「赤ん坊」ということを強く認識すべきです。赤ん坊ですから、とてもデリケートな上に、より状態がわかりづらく、かなり神経を使わないとあっという間に状態を崩してしまいます。そこで初めてリクガメを飼われる方には、甲長が 10cm 前後以上に成長した、それも c.b. の個体がおすすめです。

特に初心者には飼育が難しいとされるインドホシガメの幼体。甲長約 5cm の個体

で目隠しをしてあげるのもよいかもしれません。

当初の環境温度は昼夜を問わず、28～32℃と高めの温度で維持したほうがよいでしょう。その間も1日1回くらいの温浴は行ないます。

もし食欲がなければ、嗜好性のよいものを試してみます。赤や黄色いもの、匂いの強いもの、水分が多いものなどです。たとえば、人工飼料、果物、そしてレタスやキュウリ、キャベツも嗜好性が高いことが多いです。

これで餌を食べ始めてくれるようであれば、しばらくその環境を維持し、十分食欲が出てきたところで、徐々に夜間の温度を下げたり、偏った食事の内容を少しづつ良いものに変えていきます。上述の偏った餌しか食べないからといってそれらの餌を与え続けることは、長期的には必ず問題が出てきます。焦らずに根気よく、餌の内容だけでなく、温度や紫外線を含めた光、レイアウトなど環境の工夫も健康な成長の助けになることがあります。

それでも食べてくれない場合には、まず体調に問題がないか診てもらう必要があるかもしれません。また、体調的に大きな問題がない場合に、強制給餌をして胃腸を刺激してあげると、食べ始めることがよくあります。これは、ちょっとしたコツがあるので、動物病院で相談しながらということになると思います。筆者が経験した拒食の最長記録は5ヵ月強（繁殖の項のコラム）です。最後まで諦めずにさまざまなことを試してみましょう。

このように、場合によっては長期の対応になることがあります。その際も成体の大きさ（幼体か否か）、体重の変化や目つき、動き、目に見える症状の有無など、さまざまな要素を総合して判断しなくてはなりません。

そして、具合が悪そうな症状がある場合や、どんどん弱っていく様子があれば、早めに病院に連れて行きましょう。性格やさまざまなストレスによって、当初は単なる拒食が新たに病気を起こしてしまい、急激に弱ってしまうことも考えられるからです。

入手後のトラブル対策

ここで、購入当初の問題として、偏食に関してのお話もしましょう。

うちの子は人工飼料しか食べない、キャベツしか食べない、カルシウム剤やビタミン剤をかけると食べなくなる、など偏食をそのままにしていると、多くの場合成長に問題が出てきます。なぜなら体の成長、維持に必要な栄養素を全て含んでいる食べ物がないためです。時間がかかっても、いろいろなものを食べるように工夫する努力は続けましょう。

好みの餌を中心に、少しづつ他の植物を加えてみます。慣れてきたところで少しずつその比率を変えていきます。野草を含め様々なものにチャレンジしましょう。特に夏場はそのチャンスで、温度が高いこと、外で運動をさせることができるので、細胞の活性が高まったり、太陽光から得られる紫外線の影響で食欲が増し、普段食べないものでも食べるようになる可能性があります。ビタミン剤やカルシウム剤も最初は「あれ、これかかってるのかな」と思うような量から始め、ゆっくり増やしていってみましょう。

特に急激に大きくなる成長期には、高繊維質、低タンパクのものを与え、カルシウムその他のミネラル分を十分に取らせるようにすることが肝要です。紫外線Bもしっかりとらせることも忘れずに。

偏食を直していくのは、言っているより大変かもしれませんが「リクガメよりも根気強く」行なうようにしましょう。

検疫のすすめ

新たに迎えるカメには、検疫期間を設けましょう。w.c.のリクガメはもちろん、c.b.であっても流通過程で病気に罹っていることがあります。この時期は特に「新入りくん」の様子を観察することで、購入時には気づかなかった問題が見つかることがあります。

購入当初は、少なくとも2～3カ月は、病気を持っていないか確認する期間すなわち「検疫期間」を持ちます。

まずは消化管内寄生虫がいないかチェックします。多頭飼育をしている筆者は、それを怠ったために、蟯虫《ぎょうちゅう》や回虫の駆逐ができませんでした。

カメと、そのカメがしたできるだけ新しい便を持って、爬虫類の診察ができる動物病院に行き、検便と簡単な健康チェックをしてもらってください。その結果寄生虫がいるようであれば、獣医師の指示にしたがって駆

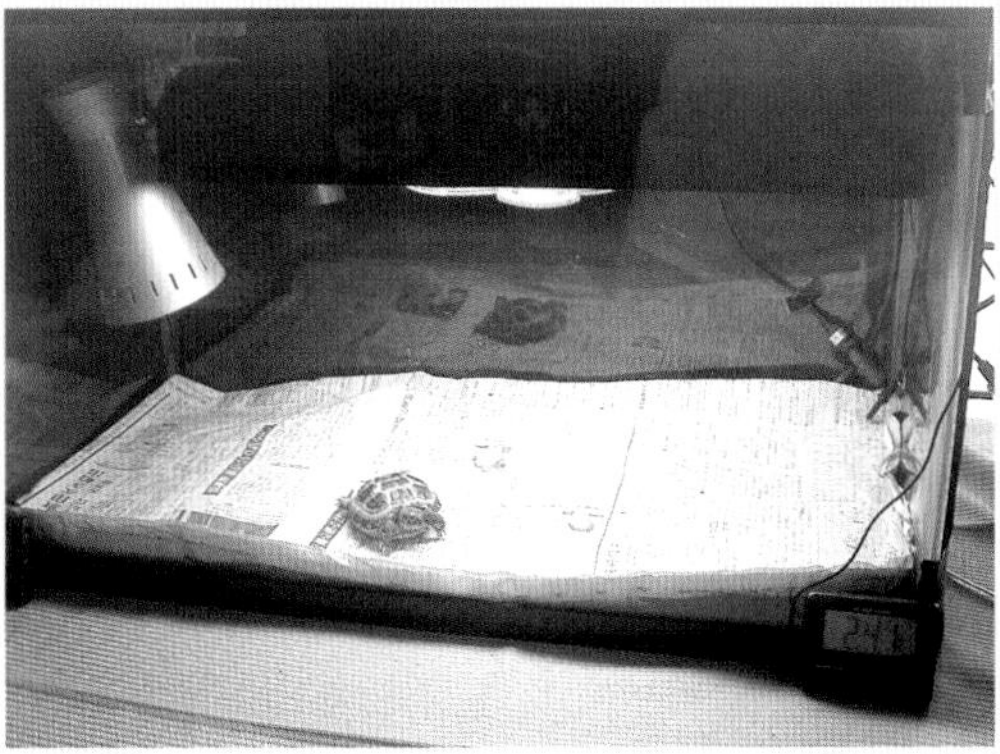

検疫用のケージは、床材の取り替えやすいシンプルなものがよい。歩きやすくするため、わざとクシャクシャにしている

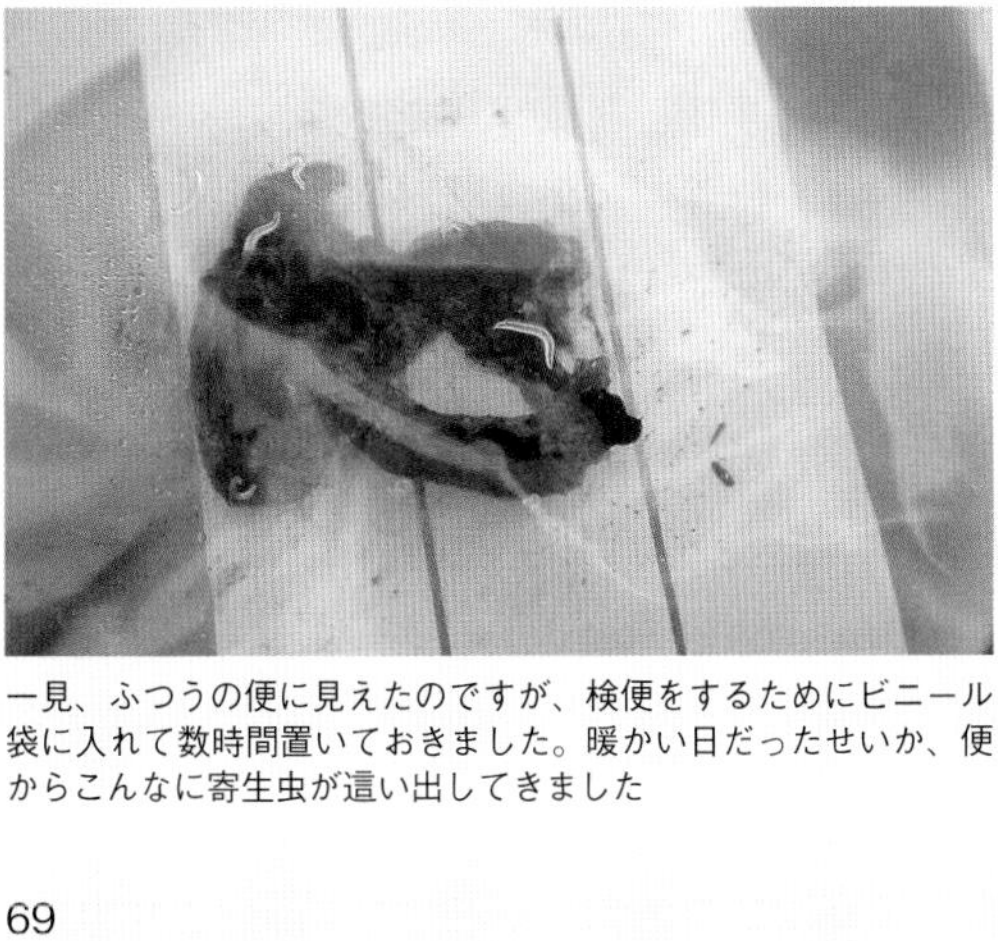

一見、ふつうの便に見えたのですが、検便をするためにビニール袋に入れて数時間置いておきました。暖かい日だったせいか、便からこんなに寄生虫が這い出してきました

虫をします。寄生虫はいても問題がない、という意見もいまだにあるかもしれませんが、野生下とは異なり、極端に狭い生活環境では、自身がした便の中に含まれる虫卵が、簡単に自身に再び入ってきてしまい、濃厚な感染が成立してしまいます。くれぐれも当初のしっかりした駆虫が必要です。

駆虫薬は、飲ませればそれで駆虫が完了した、ということにはなりません。糞便や尿をすると、それらは床材にくっつき、その中に虫卵などが含まれると、乾燥してケージ全体に広がります。それらはすぐにカメの体内に入り込み再感染が起こります。駆虫をしてもすぐには便の中に虫卵が含まれなくなるわけではありません。駆虫をうまく行なうためには、一定期間便などの排泄物をこまめに取り除く必要があります。そのため、駆虫期間に用いる床材は、新聞紙など簡単に全体が取り換えられるものにします。

この検疫は、2頭目以降のリクガメを迎え入れる場合には特に重要です。病気を持ち込むことを防ぐために、元からいる個体とすぐに一緒にするのではなく、必ず検疫を行なってください。そして、それは別々に飼っていればよいというわけではなく、新たに迎えたリクガメの世話は最後に行ない、個体や残った餌、床材を触った手で、元からいる個体や器具などを触らない、など気を使う必要があります。

庭の芝生でキュウリを食べるヒョウモンガメ

天気がよい日に太陽光をいっぱいに浴びるヒョウモンガメ

リクガメ買ったら動物病院へ行こう

病院に行く前のアポイントメント
もしもし リクガメを 買ったので 健康診断して ほしいのですが
では○月○日に フンも持って来院 してください あと運ぶときには…
ぎっくり
カメの運び方
カメが動いて ぶつからないように 新聞紙などを詰める
冬場は携帯カイロを入れて 温度にも気を配ろう
○○動物病院
診察時間AM10:00
こんにちわー 予約した 亀田ですー
はじめての方 ですね ではこちらの 問診表に 記入して お待ち ください
ハーイ

はじめての人は、動物病院で診てもらうことに気が引けるかもしれません。

そこで、実際に吉田先生（著者）にリクガメを診てもらった様子を、マンガでレポートします

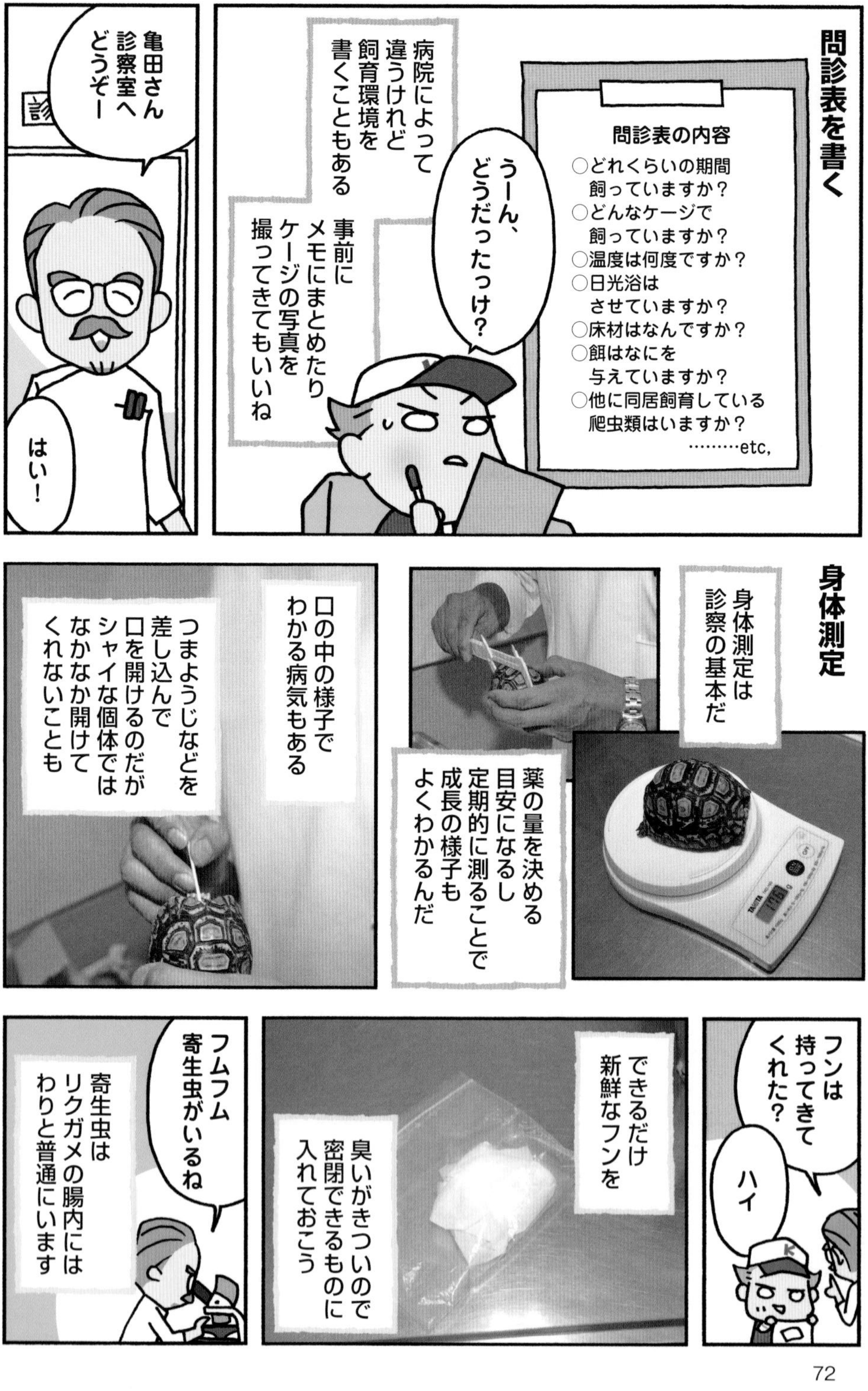

問診表を書く
問診表の内容
○どれくらいの期間
飼っていますか？
○どんなケージで
飼っていますか？
○温度は何度ですか？
○日光浴は
させていますか？
○床材はなんですか？
○餌はなにを
与えていますか？
○他に同居飼育している
爬虫類はいますか？
………etc,
うーん、どうだったっけ？
病院によって違うけれど飼育環境を書くこともある
事前にメモにまとめたりケージの写真を撮ってきてもいいね
亀田さん診察室へどうぞー
診
はい！
身体測定
身体測定は診察の基本だ
薬の量を決める目安になるし定期的に測ることで成長の様子もよくわかるんだ
口の中の様子でわかる病気もある
つまようじなどを差し込んで口を開けるのだがシャイな個体ではなかなか開けてくれないことも
フンは持ってきてくれた？
ハイ
できるだけ新鮮なフンを
臭いがきついので密閉できるものに入れておこう
フムフム寄生虫がいるね
寄生虫はリクガメの腸内にはわりと普通にいます

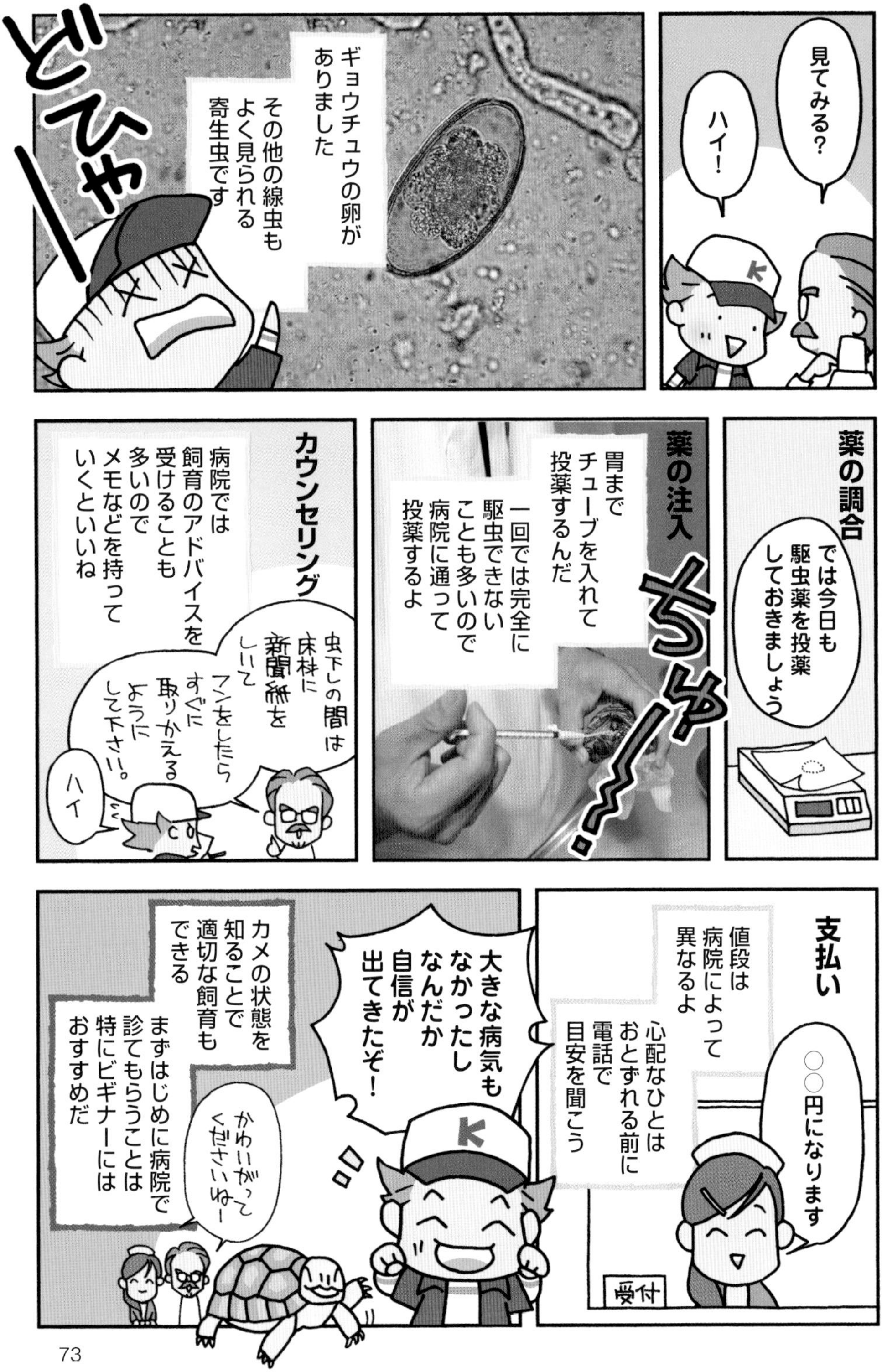
見てみる？
ハイ！
ギョウチュウの卵がありました
その他の線虫もよく見られる寄生虫です
どひゃー
薬の調合
では今日も駆虫薬を投薬しておきましょう
薬の注入
胃までチューブを入れて投薬するんだ
一回では完全に駆虫できないことも多いので病院に通って投薬するよ
ちゅ〜〜！
カウンセリング
病院では飼育のアドバイスを受けることも多いのでメモなどを持っていくといいね
虫下しの間は床材に新聞紙をしいてフンをしたらすぐに取りかえるようにして下さい!!
ハイ
支払い
値段は病院によって異なるよ
心配なひとはおとずれる前に電話で目安を聞こう
○○円になります
受付
大きな病気もなかったしなんだか自信が出てきたぞ！
カメの状態を知ることで適切な飼育もできる
まずはじめに病院で診てもらうことは特にビギナーにはおすすめだ
かわいがってくださいねー

いろいろな飼育スタイル・器具の紹介

リクガメの屋内飼育

さて、ここからはリクガメ飼育の実際について述べていきます。
内容は大きくふたつに分け、次ページからは屋内、
98ページからは屋外での飼育について解説します

屋内での飼い方

ケージをセットする前に

ひとくちにリクガメといっても、彼らが好む環境は様々です。ヨツユビリクガメが好むような環境でホシガメやアカアシガメを飼うと、長・短期的に具合が悪くなってしまうことも多いでしょう。彼らを迎える前に、まずそのリクガメにとって良いといわれる環境を用意してあげることが必要です。

もうひとつ大切なことは、実際にリクガメを迎える前にケージをセットし、飼育環境が予定どおりに動いているか試運転をしておくことです。リクガメを購入してからあわててセットする、あるいは同時に購入するということでは、飼育当初のトラブルの原因にもなりかねません。

部屋の環境でケージのスタイルを選ぶ

リクガメの飼育は、通気性のあるケージで行なうのが一般的です。しかし、ひとくちに「室内」といっても、その地域や季節、そして飼育する部屋を一年中昼夜を問わずエアコンでコントロールしている場合と、ケージ内で温度をコントロールしている場合と

閉鎖型ケージと開放型ケージ

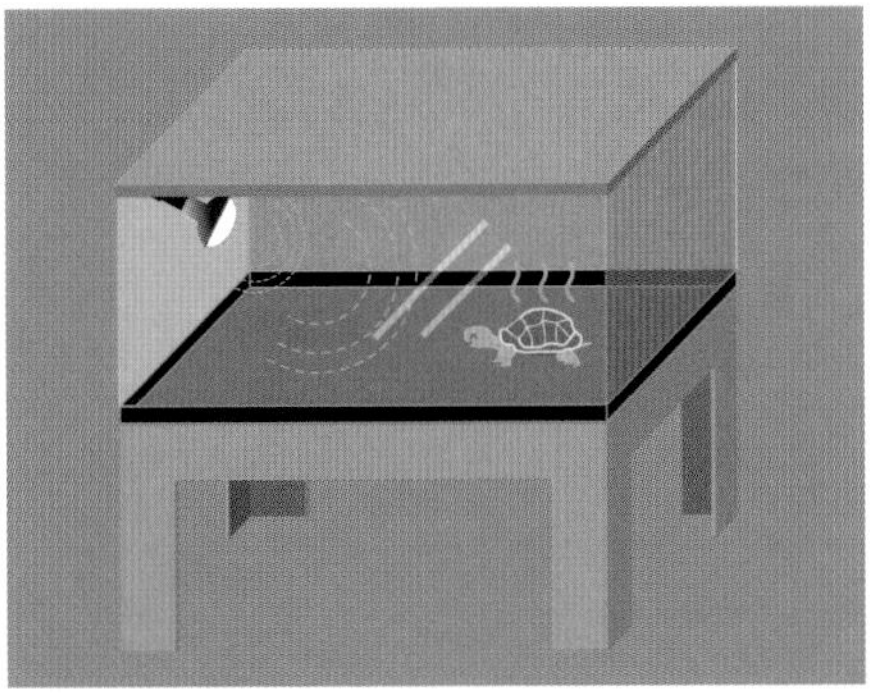

常に部屋の温度をコントロールできない場合は、閉鎖型を使うとよいでしょう

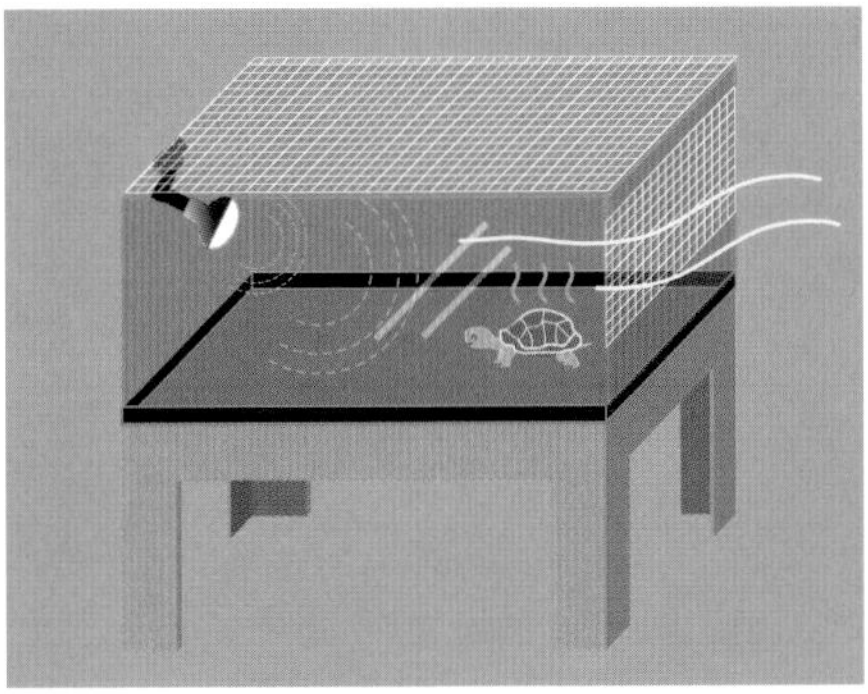

常に部屋の温度をコントロールできる場合は、開放型が向いています

では、ケージのセットの仕方が異なることは想像できると思います。

エアコンなどを使って年間を通して基礎温度をコントロールしている部屋の飼育では、ケージの側面に通気口が開いていたり、上部に覆いのない通気性の良いケージでの飼育が可能です。そうでない場合は季節や昼夜によって大きく部屋の温度が変化してしまうのではないでしょうか。このような部屋で通気性の良いケージを使うと、リクガメが調子を崩すことがあります。というのも冬期の夜間など、暖房のついていない部屋はかなり室温が低下します。その場合、たとえサーモスタットとヒーターを使ってケージ内を保温していても、通気性があると冷たい空気が流れ込みます。基本温度を維持するサーモスタットを観察してみてください。サーモスタットが長く作動しているのであれば、ケージ内の温度が目的温度に達していないということで、基本温度が維持できていません。冷気が流れ込めば体調を崩す原因となります。ですので、このような環境での飼育では、側面や上面も覆いをして密閉性を高めたケージでの飼育が必要になります。

ここからは便宜的に、密閉性の高いケージを「閉鎖型ケージ」、通気性のよいケージを「開放型ケージ」と記して話をします。

●閉鎖型ケージ

この点は、本書の大きな特徴といえますから、もう少し説明します。

たいていのリクガメの飼育書には、「ケージは風通しをよくして蒸れないようにする」と書かれています。たしかに通気性のよいケージを使える環境であれば、それに越したことはありません。しかし、特に冬場において、開放型ケージでは空中の温度の維持が難しいケースが少なくありません。

実際に、筆者が屋内で飼育するときには、ほとんどが閉鎖型の水槽や自作ケージを用いて、「通気性のあまりよくない」状態で飼育しています。そういう飼育を長年続けてきた結果、たとえ乾燥系の環境で飼育することを推奨されているような種類でも、それで状態を崩すことはないと確信しています。「閉鎖型＝高湿度」では決してなく、閉鎖型のケージであっても乾燥する冬場では霧吹きをして湿度を上げなければならないことすらあります。

もちろん、閉鎖型ケージにも欠点はあります。それは衛生面の問題です。閉鎖型ケージでは、開放型ケージに比べてアンモニアなどの化学物質、床材や乾いた糞便などが粉塵として舞ったものがこもりやすくなります。湿度と温度が高いことで、カビなどが繁殖しやすくもなります。また、部屋の温度が高いと、ケージ内に熱がこもり温度が上がりすぎてしまうこともあります。

ですから、閉鎖型ケージを使用していたとしても、気候が温暖な時期には通気性のある開放型ケージに移行するとよいでしょう。それはことさら面倒なことではなく、例えばガラス水槽による閉鎖型ケージを使用しているときには、そのフタを外すくらいのことでも実現できます。特に近年の夏場の暑さは、リクガメにとっても過酷となることがあります。夏場には十分な風通しができるよう配慮が必要です。

用意するもの

開放、閉鎖にかかわらず、屋内飼育で使用することの多い器具について解説していきます。

● ケージ

ケージにはさまざまなものが利用できます。ケージの準備で考えなくてはならないのが、ケージの大きさはもちろんのこと、給餌や掃除などのメンテナンスが容易なこと、十分な温度管理ができること、カメの様子を観察しやすいこと、逃げ出されないことなどです。これらのことを考慮に入れ、自分の環境にあったケージを選びます。

市販のケージ

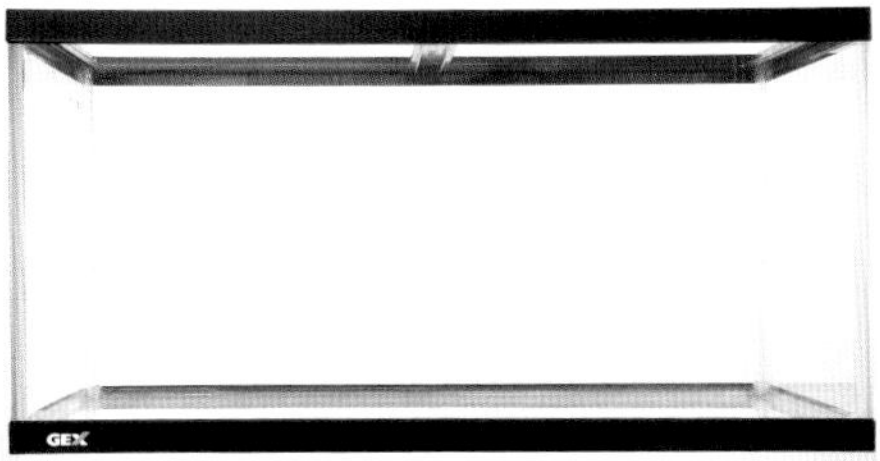

ガラス水槽

流通量が多く安価。写真は 90 × 45 × 45cm
（マリーナガラス水槽 90cm ／ GEX）

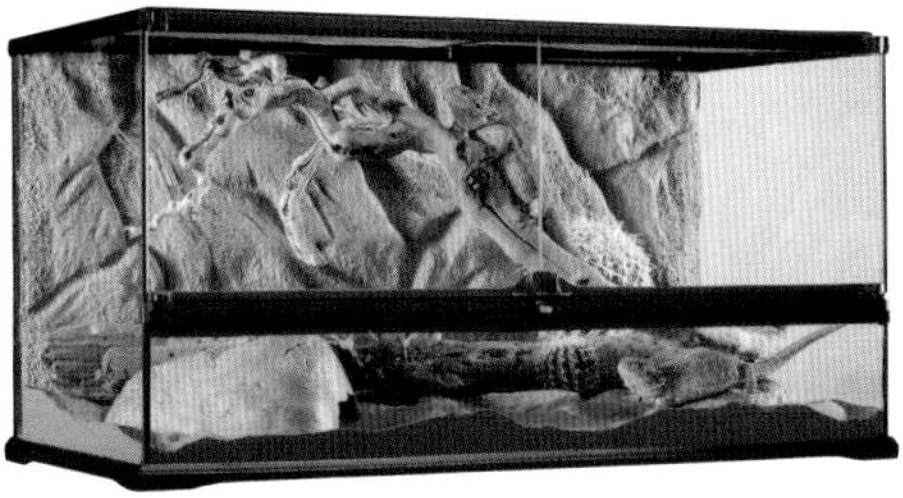

爬虫類専用ケージ

写真の商品は前面が開き戸になっていてメンテナンスがしやすい。上部はメッシュで通気性も確保している。
91.5 × 46.5 × 48cm
（グラステラリウム 9045 ／ EXOTERRA（GEX））

爬虫類専用ケージ

写真の商品は前面が引き戸になっていてメンテナンスがしやすい。上部と側面にはメッシュを採用（側面メッシュはガラスに変更可）。底面には板状ヒーターを収めるスペースも。
90 × 45 × 45cm
（ケースバイケース 90L 型／みどり商会）

ガラス及びアクリル水槽

爬虫類用として前面が開閉できる造りになっていたり、ケージの高さが低いものなど使い勝手がよいものも市販されています。ガラス水槽はアクリル水槽に比べ重く、大きいものほど扱いが大変。アクリル水槽は表面に傷が付きやすく、リクガメがツメで引っかいたりして細かい傷がつき曇ることが多いのが難点です。しかし、ガラス水槽よりも軽量であること、穴を開けるなどの加工がしやすいという面もあります。

自作の木製ケージ

自作ケージは、自分なりに使い勝手のよい工夫ができるので、腕に自信のある方はチャレンジする価値があります。木材が湿度をやんわりと吸収してくれること、二重構造にして断熱材を入れれば保温効率も上がるなどのメリットもあります。しかし、隙間などにゴミが詰まり、清潔に保つことが水槽などに比べ難しいというデメリットもあります。この自作の木製ケージに関しては、のちにまとめて解説します。

「自作するのはちょっと」という方には、市販の木製ケージもあります。ある程度大きなものもあるので、問い合わせてみるのもよいでしょう。

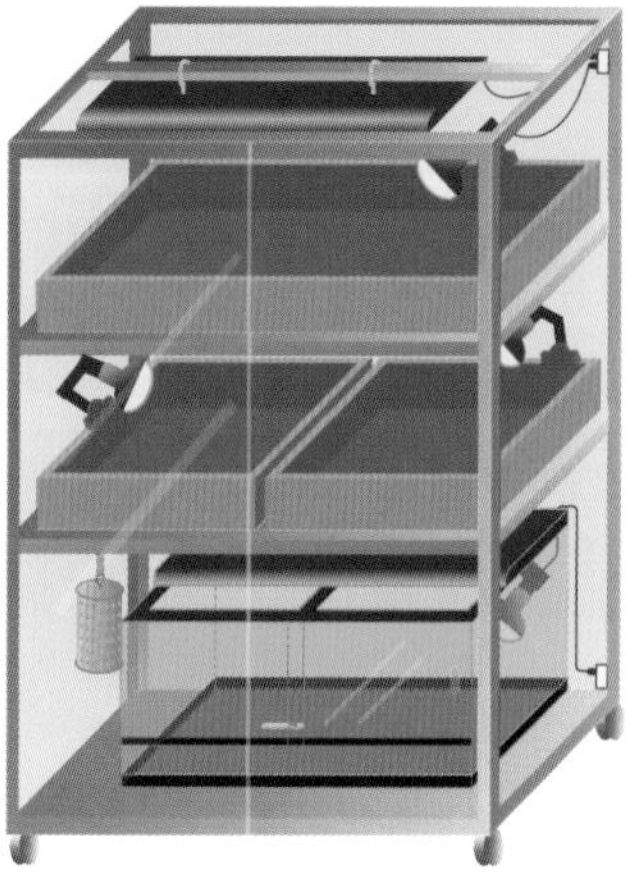

ガラス温室でまとめて温度管理するのも手です

室内温室（園芸用のガラス温室）

ガラスの温室内に合板などで、床と側面を作り使用します。高さがあるものでは、何段かの飼育スペースを作ることができます。上段の温度が高くなりやすいので、上段に高い温度を好む種、下段には比較的低い温度を好む種を入れるのもよいでしょう。デメリットを挙げるとすれば、細かい溝にゴミがたまりやすく衛生的な維持には気を配る必要があります。

また、特に寒い季節、部屋の温度が下がりすぎる場合には、室内温室の中にケージをセットすれば、ケージを直接部屋に置くよりも好適な温度を維持しやすく重宝します。

カメの大きさとケージのサイズの目安

リクガメの甲長が10センチ以下であれば底面積で60×30センチ、甲長が20センチ以下であれば同じく90×45センチは最低でもほしいところです。上記の2つのサイズは、熱帯魚用の水槽の規格サイズですから、手に入れやすいと思います。

ケージの高さに関しては、爬虫類

用ケージでは、いくつかの種類があります。後述する紫外線の関係で、ケージの上に灯具を置く開放型ケージでは高さが低いもの、ケージの中に灯具をおさめる閉鎖型ケージでは高さのあるものが使い勝手がよいでしょう。

また、同一ケージに1個体増やす場合には、底面積として1・5倍以上のスペースは必要と思ってください。例えば、10センチ以下のリクガメを同一ケージで2頭飼うためには、最低でも底面積で60×45センチのケージが必要ということになります。

大きくなる種類では、最初のうちは市販の水槽で飼うことができても、将来的にはそれでは飼えなくなることがあることも十分認識してください。

● 照明&保温器具

リクガメ飼育で使用する照明器具には

・昼夜のリズムを作り出し、紫外線B（UVB）を含む光を照射するもの
・ケージ内の一部の温度を上げるもの
・ケージ全体の基本温度を保つもの

など複数の目的があります。少しややこしいですから、順を追って説明していきましょう。

● 紫外線を含む蛍光灯

リクガメの室内飼育において、一定量の紫外線、特にUVBが必要になります。これは一般的な蛍光灯には含まれていません。そこで爬虫類用の紫外線を含む光が必要になります。この目的のためにフルスペクトラムライトといわれる爬虫類飼育用蛍光管が各メーカーから出ていますのでそれを利用するのが便利です。このフルスペクトラムライトといわれる製品は、リクガメにとって必要なUVB（如いてはUVA）を強化したライトで、筆者はUVBが8パーセント以上含んだものを好んで使用しています。高価ですが、より紫外線領域を多量に照射できるHIDやセルフバラスト水銀灯などの製品もあります。

しかし、紫外線量が多ければよいというものではありません。過剰な紫外線は、リクガメのみならず飼育者にとっても有害なものとなる可能性があるからです。特にUVCといわれる領域は、角膜炎を起こしたり発癌性その他の細胞障害を起こすからです。UVの照射量が高い製品、特にHIDやセルフバラスト水銀灯は、性格上このUVCを完全にカットできているわけではないので、リクガメが隠れることのできるシェルターを設けてあげるなどの配慮が必要です。しかし、説明書をよく読み、その指示にしたがって使用すれば危険なものではありません。この製品は一般的にW数が高く、発熱量が多いため、閉鎖型のケージには不向きです。また、光が強いので、あまり明るいことを好まない種類にも向きません。

◇ポイント

一般的な蛍光灯の反射板は紫外線を吸収してしまうので、灯具の内側にアルミテープなどを貼り付けるなどして効率を上げたほうがよいで

紫外線を照射するライト

直管蛍光灯

サイズの合うアクアリウム用の灯具などにセットして使用する（レプティサン 10.0 ／ ZOO MED Japan）

メタルハライドランプ

専用の灯具にセットして使用する。写真の商品はホットスポットとしても使用できる（SOLARIUM ／ゼンスイ）

スパイラル蛍光灯

口金の合った灯具にセットして使用する（レプタイル UVB150 26W ／ EXOTERRA（GEX））

しょう。しかし、灯具によってはそれで熱を持つこともあるようなので、十分に注意してください。そして、できれば蛍光管は1灯ではなく2灯、あるいは大きなケージではそれ以上にするのが理想です。最近では蛍光管をねじった形のものもあり、電球用のソケットで使用できるので、設置方法によっては使いやすい場合もあると思います。

ライトには寿命があり、その積算時間を超えると見た目では変化がないように見えても紫外線照射量は急激に低下しますから、定期的に交換をする必要があります。例えば寿命が5000時間とあれば、1日12時間蛍光灯をつけたとして約417日、およそ1年で交換します。

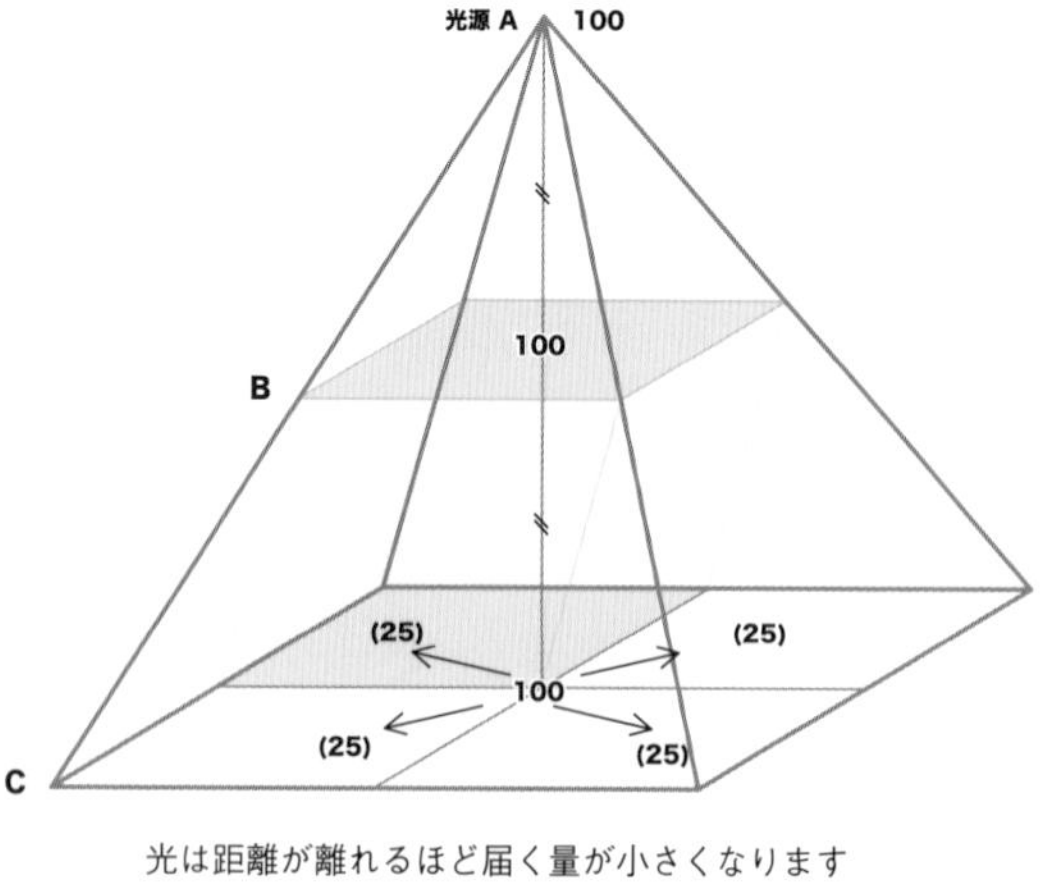

光は距離が離れるほど届く量が小さくなります

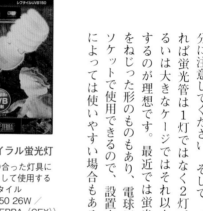

ケージ全体を温める保温器具

熱電球

耐熱性のある口金の合った灯具にセットして使用する。写真は夜でも爬虫類を刺激しないように光を抑えたもの
(ナイトグロームーンライトランプ 75W ／ EXOTERRA (GEX))

ひよこ電球

古くからあるヒーター。オレンジ色のケース内にある熱電球の光は明るくない。金属製のケースが熱を放散する

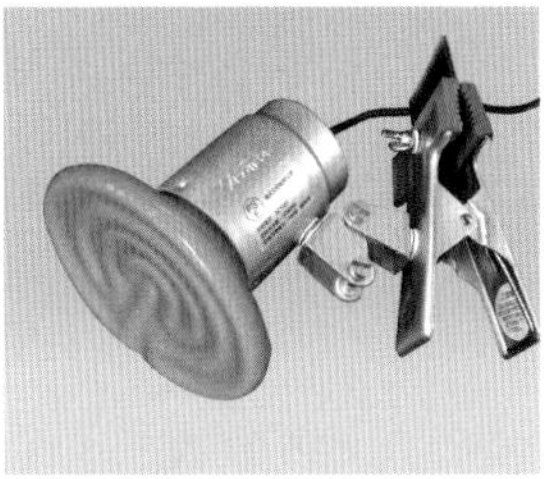

セラミックヒーター

発光しないセラミックから放熱する。耐熱性のある口金の合った灯具にセットして使用する
(エミートネオCL フラット／ビバリア)

ケージの一部を温める保温器具・シート型ヒーター

シート型ヒーター

ケージの下に敷いて使用する。写真の商品は裏表使用できる
(レプタイルヒート M ／ EXOTERRA (GEX))

カーボンヒーター

電熱線に炭素材を使ったもの。遠くまで熱が届きやすい。耐熱性のある口金の合った灯具にセットして使用する
(カーボンヒーター／ビバリア)

レフ電球

前面の狭い範囲に放熱する。耐熱性のある口金の合った灯具にセットして使用する
(バスキングランプ／ZOO MED Japan)

また多くの製品は、その出力レベルから、照射距離は20～40センチ程度の近距離で使用してください。光の特性として、光の量は光源からの距離の2乗に反比例して減弱します。つまり、距離が離れると急激に力が弱まってしまいます。

さらに、紫外線は、ガラスやアクリルを通るとほとんど吸収されてしまうので、ガラス蓋などの上からでは、せっかく紫外線を含む照明を使っていても無意味になってしまいます。金網でさえかなり光が弱くなるので、照明の光はできるだけ直接カメに届くようにします。筆者は照射距離の問題からも、ケージの中に灯具を吊る方法を好んで使用しています。

● 基本温度を保つための保温器具

爬虫類用のナイトランプ、ひよこ電球やセラミックヒーターなどがあり、強い光を出さずにケージ全体を暖め、基本温度を保つものです。

◇ポイント

保温器具は、一定温度以下にケージ内温度が下がらないように、後述するサーモスタットにつないで使用します。一般には、サーモスタットは夜間の最低温度（種によって異なりますが18～24℃）にセットします。気温の低い夜間は、この設定温度を保つように保温器具が作動します。朝になれば保温器具の他に紫外線灯やホットスポットが点灯しますし、外気の上昇により部屋の温度も上がることで、たいていケージ内の温度はサーモスタットの設定より高くなります。これにより、リクガメに必要な昼夜の温度差が生まれます。このとき昼間の温度がリクガメの好む24～32℃になればよいのですが、地域や季節その他によってうまくいかないこともあるでしょう。そうしたときには、夜間用と昼間用、それぞれの熱源をセットしてください。

保温球は、突然切れることがあります。特に冬場に切れるとカメにとって危険なので、必ず予備をストックし

照明器具と基本温度の関係

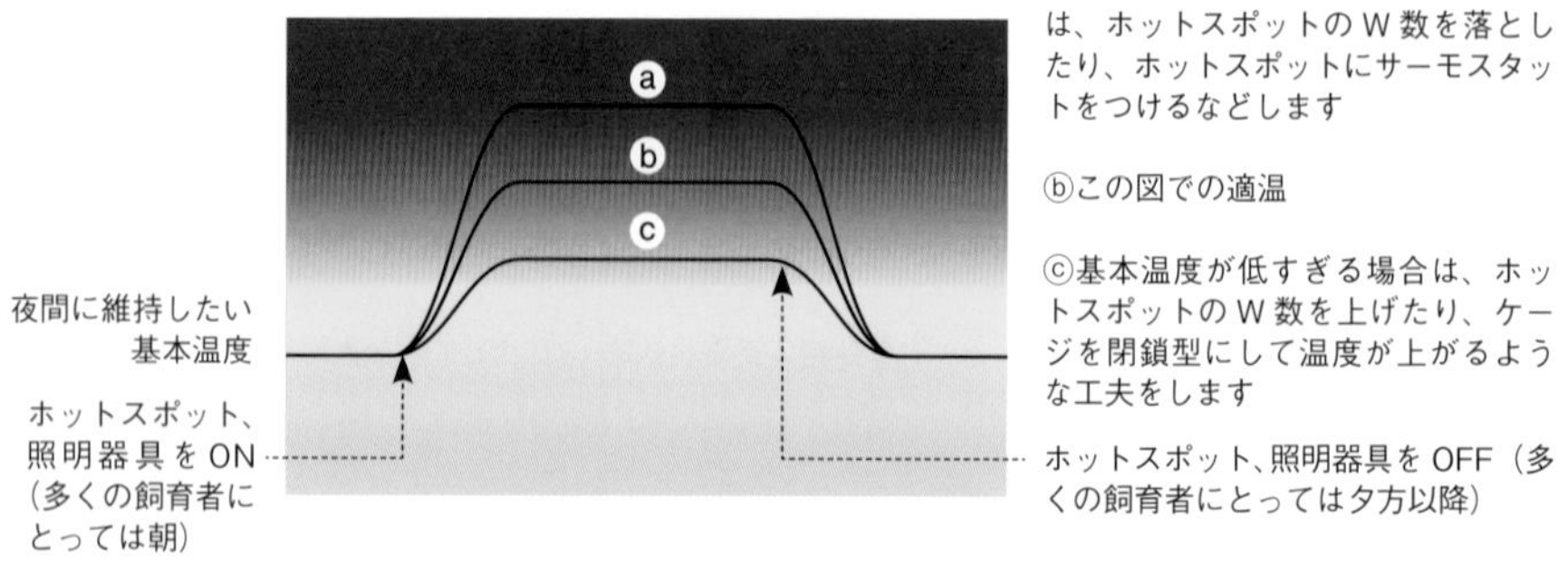
ⓐ基本温度が高くなりすぎる場合には、ホットスポットのW数を落としたり、ホットスポットにサーモスタットをつけるなどします
ⓑこの図での適温
ⓒ基本温度が低すぎる場合は、ホットスポットのW数を上げたり、ケージを閉鎖型にして温度が上がるような工夫をします
a
b
c
夜間に維持したい基本温度
ホットスポット、照明器具をON（多くの飼育者にとっては朝）
ホットスポット、照明器具をOFF（多くの飼育者にとっては夕方以降）

ておきましょう。大きさの目安は60センチ水槽で40ワット、90センチ水槽で60～100ワットくらいです。

● ホットスポット

明るさをとるための照明や、基本温度のための熱源とは別に、電球やプレートヒーターなどで局所的に温度の高い場所を作ります。これをホットスポットといいます。これによりケージ内に温度差が生まれ、リクガメは好みの温度の場所を選んで移動するといわれています。

温度の管理

爬虫類用サーモスタット

ケージ全体を温める保温器具や、ケージの一部を温めるホットスポットを接続して、ケージ内の温度をコントロールする（イージーグローサーモ／EXOTERRA（GEX））

◇ポイント

電球には、電気店で売られているレフ球が使えますし、爬虫類用にも様々なタイプが市販されています。ケージ内に温度差を作ることが目的ですから、ホットスポットはケージの一方に寄せて設置します。ホットスポット部は35℃前後になるように、ケージの大きさ、季節に合わせて熱源のワット数や距離を調節します。目安は60センチ水槽で40ワットくらい、90センチ水槽で60～100ワットというところでしょうか。

閉鎖型のケージでは、ケージ内の温度が上がりすぎることを防ぐために、ホットスポットにもサーモスタットを接続して使用します。

また、ホットスポットには板状のプレートヒーターを用いることもできます。お腹からじんわりと温めることにより、体全体が温まります。これは特に消化や代謝の助けになるために、リクガメの状態がよりよくなることが、しばしば観察されます。

レフ球を用いた場合には、ホットスポットの照射部に平たいレンガなどを置くことにより、同様の効果を期待できるとともに、カメの動きで敷物などがめくれ上がり、熱源に接触してしまうなどを防ぎ、火事の防止にも役立つでしょう。

いずれにせよ、レフ球など高温になるホットスポットを使用するときには、事故のないように器具をセットすることが大切です。

● サーモスタット

保温器具やホットスポットにつないで、温度を一定に調整させるものです。温度を感知するセンサーと、接続する保温器具の電源をオン・オフする機能が連動しています

◇ポイント

サーモスタットのセンサーは、その目的に応じてセットする場所を決めます。たとえば、最低温度をコントロールするならリクガメが活動する高さ、つまり床面近くで、かつそのケージ内

でいちばん温度が低くなりそうな場所に、また閉鎖型ケージなどでは、ケージ内の温度の上がりすぎを防ぐために、ホットスポットに接続したサーモスタットが必要になります。サーモスタットのセンサー部は、ホットスポットの熱が直接伝わらない場所の、ケージ内のいちばん温度が上がりそうなところに設置して、ケージ内の最高温度をコントロールします。いずれもリクガメが引っ掛けたりかじったりしないように工夫が必要でしょう。熱帯魚用のサーモスタットを使用することもできますが、爬虫類専用のものは、その信頼度といった面から推奨されます。

●温度計

サーモスタットによってコントロールしてあっても、実際の温度環境を把握することは大切です。ケージ内で温度がいちばん高くなるであろう場所、低くなるであろう場所、その他いくつかの場所に温度計を配します。

◇ポイント

温度計はリクガメの生活している低い位置に設置してください。高さ45センチ程度のケージであっても、上部と下部ではけっこうな温度差ができます。

また、普通の温度計で示されている温度はそのときの温度でしかあり

温度計・湿度計

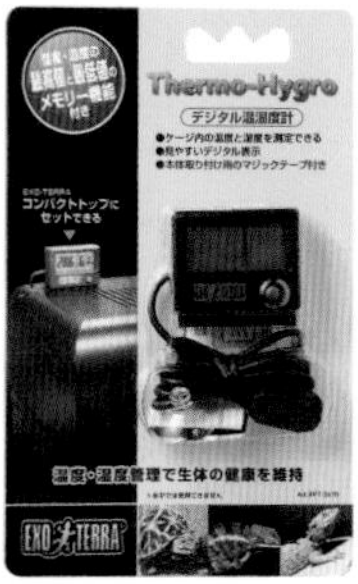

デジタル表示の温湿度計

デジタル表示が数字を見やすい。写真の商品はケージ内に検知部をセットして温度と湿度を測るもの。最高／最低温度、最高／最低湿度の確認機能もついている
（デジタル温湿度計 PT2470 ／ EXOTERRA（GEX））

コードレスのデジタル温湿度計

本体をケージ内にセットするタイプのデジタル温湿度計もある
（コードレスデジタル温湿度計／ EXOTERRA（GEX））

アナログの温度計と湿度計

アナログタイプは感覚的に環境を把握しやすい。写真の商品はケージ内ガラス面に貼り付けるタイプ
（アナログ温度計 PT2465、アナログ湿度計 PT2466 ／ともに EXOTERRA（GEX））

ません。リクガメの飼育では、温度計を見ていないときの温度も大切で、たとえば1日の中での最低温度は多くの人がまだ寝ている朝方に記録されます。そこで、デジタル式の「最高最低温度計」の使用をおすすめします。これは、その時の温度だけではなく、一定期間内の最高・最低温度がわかるものです。一般の温度計よりは若干高価ですが、持っていれば重宝します。

餌入れや水入れ

餌入れ

浅いものは小さなリクガメも餌にアクセスしやすい
（レプティロックフードディッシュ／ZOO MED Japan）

餌入れ・水入れ

深さのあるものは水入れとしても使いやすい。写真はケージ角に収まりやすいタイプ
（コーナーボール／ZOO MED Japan）

● 餌皿

ケージ内に直接餌を置くと、床材によってはかなりの量が餌に付いてしまったり、餌の残りかすが床材に混じりやすくなることとから、餌皿に入れて与える方がよいでしょう。また、カメが餌皿のふちに乗ってもひっくり返ることがないよう、ある程度の重さのある深くないものがよいでしょう。そのため、ステンレスやアルミ製、ホーロー製のプレート皿などが適しています。

● 水容器

プラスチック、ステンレスやホーロー製で、リクガメの体がゆったりと入るくらいの大きさのものを用いいます。ひっくり返されないように、ある程度重さがあるものを利用します。転倒防止に、水容器の周囲をレンガや木材で囲うのもよいでしょう。

大きな個体では、水場を設けることによってケージが水浸しになり、衛生的に状態を保つのが大変になることがあります。このようなとき、ある程度大きくなった個体には水場を常設しなくてもかまいません。そのときは、高い湿度を好むリクガメには様子を見ながら頻繁に、乾燥系のリクガメには週に1～2回ほどの温浴（日々の管理の項で解説）をさせてあげてもよいでしょう。高湿度を好む種類では、乾燥しすぎることによって甲羅がゴツゴツになりがちですから、特に冬場は霧吹きを頻繁に行なうなどの工夫が必要になります。

● シェルター

初めて聞く言葉かもしれませんが、ペットの飼育では生き物が安心して休む場所のことをシェルターといいます。

リクガメを落ち着かせるためにシェルターは必ず必要といわれることが

ありますが、入ったままであまり出てこないこともあり、必須というほどのものではありません。筆者はパンケーキガメなど特殊な種類以外にはシェルターを設けていません。

●床材

爬虫類用にさまざまな床材が市販されています。その他にもホームセンターで売られているバークチップやヤシガラ、赤玉土、黒土、人工芝、小動物用の乾燥牧草、新聞紙なども利用でき、単独あるいは併用して使用します。床材に関してはどれも一長一短があり、これがいちばん良いというものはありません。飼育者のライフスタイルや好み、リクガメの種類や大きさに合わせていろいろ試してみましょう。

◇ポイント

床材はリクガメが口にすることを前提に、飲み込むことによって問題が起こりそうなものは、飲み込めないサイズを選ぶなどの工夫が必要です。使用している間に細かくなってしまうものは粉塵として舞い、リクガメが吸い込むことによって呼吸器系の問題を起こす場合があります。

また、床材は、餌の残りかすや尿や糞で汚染されていきます。ダニなどが発生することもありますので、定期的に交換し、清潔を心がけましょう。

もう少し具体的に話をしましょう。89ページに表を掲載しましたから、それをご覧ください。

この表にあるものを、単独あるいは組み合わせて使うことができます。例えば、バーミキュライトやヤシガラのチップを敷いた上に吸湿性の悪い砂を敷いたり、乾いたヤシガラを敷いた上に人工芝を敷けば、表面は乾いた状態を保ちつつ、下の吸水性の高い床材に水分を吸わせることもできます。逆に、湿度を持たせた（湿らせた）ヤシガラの上に人工芝を置けば、表面は乾いていても空中の湿度を高くすることができます。大きめのリクガメでは、下に市販のネコ砂やヤシガラなどを敷き、その上にスノコなどを乗せて使用することにより、尿は隙間から落ち、スノコの上に残った大きな糞は取り除く、という方法もとれます。

床材に関しては、個人的な好みや飼育スペースとカメの大きさなどの関係で、同じものを同じように使っても評価が異なります。しかし、原則はあり、大きな個体では見てくれよりも使い勝手や管理のしやすさを重視して床材を選ぶようにします。広いスペースで比較的小さな個体を飼うのであれば、見た目重視のレイアウトができますが、大きな個体ではそれはほぼ不可能でしょう。

いずれにせよ、いろいろなものを試してみて、あなたの現在の飼育スタイルに合うものを見つけていく必要があります。ちなみに、筆者が現在のところ好んで使用しているのは、ヤシガラをメインにして赤玉土や牧草などをブレンドする方法や、スノコを使う方法です。

リクガメに使える床材

牧草・チモシー
（健康チモシーショートタイプ／GEX）

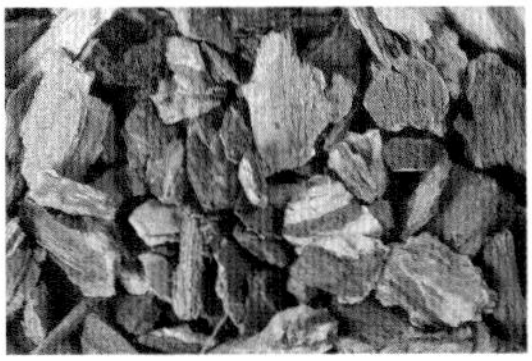

モミの樹皮
（レプティ・バーク／ZOO MED Japan）

クルミの殻を砕いたもの
（デザートブレンド／神畑養魚）

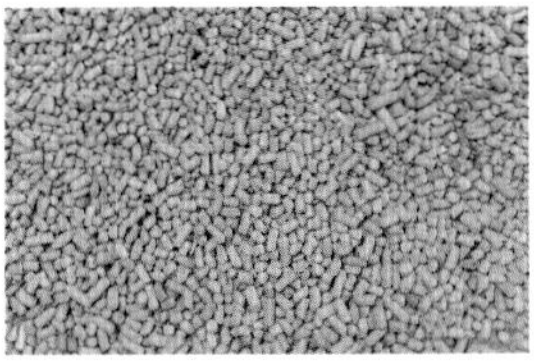

セラミックサンド
（レプタイルサンド POGONA &LEOPA ／ zicra）

椰子殻
（万能ヤシガラマット／ zicra）

自然（砂漠）の砂
（ナミブサンド／神畑養魚）

COLUMN お腹から温めるということ

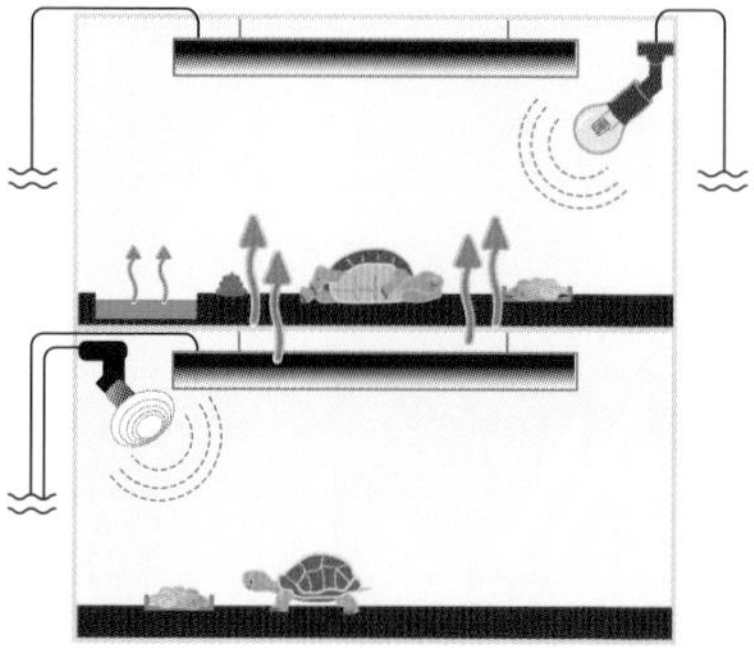

筆者宅では、スペースの問題で、ケージを積み重ねて使用することが多いのですが、その場合、下段にはチチュウカイリクガメなどを、上段にはより高温を好むリクガメ属というような使い方をしています。

それらの積み重ねたケージの中に、産卵用ケージの上に乗ったケージがあります。産卵用ケージは、普段は使用していないのですが、産卵のためにそのケージを使用すると（ヒーターや照明類を稼動させると）、上のケージにいるカメたちの動きや食欲が上がることに気づきました。最初は、単に温度が上がるために起こるものと思っていたのですが、ケージ内の温度をチェックすると、大きな違いがないことがわかりました。

人においても床暖房は心地よく、体の芯まで温まります。カメたちも、このお腹がじんわりと温まる環境は、とても合っているために調子がよくなるようです。

加えて、空中湿度を高めたい場合にもこの方法は適していますから、高温多湿ケージとして使用することができます。

COLUMN ホットスポットは必須か？

本文でも記したように、閉鎖型ケージではケージ内の温度が上がり過ぎないように、ホットスポットにもサーモスタットを接続して使用します。筆者のところでは、朝夕以外はケージ内の温度が十分上がるため、ホットスポットはほとんどの時間消えていますが、点いていてもカメたちがホットスポットに当たっているところをあまり見たことがありませんでした。そこで試しにホットスポットを使わないで飼育してみたのですが、カメたちの状態に変化はありませんでした。

現在、筆者宅の閉鎖型ケージでは、ホットスポットを使用していません。そのような飼育法になって、すでに10年以上が経過していおり、今ではホットスポットは必須のものではないと思っています。これは、けっして「ホットスポットなんていらない」といっているわけではありません。筆者宅でも開放型ケージでは、「基本的には」ホットスポットを使用しています。餌の食べ具合、日ごろの行動の様子、ケージを置いてある部屋の温度やケージの高さ、カメの大きさや種類など、様々な要因により、飼育方法が画一的なものでないことを表しています。

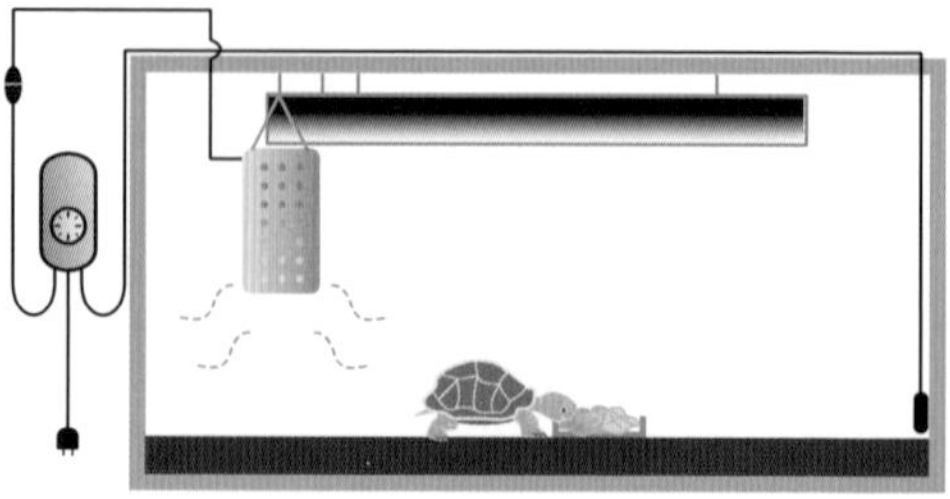

床材の色々

流通	素材	使用に向いたリクガメ	特徴
爬虫類ショップ・ペットショップ	クルミの殻を砕いたもの	乾燥系	見た感じがきれい
	ヤシの繊維	乾湿両用	乾燥させても、湿度を持たせても使える。吸水性、脱臭効果がある
	ヤシガラのチップ	乾湿両用	乾燥させても、湿度を持たせても使える。吸水性、脱臭効果がある
	樹皮	乾湿両用	リクガメの大きさにあった大きさのものを選ぶ。他の床材とあわせるのもよい
	砂	乾燥系	餌とともに食べてしまうことを前提に、大量に摂取しないように、給餌の仕方や他の床材とブレンドするなどの工夫が必要
	杉をペレット状にしたもの	乾燥系	給水、吸湿、脱臭効果がある。使っているうちに、あるいは濡れると細かく崩れる。ペレットの大きさから幼体には不向き
	松をペレット状にしたもの	乾燥系	脱臭効果、吸湿効果がある。崩れてきたら取替え時。ペレットの大きさから幼体には不向き
	牧草（チモシー）	乾燥系	単独で用いることは少ない
園芸ショップ	赤玉土	乾湿両用	吸湿性は良い。単独でも他とブレンドしても使い勝手が良い。体に付着して汚なく見える
	鹿沼土	乾湿両用	吸湿性は良い。他の床材とブレンドするほうが良い。体に付着して汚なく見える
	バーミキュライト	乾湿両用	単独で用いるよりブレンドする方が使いやすい。これもリクガメの大きさによっては大量に摂取しないよう工夫が必要
	ミズゴケ	高湿度系	湿度を持たせるもので、単独で用いることは少ない
その他	人工芝	乾湿両用	吸水性はなく、しかも隙間に糞が入り込み、掃除がややしにくい
	スノコ	乾湿両用	大きな個体の管理には比較的便利
	新聞紙	乾燥系	交換が容易で経済的であるが、見た目がよくない。もろいのである程度以上の大きさのカメでは使いにくい
	落ち葉	乾湿両用	吸湿性は悪い。床材として単独で使うというより雰囲気的な使い方

開放型ケージ、閉鎖型ケージの例

水槽を用いた開放型および閉鎖型ケージ

日ごろの世話が上からになります。多くの場合、蛍光灯により上面の約半分をとられるため、メンテナンスが若干やりにくい面があります。全面にフタをすれば閉鎖型に、一部フタをはずせば開放型になります。

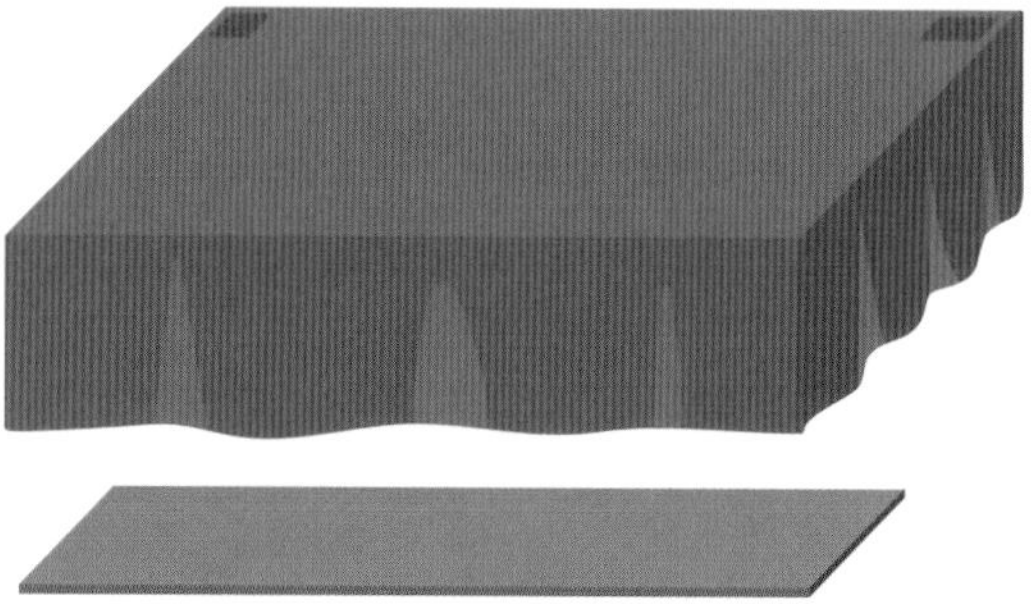

閉鎖型にする場合
上面を板やガラスで覆います。蛍光灯を内部に吊ることになりますし、熱源の設置方法などにも工夫が必要になります。さらに、冷え込む夜間には保温シートをかけるなどして、保温効率を上げる方法もあります

解放型にする場合 ⬇

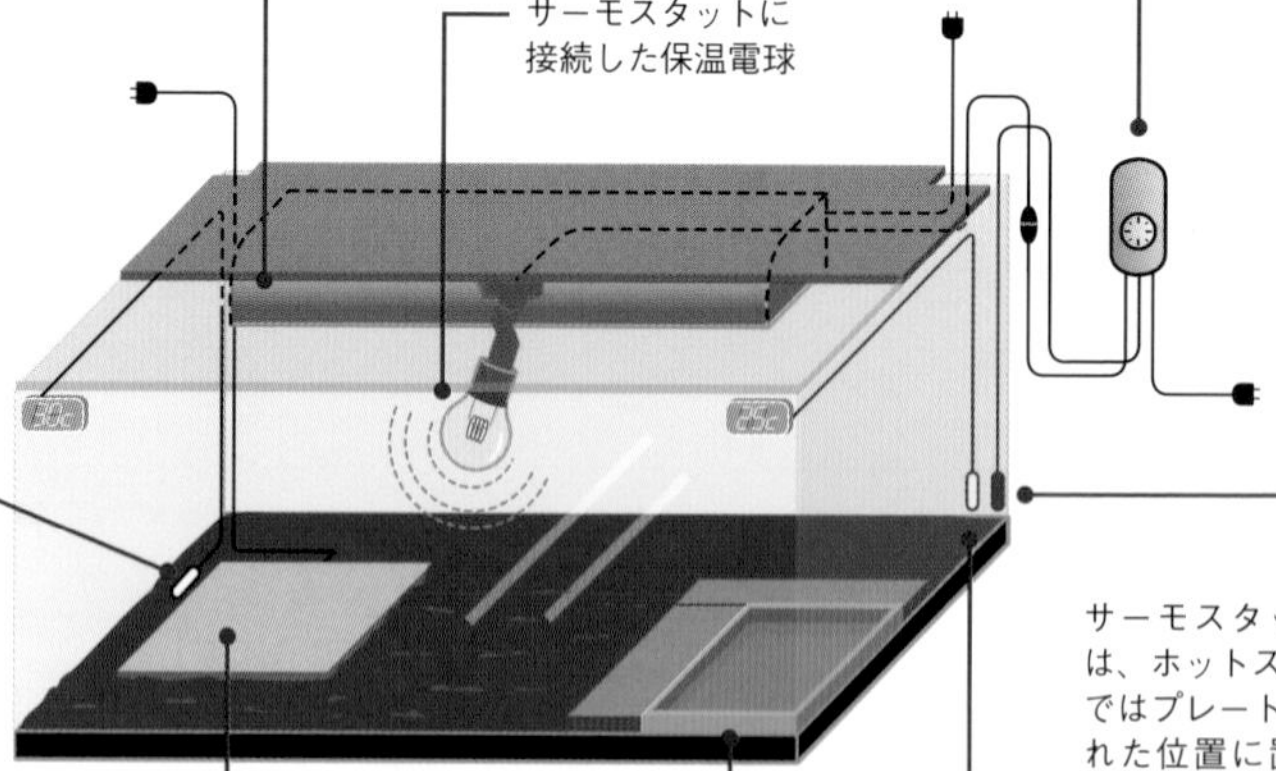

高温部を計測する温度計のセンサー
保温電球に接続したサーモスタット。基本温度を保つ
フルスペクトラムライトをセットした灯具
サーモスタットに接続した保温電球
サーモスタットのセンサーは、ホットスポット（この図ではプレートヒーター）と離れた位置に置き、ケージ内の最低温度を管理する
この図ではホットスポットの代わりにプレートヒーターを用いている。閉鎖型にして電球を使用する場合は、温度が上がり過ぎないように必ずサーモスタットに接続する
水を飲む種には水入れを。周囲をレンガなどで固定するとよい
低温部を計測する温度計のセンサー

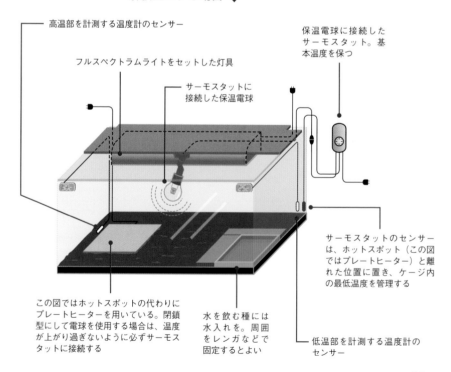

ここまでに登場した器具を用いた、開放型・閉鎖型ケージのセット例を紹介します。これを基礎として、94ページからの種類ごとのケージ例をご覧ください。

なお、飼育する方によって、ケージをセットする環境に違いが生じます。たとえ同じ地域であっても、木造と鉄筋コンクリート造りではまったく環境が異なります。ですから、これから示す飼育方法は大まかなガイドとし、常にケージ内の環境、個体の状態をチェックするようにしてください。

爬虫類用ケージを開放型ケージとして

市販されている通気性のよいものを、そのまま使います。前面から手を入れられるので、メンテナンスが楽です。

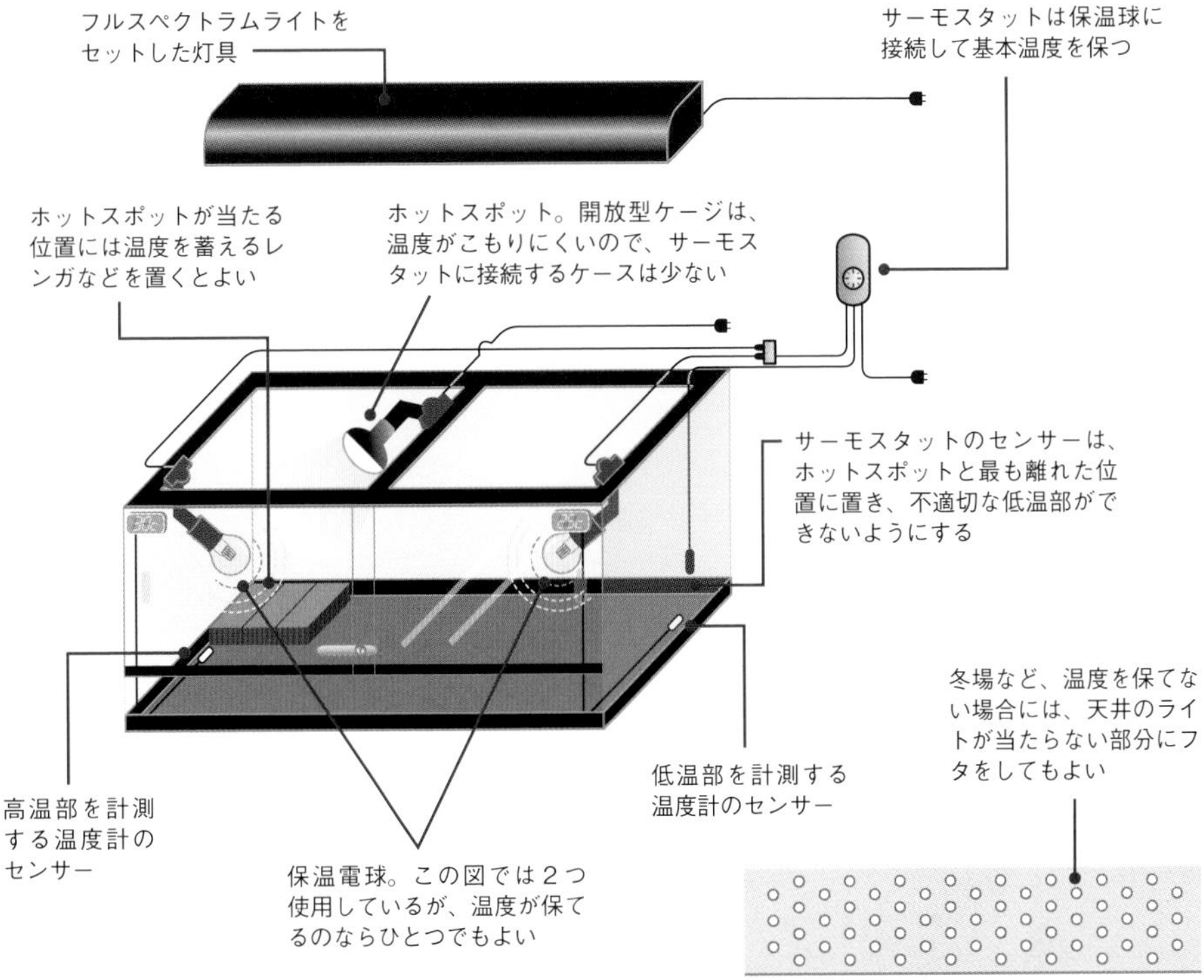
フルスペクトラムライトをセットした灯具
サーモスタットは保温球に接続して基本温度を保つ
ホットスポットが当たる位置には温度を蓄えるレンガなどを置くとよい
ホットスポット。開放型ケージは、温度がこもりにくいので、サーモスタットに接続するケースは少ない
サーモスタットのセンサーは、ホットスポットと最も離れた位置に置き、不適切な低温部ができないようにする
冬場など、温度を保てない場合には、天井のライトが当たらない部分にフタをしてもよい
低温部を計測する温度計のセンサー
高温部を計測する温度計のセンサー
保温電球。この図では２つ使用しているが、温度が保てるのならひとつでもよい

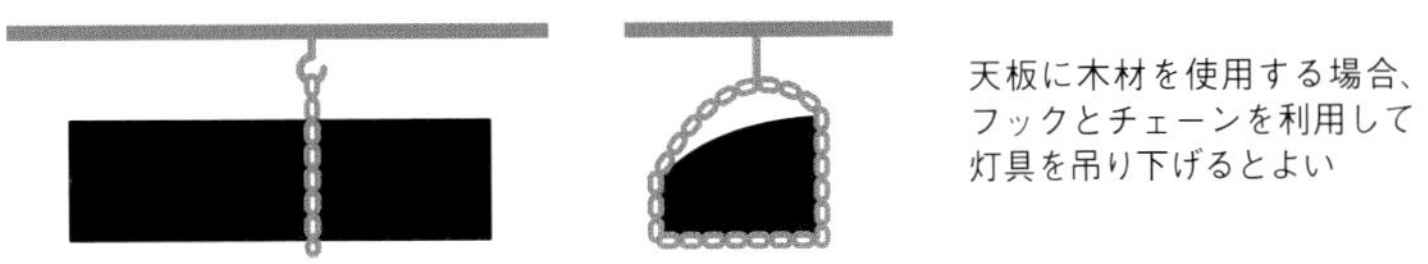
天板に木材を使用する場合、フックとチェーンを利用して灯具を吊り下げるとよい

自作のケージ

爬虫類を飼う楽しみには、彼らが健康に育つ環境を創作することも含まれていると思います。自作のケージは、リクガメの大きさに合わせることができたり、工夫を加えることで使い勝手がよいものに仕上げることが可能です。

注意点として、自作ケージでは隅や板につなぎ目があると、汚れを掃除しきれないことがあります。これを防ぐために、それぞれの継ぎ目もシリコンなどでしっかり目張りをすることをおすすめします。また、素材の腐敗防止のために、底面を防水処理するとよいでしょう。

開放型にも閉鎖型にもなるケージの例

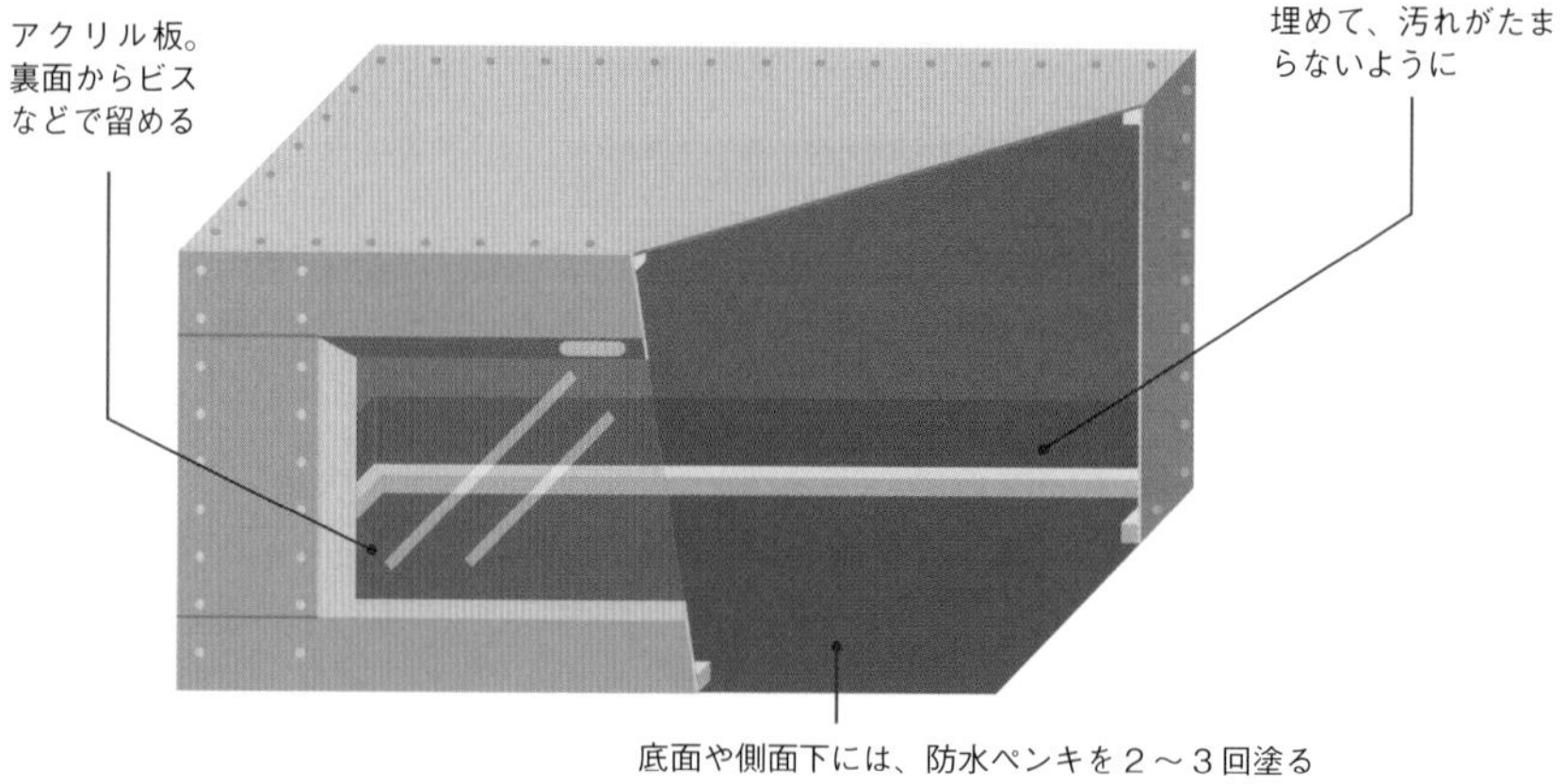
アクリル板。裏面からビスなどで留める
継ぎ目はシリコンで埋めて、汚れがたまらないように
底面や側面下には、防水ペンキを2～3回塗る

内部配線図

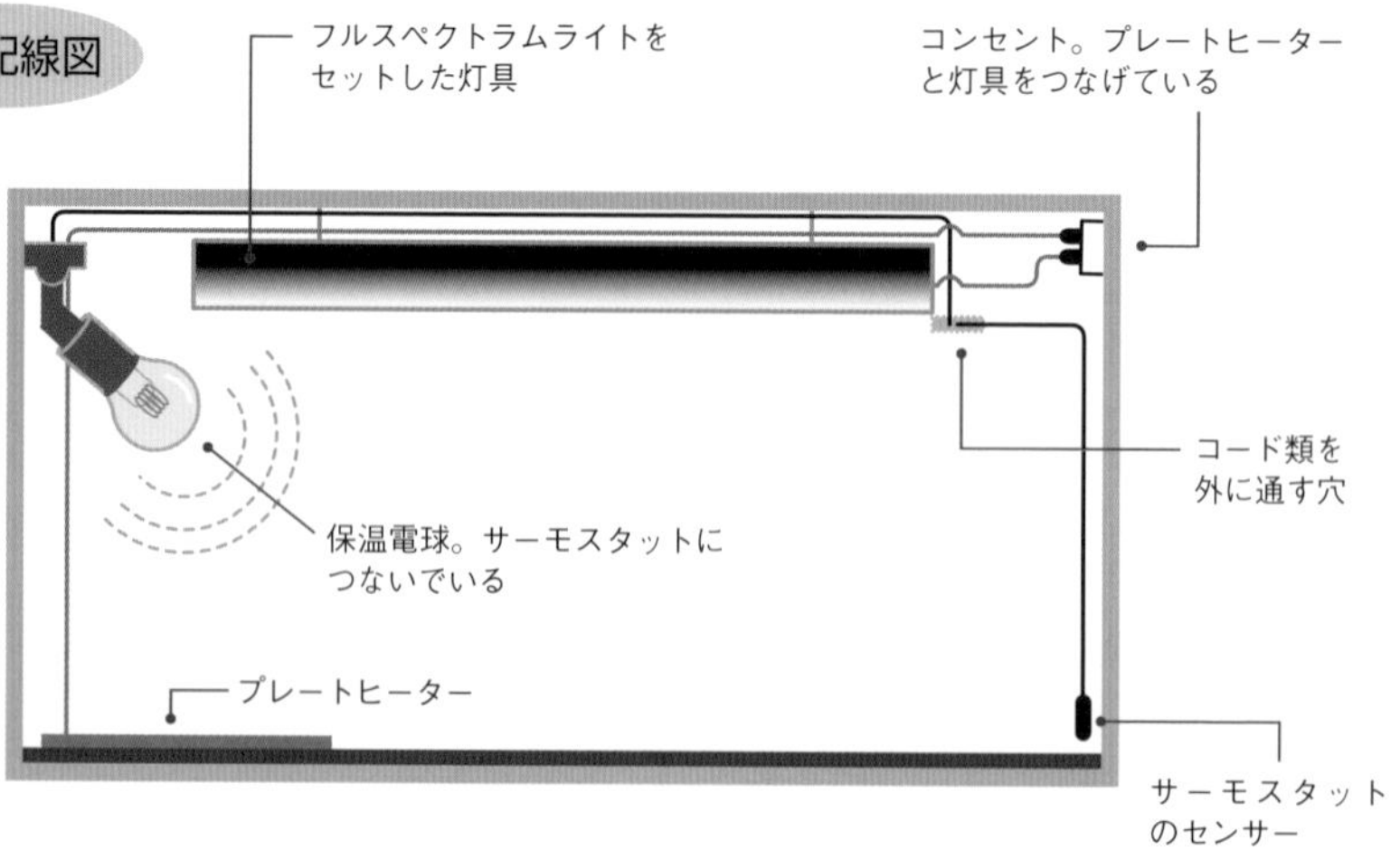
フルスペクトラムライトをセットした灯具
コンセント。プレートヒーターと灯具をつなげている
コード類を外に通す穴
保温電球。サーモスタットにつないでいる
プレートヒーター
サーモスタットのセンサー

複数の飼育スペースを温度管理する自作ケージ

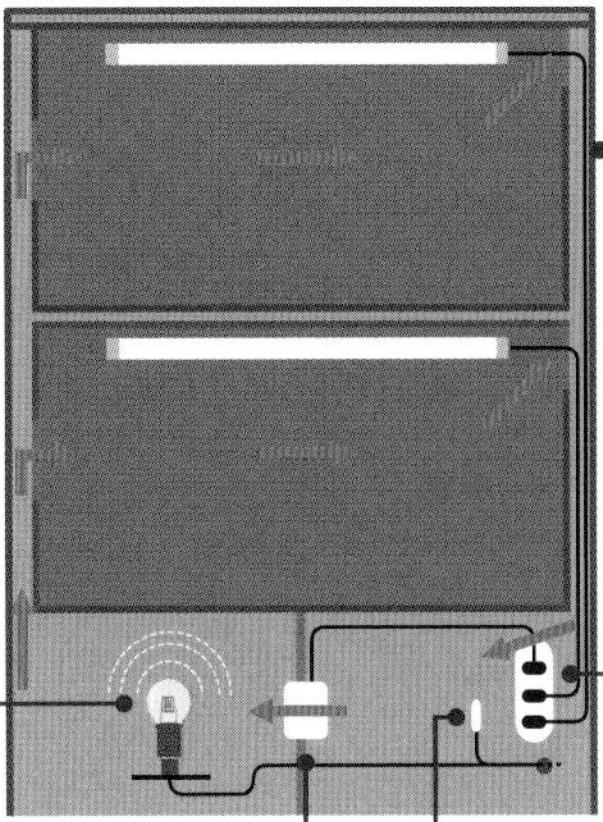
壁は二重構造にして、空気を通す
コンセント
保温電球。サーモスタットに接続する
空気をまわすファン
サーモスタットのセンサー。保温電球といちばん遠い（循環した空気が最後に届く）場所に置く

外観

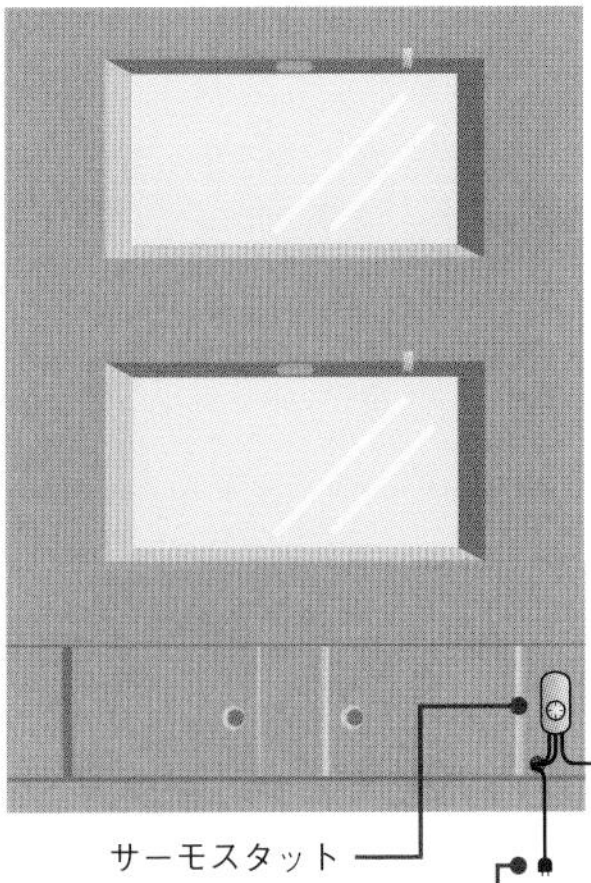
サーモスタット
内部のコンセント

外観

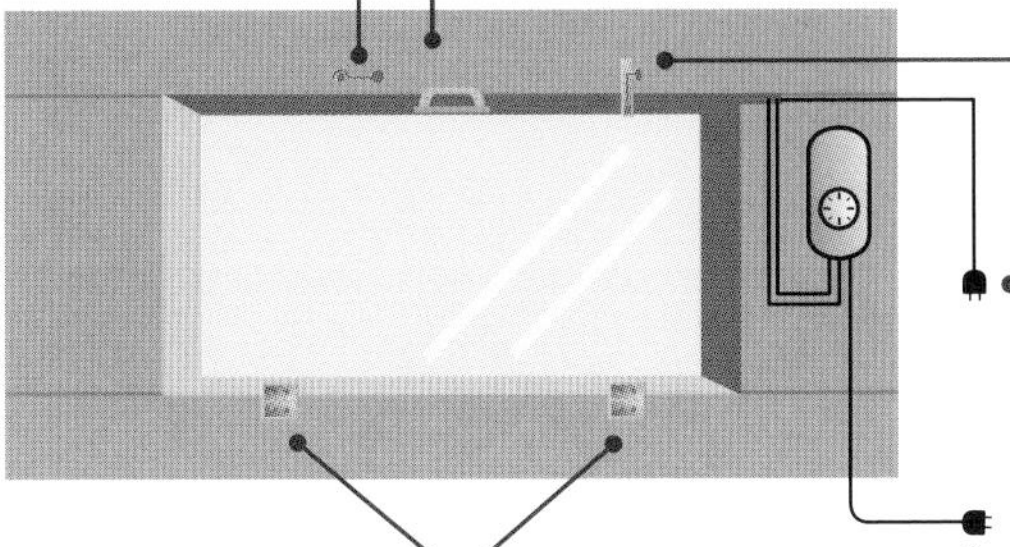
トビラを引っ掛けるフック
取っ手
トビラを止めるカギ
内部のコンセント
ちょうつがい
内部の保温電球につないだサーモスタット

（温度計は省略しているが、他のケージ同様、2ヵ所で計測し、表示が見やすい場所につける）

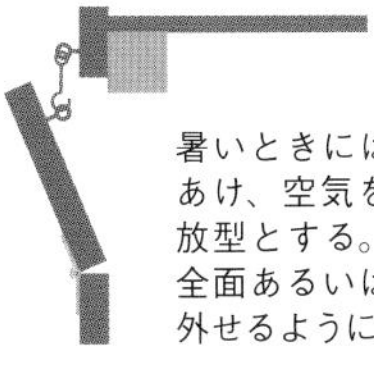

暑いときには、ケージ前面をあけ、空気を逃がすことで開放型とする。または、天板の全面あるいは一部を固定せず外せるようにする

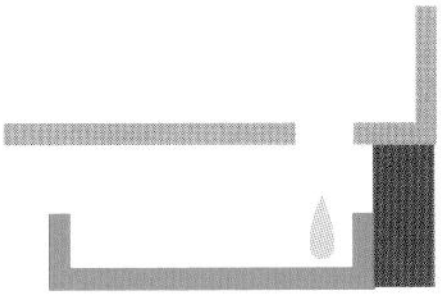

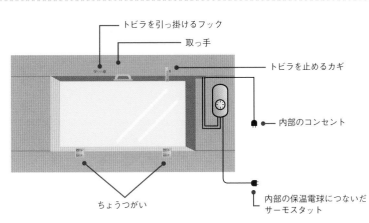

大量の水や尿が出る場合には、ケージ角に排水口を設けるとよい。この場合、床材を敷けないのでスノコを利用し、底面にはしっかりと防水処理をする。ケージはレンガなどで持ち上げ、受け皿を設ける

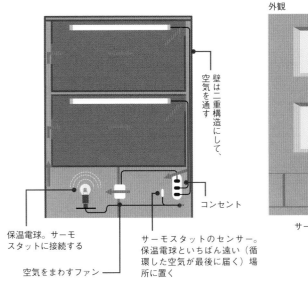

ケヅメリクガメ

ヨツユビリクガメ

ケヅメリクガメ、ヨツユビリクガメ

乾燥系 1

これらの種類は健康であればほとんど水を飲むことがありません。水入れを入れることによって、床材が湿ってしまうことがないように、水入れは入れない方がよいでしょう。

温度設定は、ケヅメリクガメは年間を通し高めに設定しますが、ヨツユビリクガメでは、高くなりすぎないようにした方がよいでしょう。また、ヨツユビリクガメでは、ある程度大きくなった個体であれば、冬眠などはさせないまでも、四季による温度変化を利用して、ある程度の季節感をもたせてあげるのもよいと思います。

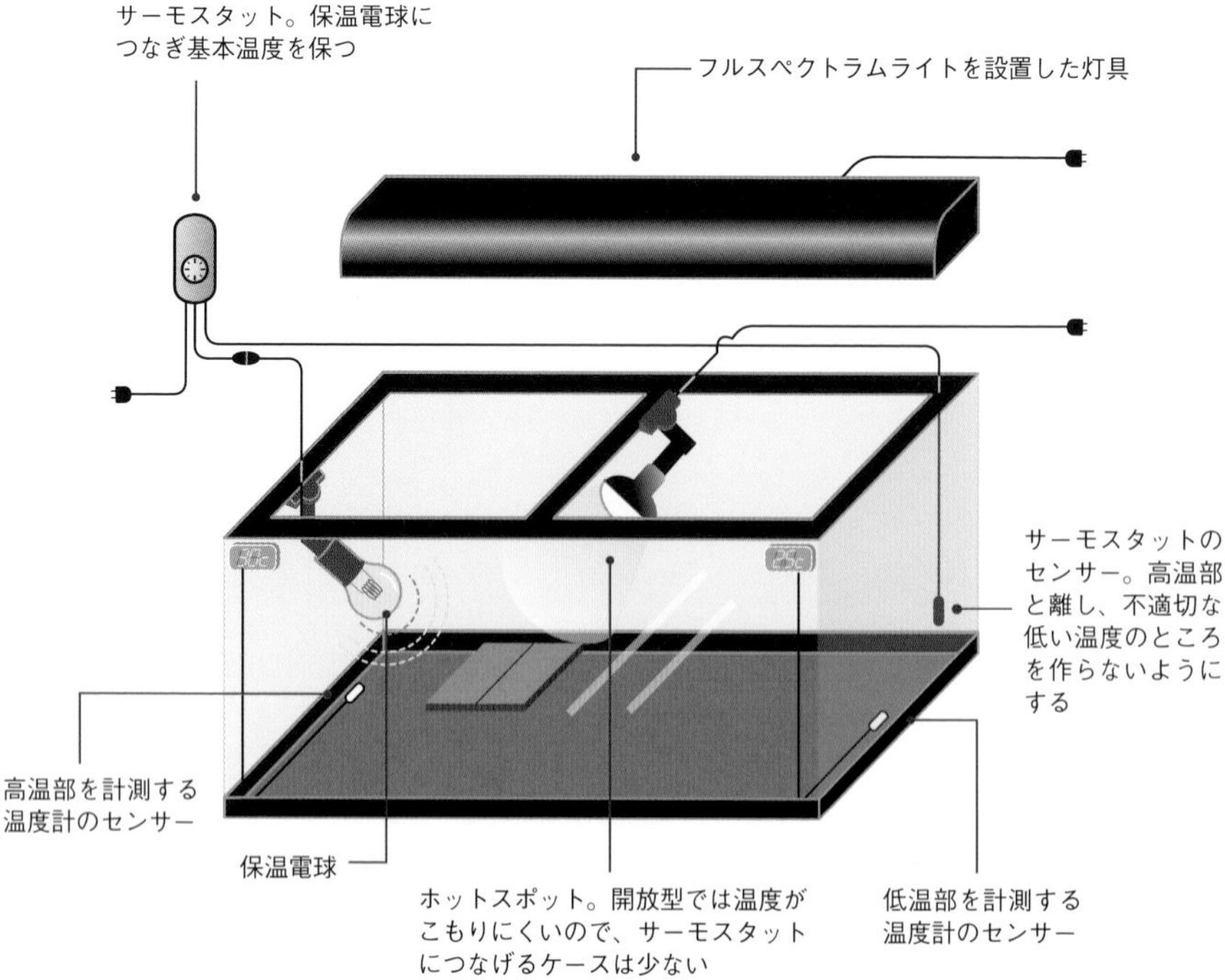

サーモスタット。保温電球につなぎ基本温度を保つ
フルスペクトラムライトを設置した灯具
サーモスタットのセンサー。高温部と離し、不適切な低い温度のところを作らないようにする
高温部を計測する温度計のセンサー
保温電球
ホットスポット。開放型では温度がこもりにくいので、サーモスタットにつなげるケースは少ない
低温部を計測する温度計のセンサー

ここでは、種類ごとに向いたケージを紹介していきます。これまで述べてきた基本のアレンジとなります。

乾燥系 2 ギリシャリクガメ、ヘルマンリクガメ、フチゾリリクガメ、ヒョウモンガメ

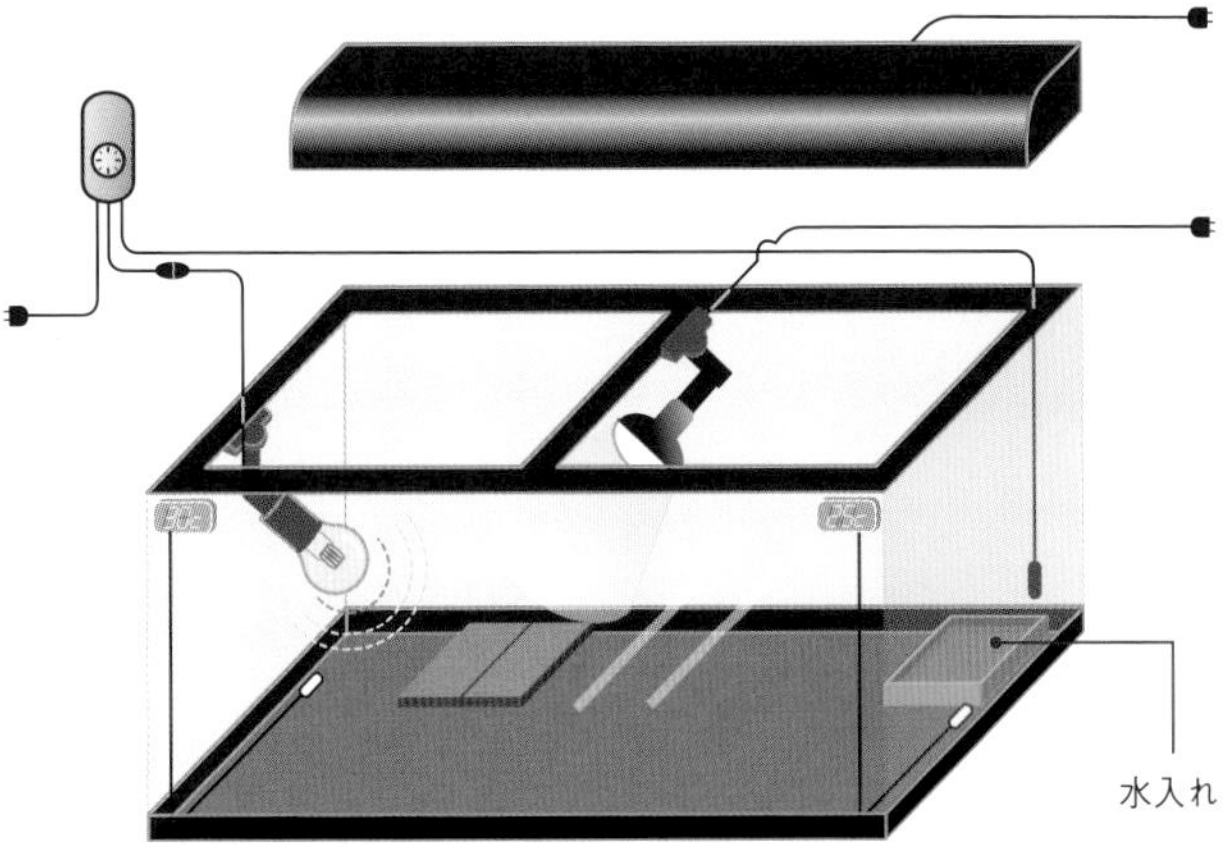

基本的には乾燥した環境を好みます。水入れを用意した方がよいのですが、歩き回って床材を湿らせてしまうようであれば、温浴で対処します。

ギリシャリクガメ、ヘルマンリクガメなどは冬眠や休眠が可能で、低温に強いというイメージがありますが、低温で飼えるというわけではありません。季節感を持たせるのは非常によいのですが、保温設備もしっかり用意します。ヒョウモンガメもケージで飼えるサイズのうちはこのタイプで飼育します。

温度は日内差をつけつつ、通年高めに設定しておいた方が良いでしょう。できれば空中湿度は高くして、水場を設けない場合は、十分に温浴で水分を取らせてください。

ヘルマンリクガメ

フチゾリリクガメ

ギリシャリクガメ

ヒョウモンガメ（小さいうち）

その他、本書カタログにない種では、ナタールセオレガメ、スピークセオレガメ、チャコリクガメ

パンケーキガメ　乾燥系３

パンケーキガメ

一日の長い時間を隙間などのものかげに隠れて生活しています。ケージ内には「歩きながら入れるほどではあるが甲が接する」くらいの高さのシェルターを用意します。乾燥したケージでは比較的頻繁に水を飲んだり、入っている様子が見られるので、体が入るほどの水入れを用意するとよいと思います。昼間の温度と夜間の温度に大きく差をつける、例えば昼間 32 ～ 35℃、夜間 18 ～ 20℃などにするとよいでしょう。また水場をホットスポットの近くなどに置くなどしたり、十分に霧吹きをして空中湿度を上げるとよいでしょう。

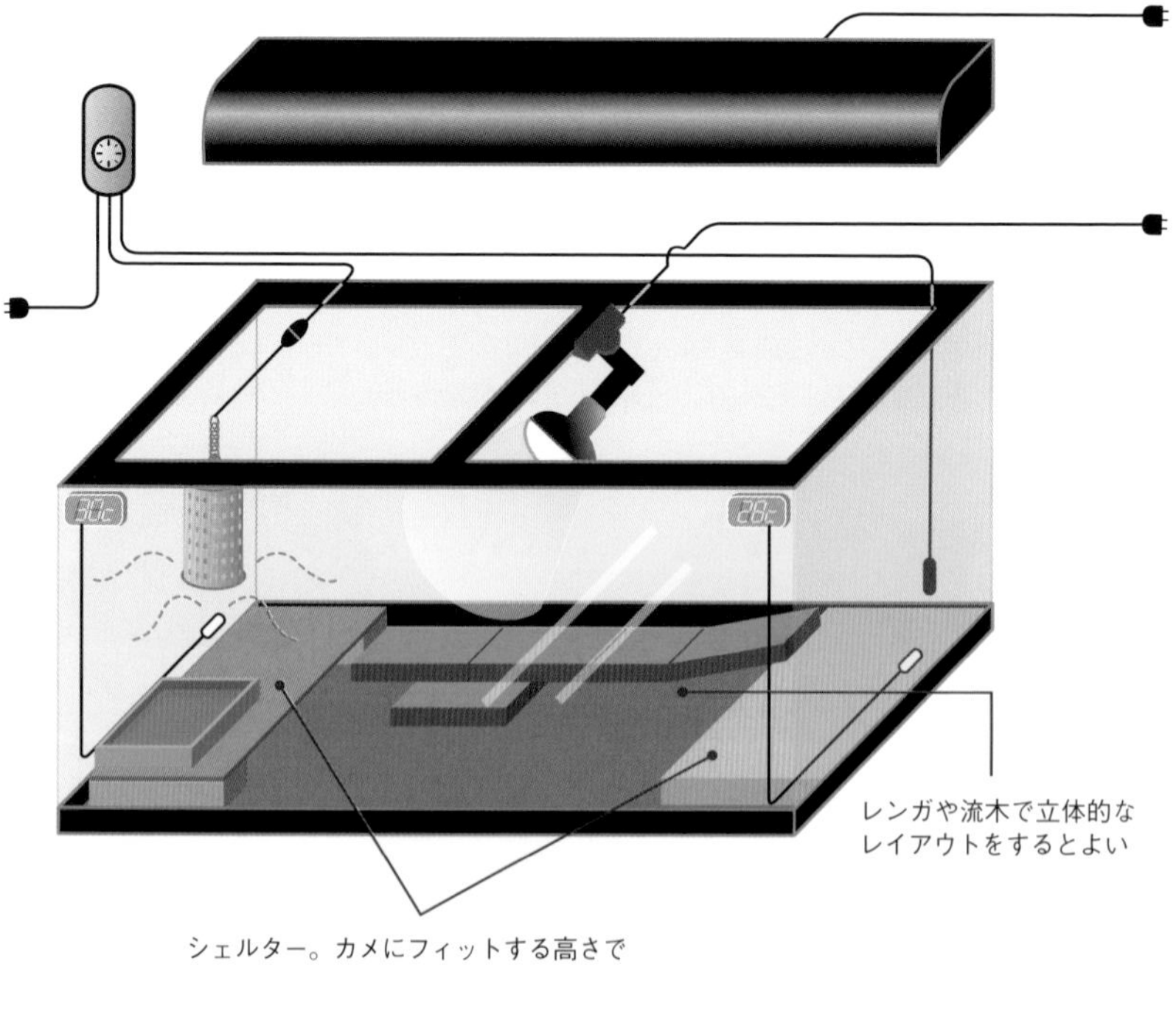
レンガや流木で立体的な
レイアウトをするとよい
シェルター。カメにフィットする高さで

高湿度系　アカアシガメ、インドホシガメ、ビルマホシガメ、アルダブラゾウガメ

アカアシガメ

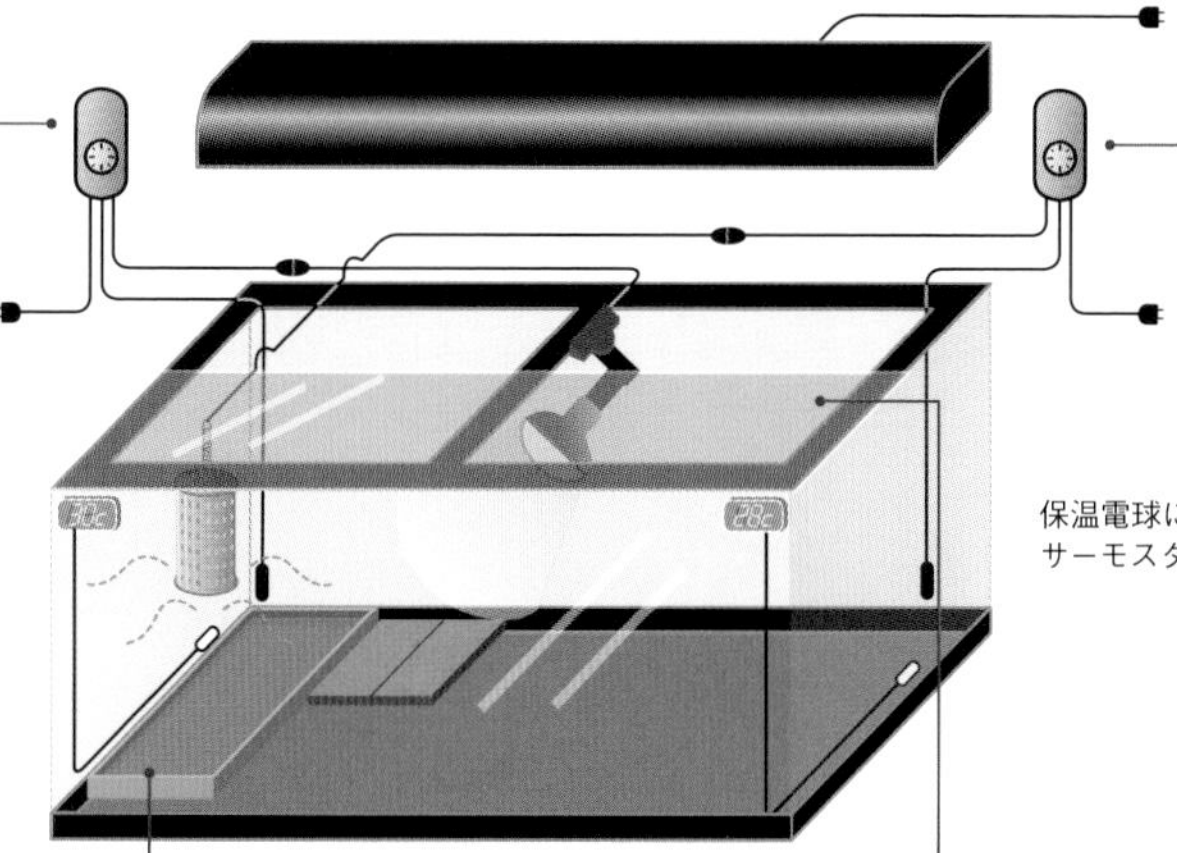

ホットスポットにつなげるサーモスタット。閉鎖型の場合は、温度がこもるのでホットスポットにもサーモスタットが必要

保温電球につなげるサーモスタット

水入れ。湿度を保つために深い容器に水を張り、サーモスタットとヒーターを設置してエアレーションをしてもよい

フタ。高湿度、高温を好む種は、閉鎖型ケージが向いている

空中湿度が高いほうが調子がよい種類です。特に幼体は湿度を高く保ってください。特にインドホシガメは、おそらく、あなたが思っている以上に、床材も湿らせた方が良い結果が出ます。水入れは用意したいところですが、大きくなった個体では、水入れを入れると、ひっくり返したり、頻繁に水場を通りたりして、ケージ内を汚してしまいます。その場合は、水入れを外し、温浴を頻繁に行なったり、霧吹きをこまめに行なうことで対処します。いずれも環境温度は年間を通し高めに設定してください。アルダブラゾウガメもケージで飼えるサイズのうちはこのタイプがよいでしょう。

インドホシガメ

ビルマホシガメ

アルダブラゾウガメ（小さいうち）

その他、本書カタログにない種では、キアシガメ、エロンガータリクガメ、セレベスリクガメ、エミスムツアシガメ、モリセオレガメ、ホームセオレガメ、ベルセオレガメ

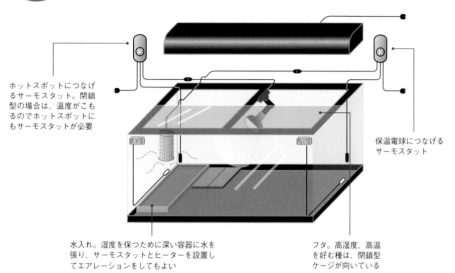

屋外での飼い方

屋外と一口にいっても環境は様々。この軒下（出窓の下あたり）では、乾燥を好むヨツユビリクガメを飼育しています

屋外での飼いかた

現在のところ、屋外飼育にまさる飼育方法はありません。夏場の暖かい期間は、できれば直接太陽の光の下で、その恩恵を思う存分受けさせてあげたいものです。彼らの健康のためにはもちろんのことですが、彼ら本来の生活の一部を垣間見ることができるかもしれず、飼育者にとっても嬉しいことでしょう。

日中の気温が20℃を超える頃になると、暖かい時間に一時的に外に出すことができるようになります。しかし、それまでは室内で飼育していたのですから注意が必要です。春先の気温はまだ低く、急激な温度の低下は調子を崩す原因にもなりますので、気温の変化やカメの様子をよく観察してあげてください。

梅雨が明ける頃になると暑くなります。夜間の最低温度が、18〜20℃を超える日が続くようであれば、一日

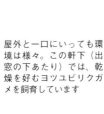

を通して屋外飼育が可能となります。しかし、特に小さい個体では、本格的な暑さが到来するまでは、夜間は屋内ケージに取り込む方がよいかもしれません。

外で飼っているときには天気に気を配り、特に春先や晩秋など、長く

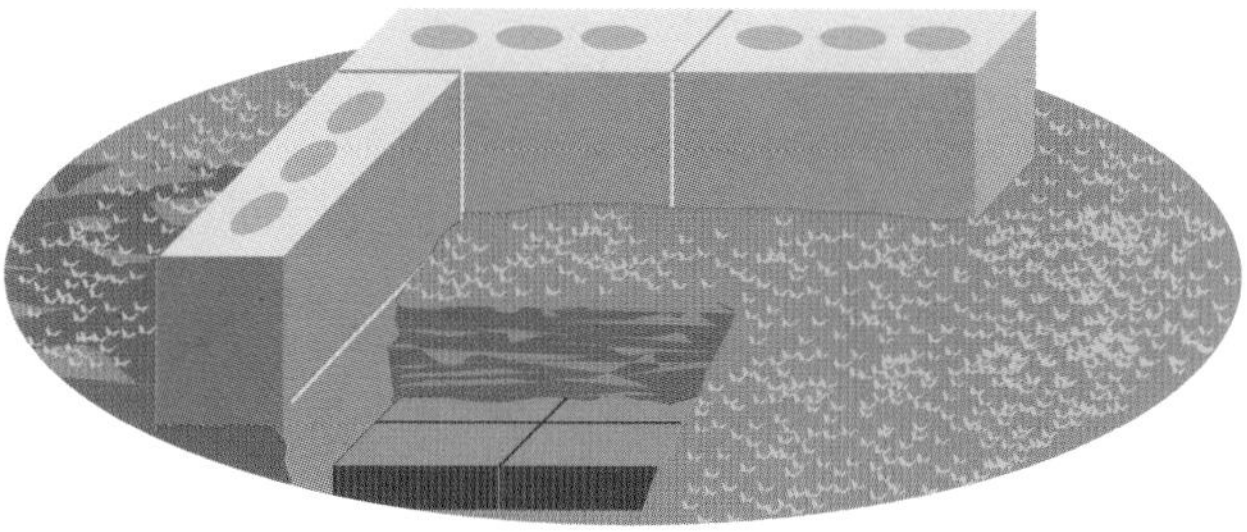

穴を掘るリクガメの脱出対策。いちど掘り返した地面にレンガなどを敷きます

曇りや雨が続き、日中の気温が上がらない日が続きそうなときは、保温設備を備えたシェルターを用意するか、室内のケージに取り込んでください。屋外で飼育しているときにも、温度やリクガメの健康状態のチェックは怠らないようにしましょう。

庭の一角を利用する場合

日当たりのよい場所を用意できればよいのですが、いろいろな事情で無理なこともあるでしょう。そのときは、明るい日陰でも十分量の紫外線が得られますし、一日に数時間しか陽が当たらない場所でも十分に利用できます。

ヨツユビリクガメなど、特にジメジメした環境が向かない種類であれば、雨が当たらない軒下などを利用するのがベストです。

では、実際に庭でリクガメを飼う際に、必要な設備、注意点を紹介していきます。

囲い＝脱走防止

屋外飼育のいちばん大切なことは、絶対に脱走されないことです。リクガメはのんびりしているように見えますが、かなり活動的です。また、根気強く物事にチャレンジするので、思わぬところから脱走することがあります。逃げ出すことは直接彼らの命を脅かす事態につながりかねません。リクガメでは比較的少ないものの、爬虫類が苦手な方もいます。周囲への配慮という面でも、脱走をさせてはいけません。

たとえ囲いがしてあったとしても、リクガメはその向こう側が見えると、そちらに進もうともがくため、手足や頭部、首などに思わぬケガをすることがあります。また、チャレンジを続けた結果、脱走に成功することもあるので、視界を遮るもので囲いを作る必要があります。囲いの高さは、最低でもリクガメが後肢で立ち上がったときでも前肢がかからない高さに。また、複数のカメを収容したとき

には、他のカメを踏み台にすることがありますので、さらに高さが必要になります。わずかでも爪が引っかかるような足がかりがあると、器用にそこに手足をかけて登ってしまうことがあるので注意してください。パンケーキガメは、垂直でも隙間があればうまくその間を利用して登ってしまいます。囲いの材料としては、ブロックや合板（ベニヤ）など、引っかかりのないものを利用します。

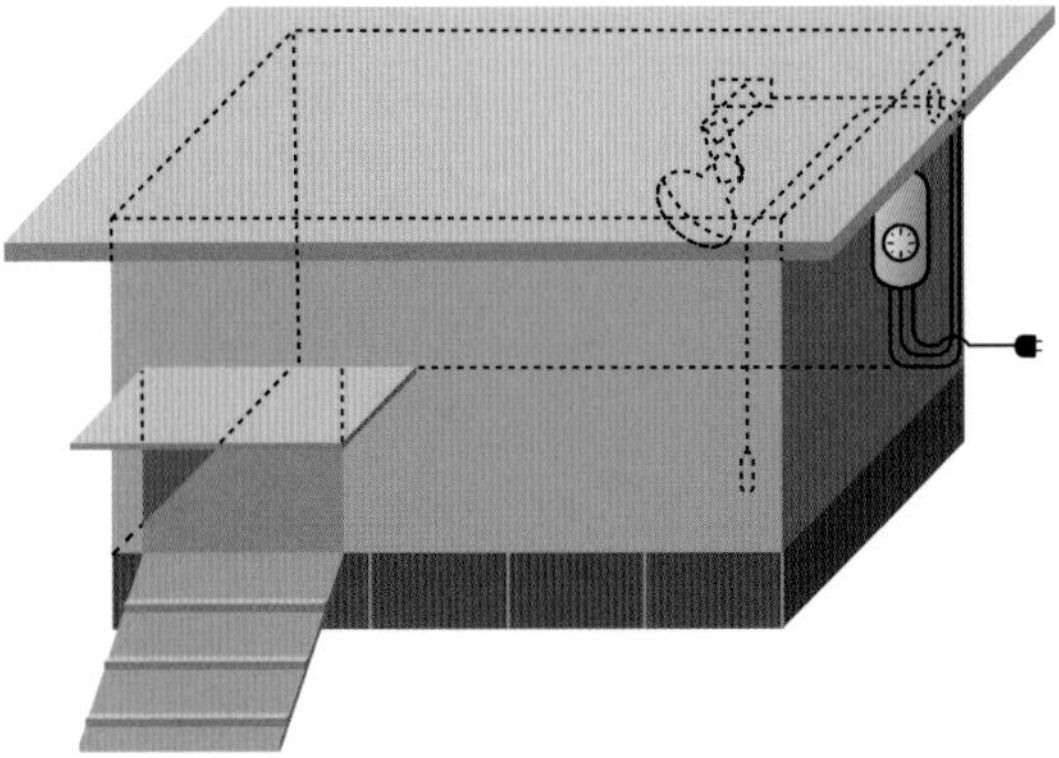

屋外用の小屋。春先や秋口、夜間、梅雨時の低温時の避難用に

筆者は経験がありませんが、ヨツユビリクガメなど穴を掘ることがあるリクガメでは、囲いの下にトンネルを掘って逃げ出す可能性があります。それを防止するためには、ブロックを土に埋め込んだり、大き目の石を底面に敷き詰めて埋め込むなどの工夫が必要になることがあります。

熱死予防のシェルター

リクガメも長い時間体温が42℃を超えれば、死亡する危険性がでてきます。

日光浴が好きといっても、日本の真夏の日中の直射日光は暑すぎます。その日差しを遮るため、そして夜間の寝床として、また雨よけとして、シェルターを設ける必要があります。このシェルターは地面より少し高くするなどして、床面が常に乾いている状態になるようにします。

また、それとは別に、風通しのよい日中の暑さをしのげるようなシェルターを設置するのもよいでしょう。屋外飼育の囲いの中に低木を植えて、自然の木陰を作るのもよいと思います。こうした物陰も、リクガメは好みます。

餌入れ

餌入れは体の大きさに合わせて用意します。しかし、地面の上で飼育している場合、強いて餌入れを使う必要はないかもしれません。筆者はあえて土が付くことを前提に地面に直に餌を置きます。このときに、ミネラル分の補給のために砕いた鳥用のカキ殻や塩土などを地面に撒いておくのもよいと思います。

水場

囲いの中に最低でも体全体が入るような広さの、あまり深くない出入りのしやすい水場を用意します。水場はリクガメの出入りによりかなり

これも太い竹を利用した囲い。竹は円くすべることでよじ登られにくく、使い勝手がよいのですが、数年で取り替える必要があります

囲いは竹を切り出して作ったもの。周りにカボチャを這わせています。もちろんできたカボチャはカメに…

水入れはカメの大きさにあわせたものを、カメが出入りしやすいように設置しましょう

芝を植えることで、照り返しを防ぐ効果もあります

囲いにベニヤの合板を使った例。劣化防止のために、板の表面に防水処理をしています

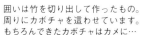

汚れるので、様子を見てこまめに水を換えてください。

●注意点

リクガメの活動するスペースに釘やクリップその他のゴミがあると、それを誤飲することがよくあります。それらの異物は腸閉塞や胃腸の穿孔《せんこう》、中毒の原因にもなりかねないので、注意が必要です。タバコなどはもってのほかです。リクガメを放す前に、飼育場のゴミ拾いをしておきましょう。

また、ときに犬やカラス、ネズミ、地域によってはタヌキやキツネ、その他の攻撃を受けることがあります。特に小さなリクガメを屋外で飼うのであれば、網やネットなどを利用して、外敵からの保護が必要です。

●手軽な屋外飼育

さほど大きくないリクガメであれば、ホームセンターで売られているトロ舟（セメントを混ぜ合わせるのに使う）などを利用して、屋外で飼育す

COLUMN 散歩に連れ出す

本来、広い大地を自由に歩き回っている彼らですから、あなたの家の近くに散歩に適した場所があれば、連れ出すのもよいかもしれません。夢中で雑草を食む姿はとても楽しそうに見えますし、なにより日光の恩恵を受けられます。

ただし、散歩にもマナーを持ってのぞみたいものです。それは、基本的なことですが、他人に迷惑をかけないことです。たとえば、犬の散歩と同じように、ビニール袋とシャベルを持参し、糞をしてしまった場合には持ち帰ること。

注意点としては、リクガメのイメージは動きの遅い動物ですが、思いのほか速く動き、ちょっと油断をしたすきに遠くまで行ったり、見失ってしまうこともあります。また、カメ側としても、散歩を怖がる個体もいますから、様子をよく見て行なってください。

ときには立ちどまって草を食む

排水用の側溝にさしかかったとき、ふと下を見たようで、足元に深い空間があることに驚き後ずさり。状況を把握しようと、一所懸命考えていましたが、結局は迂回しました

ベランダでの飼育

日陰は多めに用意しています。プランターにベビーリーフを栽培し、日陰としながらおやつとしても与えています

ちょいとつまみ食い

簡易の屋外飼育

庭の一角に簡易の囲いを設けて、一時的な日光浴場を作ったもの。簡易ですから、逃げ出さないように、天敵に襲われないように見張っている必要はあります。囲いは廃材を蝶番でとめたもの

この例のように単調な環境の場合は、温度計を置いて環境を把握してください

ることも可能です。そのときは、雨水がたまらないよう、トロ舟の底に排水用の穴をあけておくとよいでしょう。こうした容器は、温度が上がりやすく逃げる場所もないので、スダレなどでしっかり日陰を作っておくようにしてください。明るい日陰で、ほんの一部分に日が当たる程度で十分です。

また、ちょっとした材料で囲いを作り、日光浴のためのスペースを作るのもよいでしょう。

ベランダやバルコニーを利用する場合

ベランダやバルコニーをカメの飼育場にすることができます。このとき、最も注意したいのが落下事故です。先述のように、カメは失敗してもあきらめることなく何回も根気よくチャレンジしますから、思わぬところから落下してしまうことがありますし、落下しないまでも隙間に入り込んで動けなくなったりすることもあります。

また、ベランダの素材によりますが、日当たりのよい場所が高温になることがあります。これは、裸足になってそこを歩いてみればよくわかるのですが、風通しの悪さも加われぱリクガメにとって危険な温度に達します。

屋内での放し飼いの一例。中央のメタルハライドランプは、天気のよくない日や冬場など、温度が上がらないときに点灯します。この日は天気もよいことから、ベランダへと続く板を渡し、自由に行き来できるようにしています

日陰は広めに、なおかつ風通しのよいつくりにしなくてはなりません。プランターなどに野菜や野草、芝などを植え、その下をシェルターとして利用させるのも効率的でしょう。ちょっとした足場を用意すると、首を伸ばせば餌も食べられるシェルターというわけです。

基本的な注意点は庭の一角を使うのと同じですが、ベランダ飼育では簡単に室内に取り込めるところが利点です。

室内での放し飼い

個人的な意見として、現時点ではリクガメの室内での放し飼い飼育は推奨できません。というのも、リクガメはもともと野生の生き物であり、どんな菌を媒介するのかわかないこと、トイレのしつけもできず人と生活の場を共にするには衛生上の問題があるからです。

ただし、一部屋をリクガメ専用に提供できるのであれば、この限りではありません。その場合、室内の温度調節は、エアコンなどを使った方が現実的でしょう。エアコンを使う空調は、室内の上部と床に近いところでは、かなりの温度差を生じることが多いので、カメの生活している高さ、つまり床に近いところでの温度管理が重要です。小さな扇風機などを使って、

さすがに、このように畳の上で自由にさせている人はいないと思いますが、これはいけません

COLUMN 複数の種を一緒に飼うことの是非

一般的に、複数の種類を一緒に飼うことはいけないといわれています。それは、種類ごとにそれぞれの求める環境が異なることが主な理由として挙げられます。また、大きい個体が小さい個体を圧迫して、餌が摂れないなどの問題を起こすこともあるでしょう。ほかに、交雑種ができてしまう可能性もあります。

これらの問題以上に、いちばん深刻なのが、ある種類のリクガメにはさほど問題を起こさないが、別の種類のリクガメには重い病気を起こさせる疾患があるということです。

例えばAという種類のカメにはさほど病原性を示さないが、Bという種類には強い病原性を示す病原体があるとします。その病原体を持っているが見た目にはまったく健康なAを、そうとは知らずにBと一緒にすると、その病原体がBに感染し、恐ろしい病原性を表し、悲惨な結果をもたらすことがあります。

この章や27ページから掲載した写真を見ればわかるように、筆者宅では、屋外では複数の種類を一緒に飼育しています。もちろん、環境が極端に異なる場合には一緒にはしません。例えば、101ページのベニヤの例の写真では、左上にはパンケーキガメのみを入れています。

このような複数種の飼育では、餌に関しては、異なるものを与えたいときに困ることはあります。しかし、大きい個体が小さい個体を（精神的に）圧迫してしまう様子は、外から観察したところではありませんでした。交雑種に関しては、交雑することがわかった時点で、ケヅメリクガメとヒョウモンガメなどは別飼いとしました（筆者は飼育下での交雑種に関して必ずしも否定的ではありません）。

複数の種類を一緒に飼うことは、問題を起こす可能性がありますが、環境面や栄養面、その他の問題は注意を払っていれば、少なくても屋外飼育では大きな問題にはならないと思います。

しかし、病気に関しては別です。筆者宅では幸いにも今まではそれが問題になることはありませんでした。しかし、これは結果論でしかありません。複数の種類を一緒にすることをすすめているわけでは決してありません。新しい個体が入ってきたら「しっかり検疫を行ない、検疫後も異なった種類のカメは一緒にしない」ことを基本にしてください。

室内の空気の撹拌を行なうのもよいでしょう。ホットスポットは、狭いケージとは異なり、強いものを使うことができます。差し込んでくる太陽光もよいホットスポットとなりますが、ガラス越しの光では紫外線の効果はあまり期待できません。紫外線の供給源は別に用意することになります。

この目的のためには、例えば強力な光量と紫外線照射の両方を備えたメタルハライドランプが便利です。また、土を敷いた場所を用意したり、乾いた場所や湿った場所など、様々な環境を再現したつくりにすればなおよいでしょう。

その他の工夫として、屋外のスペースと行き来できるようにしてあれば、春先や秋口の不安定な季節でも、好みの環境を自ら移動して選ぶことができ、管理が非常に楽になるでしょう。

飼育の重要ポイント

リクガメの餌について

リクガメの飼育において、給餌は特に気を配りたいポイントです。
これまで爬虫類を飼ったことのない人にとって、
なじみがないであろう栄養素の添加などもありますから、
よく読んで健康にリクガメを育ててください

リクガメの餌

基本的にリクガメは草食性です。といっても人間が食べているような野菜をそのまま与えておけばこと足りるわけではありません。餌の質やバランスに十分注意を払わないと健康に飼育することはできません。これは特に成長期のリクガメに重要です。

　バランスの悪い餌を与えていても、すぐに具合が悪くなるものではありません。ゆっくりと目に見えたり、見えなかったり、という変化で現れてきます。どんどん成長する姿を見るのはうれしいものですが、気がついたときには甲羅や嘴がゆがんだり、不全麻痺により後肢で体を支えることができず腹甲の後方を引きずって歩くなど、徐々にその症状は現れます。そのため、それらの症状が異常と気付かないこともあり、初心者のうちはそのような不健康な状態がかっこ良く見えることすらあります。しかもそれらの異常は、気付いたときには取り返しのつかない状態になっているのです。

　本来彼らの食べている植物は高繊維質で低タンパク質、Ca／P（リンに対するカルシウムの比率）が高いものです。そして、実にさまざまな種類の植物を食べているようです。また、植物を食べるときに同時に入ってくる土やその他の動物の糞などを食べることで、ミネラルなども摂取しているといわれています。実際にリクガメを飼育するには、多くの場合市販されている野菜を与えることになります。しかし、それらは一般的にリクガメが本来食べている植物に比べて繊維質が少なく、高タンパク質でＣａ／Ｐが低く、その種類も限られたものになるでしょう。また、農薬のこともあり、しっかりと洗って与えることになります。

　これらのことから、リクガメに与える食餌の内容を、適切に近づけることは思っているよりも難しいものです。基本的には１０９ページの表２からもわかるようにCa／Pが比較的高い野菜を中心に、できるだけさまざまな野菜をメニューに取り入れ、カルシウム剤や総合栄養剤などを加えることにより、弊害を最小限なものになるよう努力します。もし可能であれば、ちょっとした空き地や公園などで普通に見られる野草を積極的に餌のメニューに加えることができれば、よりバランスの良い餌に近づくことでしょう。

　もうひとつ大事なことは、嗜好性

虫が食べたあとがあったり、ときには青虫がついたままの野菜が露地ものとして売られています。「虫が食べられるほど安全な野菜」はきっとリクガメも喜んでくれるでしょう

のよいものが必ずしもリクガメのためによい餌とは限らない、ということです。好んで食べるものばかりを与えていると、栄養障害を起こす原因になります。我々も美味しいと思うものばかり食べていれば体を壊してしまうでしょうし、子供が好むからといってお菓子ばかり与える親はいないのと同じです。偏食しがちな個体には、健康チェックをしたり、温度を若干高めに保ったり、餌を細かく切って混ぜ、徐々に比率を変えるなど、偏食を治す努力をリクガメよりも根気よく行なうことが大事です。

餌を与える回数

個体の成熟度や季節によっても異なってきますから、餌の食べ具合を普段からよく観察しておいてください。幼体は成長のために毎日1～数回与えます。成長が鈍った成体には、週3～7回、少し残すくらいの十分量を与えるのが基本です。

メニュー

主食の野菜を中心に、季節の野菜や野草を加えて与えます。小さなリクガメや食が細い個体には、細かくした方がよいかもしれません。また、全体の数㌫から10㌫ほどの果物やカボチャ、トマト、その他を与えることも可能ですが、与えすぎると下痢の原因にもなりますので注意しましょう。これらはカルシウムとリンの比率が悪いのでカルシウム剤の添加が必要です(リンとカルシウムについて詳しくは後述します)。

餌は直に置いて与えてもよいのですが、餌の匂いがついた床材を食べてしまったり、残った餌が傷み微生物の温床になることもあるので、浅いバットなどの入れ物に入れて与えた方がよいでしょう。アカアシガメのような森林系の雑食傾向のあるリクガメ、ホシガメなどには、週に1～2回、ふやかしたドックフードやピンクマウス

表1　野生下での食性

アルダブラゾウガメ	主にカヤツリグサ科、イネ科植物、双子葉植物の草本、低木の葉など。時に腐肉を食べることがある
ケヅメリクガメ	主にイネ科植物、多肉植物。その他、利用可能であれば一年性の双子葉植物草本や潅木の葉や花、実など
ヒョウモンガメ	主に草本類、木の葉、多肉植物。その他果実や花
アカアシガメ	雨季は主に果実、乾季は花が主な食物。その他樹木の葉、根、樹皮、草本、きのこ、昆虫、陸棲巻貝、爬虫類、鳥類、哺乳類の死体。土や腐植。発酵した植物質を好む
ギリシャリクガメ	主に一年生草本類、若干の多年生草本類や木の葉
ヘルマンリクガメ	主にマメ科植物草本、その他多肉植物や木の葉
フチゾリリクガメ	主に草本。ユリ科のカイソウという植物を好むらしい
ヨツユビリクガメ	ほぼ完全な草食。様々な草本類の葉や花、樹木の葉、果実
インドホシガメ パンケーキガメ	草本類、木の葉、多肉植物。その他果実や花などが主。時にカタツムリやトカゲ等の死骸

（マウスの幼体。爬虫類ショップなどで冷凍のものが購入できる）、湯がいた鶏肉などの動物性タンパク質を少量与えるようにします。ただし、肥満には注意をし、水分摂取も十分に行ないましょう。ドックフードは表面をお湯で洗い流し、表面の脂を取り、ぬるま湯でふやかすのがよいでしょう。また、肥満用やシニア用の脂肪分の少ない製品を選ぶのもよいと思います。野性下のリクガメが、死肉をあさっていることが確認されているようなので、その他のリクガメにも、たまに与えるメニューの1つとして考えてよい可能性があります。

表2　リクガメの餌（野菜編）

100 g中の成分量

	蛋白質（g）	カルシウム（mg）	リン（mg）	Ca／P※	繊維（g）
年間を通して入手しやすくメインとして与えるもの					
コマツナ	1.5	170	45	3.8	1.9
チンゲンサイ	0.6	100	27	3.7	1.2
葉ダイコン	2	170	43	4	2.6
ミズナ	2.2	210	64	3.3	3
ツマミナ	1.9	210	55	3.8	2.3
季節によって積極的にメニューに加えたいもの					
カブの葉	2.3	250	42	6	2.9
ダイコンの葉	2.2	260	50	5.2	4
ノザワナ	0.9	130	40	3.3	2
タアサイ	1.3	120	46	2.6	1.9
パクチョイ	1.6	100	39	2.7	1.8
タカナ	1.8	87	35	2.5	2.5
ツルムラサキ	0.7	150	28	5.4	2.2
モロヘイヤ	4.8	260	110	2.4	5.9
メニューのバラエティーを増やすために使うもの					
キャベツ	1.3	43	27	1.6	1.8
グリーンボール	1.4	58	41	1.4	1.6
アシタバ	3.3	65	65	1	5.6
カラシナ	3.3	140	72	1.9	3.7
ナバナ	4.4	160	86	1.9	4.2
クウシンサイ	2.2	74	44	1.7	3.1
サニーレタス	1.2	66	31	2.1	2
リーフレタス	1.4	58	41	1.4	1.9
サラダ菜	1.7	56	49	1.1	1.8
ニンジンの葉	1.1	92	52	1.8	2.7
オクラ	2.1	92	58	1.6	5
主に水分補給のために用いるもの					
キュウリ	1	26	36	0.7	1.1
トマト	0.7	7	26	0.3	1
ミニトマト	1.1	12	29	0.4	1.4
その他、薬味として（必須ではない）					
カボチャ（生）	1.6	20	42	0.5	2.8
カボチャ（ゆで）	1.9	24	50	0.5	3.6
カボチャ（冷凍）	2.2	25	46	0.5	4.2
バナナ	1.1	6	27	0.2	1.1
リンゴ	0.2	3	10	0.3	1.5
キウイフルーツ	1	33	32	1	2.5
ミカン	0.7	21	15	1.4	1
イチゴ	0.9	17	31	0.5	1.4
ニンジン	0.6	28	25	1.1	2.7

※Ca／Pはカルシウム／リンの比
五訂増補「日本食品標準成分表」からの抜粋

メインとして

コマツナ

チンゲンサイ

ツマミナ

ミズナ

バラエティーを増やすために

サラダナ

キャベツ

アシタバ

オクラ

ハダイコン

クウシンサイ

野草の採取について

野草を採取するにあたっては採取場所や状態をしっかり観察することが必要です。除草剤などが散布されている可能性、車の排気ガスが常に当たっているような所、犬のトイレ状態になっているところ、鳥などの糞がついているなど、化学物質や寄生虫が付着している可能性のあるものは避けることが肝要です。

スプラウトとベビーリーフの栽培

家庭で発芽させたスプラウト（新芽）はリクガメにとっても一般栄養素や微量栄養素を含んだすばらしい食材になります。さらにこのスプラウトは人間も食べることができます。これらの目的に利用できるものには、エンドウマメ、ソラマメ、小豆、レンズ豆などの豆類、

季節によって
積極的に

カブの葉

タアサイ

モロヘイヤ

大根の葉

水分補給に

トマト

キュウリ

薬味的に

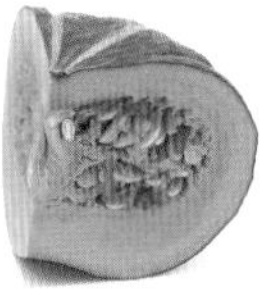
カボチャ

ミカン

キウイ

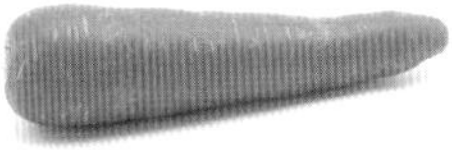
ニンジン

リンゴ

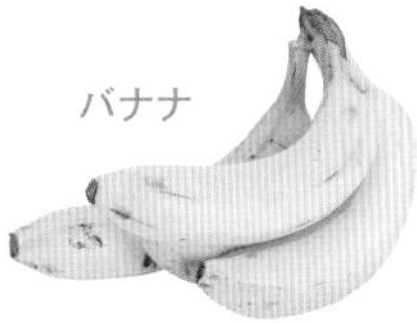
バナナ

リーフレタス

サニーレタス

小麦、トウモロコシ、ナタネ、アルファルファ、大麦、二十日大根、その他があります。

リクガメ用人工飼料（リクガメフード）

さまざまなリクガメ用人工飼料が販売されています。このような製品の多くは、カロリーが高すぎて、与えすぎると肥満になってしまいます。それにより脂肪肝になり、調子よかった個体が、あっけなく死んでしまうこともあります。また、長期的、継続的な高タンパク質の給餌が、腎臓に対しどのように影響するか、20年、30年という単位の検証が必要だと思っています。しかし、今後人工飼料も、製品によってはとても良い餌となると思います。ただし、現時点では検証できていない部分も多く、あくまでメニューのひとつと考えてください。

表３　リクガメの餌（園芸種編）

		取れる季節	与える部位
ウチワサボテン	サボテン科	通年	葉・花
ハイビスカス	アオイ科	通年（要保温）	葉・花
マツバギク	ハマミズナ科	春～秋	葉・花
ポーチュラカ	スベリヒユ科	春～秋	葉・花
クワ	クワ科	春～秋	葉
ブラックベリー	バラ科	夏～秋	実
サヤエンドウ	マメ科	夏	葉・さや
インゲン	マメ科	夏	葉・さや
アルファルファ	マメ科	夏	葉
イタリアンライグラス	イネ科	春～夏	葉

ウチワサボテン

ハイビスカス

インゲン

クワ

ブラックベリー

アルファルファ

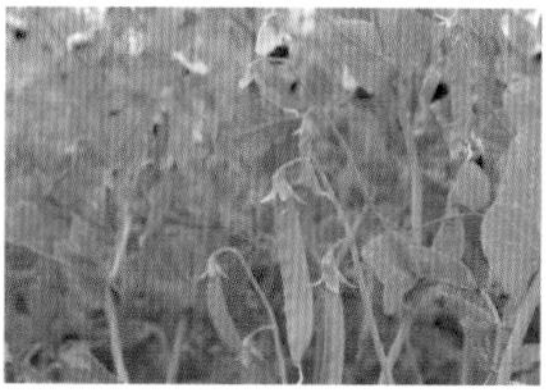
サヤエンドウ

ポーチュラカ

カルシウム剤

リクガメには、野菜、野草の他に、人為的にある栄養素を強化して与える必要があります。それを解説していきます。まずは、よく使われるカルシウム剤から。

リクガメ、特に成長期のリクガメには大きな割合を占める甲羅の形成の材料として、多くのカルシウム（Ca）が必要です。カルシウムの吸収にはカルシウムだけでなく、マグネシウムやリン（P）との比率が関係しているといわれていますが、特に重要なのがリンです。多くの動物でその吸収率がよいとされている比率（Ca／P）は1～1・2と言われていますが、リクガメではそれ以上と推定されています。多くの野菜では、リクガメが必要とするCa／Pが満たされていません。つまり、リンは多く含まれているが、カルシウム分が少なく、またカルシウムと結合して吸収を阻害するシュウ酸

スプラウト（発芽野菜）の栽培

プランターに培養土を入れ種をまきます。薄く土をかけ、静かに水やりをして、明るい日陰で用土が乾かないように管理します

3〜7日ほどで芽が出てきます。適当な大きさになったところで間引きしながら収穫します。数種類の野菜の種をミックスした市販品もあります

ご覧のようにリクガメたちもベビーリーフが大好きです

買ってくる野菜、屋外で摘む野草のほかに、自分で栽培する野菜があると、餌のバラエティーが増えますし、飼育に新たな楽しみも生まれます

スプラウト（発芽野菜）の栽培

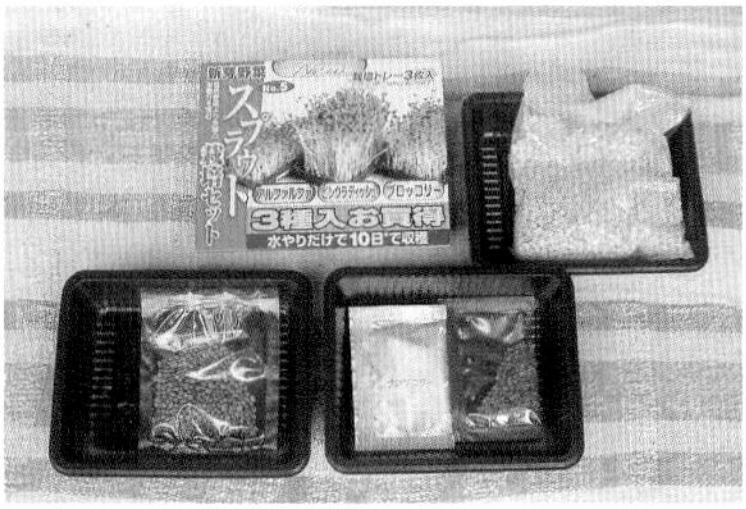

このようなキットも売られています

1週間ほどで収穫できます

その他の影響もあり、カルシウムの添加が必要になります。

　カルシウム剤は、植物の中に十分すぎるリンがあるために、リンを含まない炭酸塩、乳酸塩、グルコン酸塩が使用されます。犬猫用のものなどは、リン酸カルシウムであることがあるので、市販されている爬虫類用のカルシウム剤であれば安心です。カルシウム剤は給餌ごとに少量をふりかけて与えるようにしましょう。カルシウム剤としては卵の殻の薄皮を取ったものやカキ殻をミルなどにかけて細かくしたものを自作することもできます。

総合栄養剤

　本来、野生でのリクガメは、食物である植物をとる時にそれに付いた土なども一緒に食べています。また、飲み水からも、そして他の動物の糞などを食べることによりビタミンやミネラルを摂取しています。

　飼育下で野菜だけを与えていると、

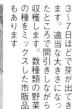

表4　リクガメの餌（野草編）

		取れる季節	与える部位
セイヨウタンポポ	キク科	通年	葉・花
オニタビラコ	キク科	通年	葉
ヨモギ	キク科	春～秋	葉
ハルジオン	キク科	春～夏	葉・花
リュウゼツサイ	キク科	春～秋	葉
ハハコグサ	キク科	春・秋	葉
ノゲシ	キク科	春～秋	葉
ノアザミ	キク科	春～夏	葉
シロツメクサ	マメ科	春～秋	葉・花
アカツメクサ	マメ科	春～秋	葉・花
カラスノエンドウ	マメ科	春～夏	葉
クズ	マメ科	春～秋	葉
スズメノカタビラ	イネ科	春～秋	葉
コバンソウ	イネ科	春～秋	葉
エノコログサ	イネ科	春～秋	葉
ヒメオドリコソウ	シソ科	春	葉
ホトケノザ	シソ科	冬～春	葉
オオバコ	オオバコ科	春～秋	葉
ヘラオオバコ	オオバコ科	春～夏	葉
ナズナ	アブラナ科	冬～夏	葉
ナノハナ	アブラナ科	春	葉・花
ヘビイチゴ	バラ科	春～秋	葉・花・実
ツユクサ	ツユクサ科	春～秋	葉
オオイヌノフグリ	ゴマノハグサ科	春～夏	葉
ハコベ	ナデシコ科	通年	全体

カルシウムなどの主要ミネラルのみならず、特に微量ミネラルやビタミンの不足を起こしがちになります。そこで爬虫類用の総合栄養剤を週に1～2回、少量を餌に振りかけて与えることをおすすめします。少量というあやふやな表現になっていますが、これはリクガメにおけるビタミン、ミネラルの必要量がわかっていないためです。

総合栄養剤は、体によいというイメージから山のように振りかけがちですが、それはいけません。過ぎたるは及ばざるが如し、特に脂溶性ビタミンのD_3やAは多すぎるとかえって害になることもあるので、総合栄養剤は隠し味程度のイメージでよいでしょう。

なお、総合栄養剤の中にはカルシウムも含まれているものがありますが、これはカルシウムの補給を目的とした場合には脂溶性ビタミンの過剰になり、ビタミンや微量ミネラルの補給を目的とした場合にはカルシウムの不足を招くため、総合栄養剤にカルシウムが含まれているとしてもカルシウム剤は別に用意しましょう。

カルシウムとビタミンDと日光浴

食べ物に含まれるカルシウムを効率よく吸収するためには、ビタミンD_3が必要です。植物に含まれるビタ

セイヨウタンポポ

ヨモギ

リュウゼツサイ

カラスノエンドウ

シロツメクサ

オニノゲシ

イネの仲間
（スズメノカタビラ）

ハルジオン

アザミの仲間

ハハコグサ

クズ

アカツメクサ

ミンDはビタミンD_2といわれるもので、リクガメはこれをうまく利用できません。そのためにリクガメも、紫外線の中でも波長が280～320nmの紫外線B（UVB）を浴びることで必要な活性型ビタミンD_3の前駆物質を生成しています。

飼育下では十分な日光浴ができない環境では、UVBの不足が起こることがあり、仮に十分なカルシウムを含む餌を食べていても、吸収することができずに、カルシウム不足を起こすことがあります。

その補助のために、爬虫類用のビタミン剤を与えることになります。しかし、これはたくさん与えればよい、というものではありません。過剰に与えると、脂溶性ビタミンであるD_3は体内に蓄積されたり、また直接的に働き、血中カルシウム濃度が必要以上に高くなり、さまざまな臓器にカルシウムが沈着することで問題を

イネの仲間（コバンソウ）

イネの仲間（エノコログサ）

ヤブガラシ

ホトケノザ

あくまで単純計算になりますが、主食として用いるように提案した野菜であっても、リクガメによいとされるカルシウムとリンの比率に補正するためには、写真の野菜の量（100g）に対して、炭酸カルシウムをこのくらいの量（約0.5～1g）を加えることになります

ヘビイチゴ

オオバコ

ツユクサ

ヘラオオバコ

オオイヌノフグリ

ナズナ

ハコベ

ナノハナ

起こします。この変化は、外観からではわからないのでより問題となります。暖かい季節は、1日1時間でも良いので、太陽の力を借りるのがよいでしょう。

脂溶性ビタミンであるAも同様に、過剰摂取することにより、骨の異常その他の問題を起こす危険があります。

カルシウムとビタミンD_3、紫外線（日光）の関係は120ページにイラストでまとめていますから、そちらも参考にしてください。

あまり与えない方がよい餌

シュウ酸はカルシウムの吸収を妨げる働きがあり、これを多く含む植物はリクガメの餌には適しません。この代表が、野菜ではホウレンソウ、野草ではカタバミやアカザ、バラの葉などです。その他の植物、例えばキャベツ、ブロッコリー、シロツメクサなどにも含まれていますが、この場合はカルシウムを多めに添加することにより、問題を最小限にすることができます。

また、甲状腺腫誘発物質がアブラナ科の植物を中心に広く含まれています。特に芽キャベツには多く含まれるため、リクガメの餌としては向きません。しかし、リクガメ飼育にはアブラナ科の植物を排除するわけにはいきません。その影響を最小限にするためにもいろいろな種類の植物を与えることが重要になります。

この本文であげたものは「積極的に与えられないもの」であり、表5にあげた「有毒」のものとは意味あいが異なります。

ホウレンソウ

カタバミ

（葉だけ見るとシロツメクサに似ている）

バラ

爬虫類用の総合栄養剤

（マルチビタミン30g PT1860／EXOTERRA（GEX））

爬虫類用の総合栄養剤

（REPTI CALCIUM／ZOO MED Japan）

表５　有毒植物（与えてはいけないもの）

紹介した植物は爬虫類に対し、必ずしも毒性を示すことが証明されているものではない。しかし、これらの植物には有毒化学物質が含まれていて、しかも身近にあるため、与えないようにした方が無難。リクガメもこれらの植物は食べないことも多いが、注意した方がよい。

	種	部位
クワ科	アサ	全体
	イチジク	葉・樹液
アジサイ科	アジサイ	全体
ツツジ科	アザレア	葉・根皮
	アセビ	葉・枝・花
イチイ科	イチイ	葉・樹液・種
イラクサ科	イラクサ	葉・茎の刺毛
キンポウゲ科	ウマノアシガタ	全草・樹液
	オダマキ	全草・特に種子
	フクジュソウ	全草・特に根
	クリスマスローズ	全草・特に根
	トリカブト	全草・特に根
ゴマノハグサ科	キツネノテブクロ	全草
サトイモ科	カラー	樹液
	アンセリウム	樹液
	カラジウム	樹液
	ディフェンバキア	茎
	フィロデンドロン	根・茎・葉
	モンステラ	葉
キョウチクトウ科	キョウチクトウ	樹皮・根・枝・葉
ケシ科	クサノオウ	全草・特に乳液
	タケニグサ	全草
バショウ科	ゴクラクチョウカ	全草
ナス科	ジャガイモ	葉・緑色のいも
	チョウセンアサガオ	葉・全草
	トマト	葉・茎
ジンチョウゲ科	ジンチョウゲ	花・葉
ユリ科	スズラン	全草
ウコギ科	セイヨウキヅタ	葉・果実
キク科	ダンゴギク	全草
トウダイグサ科	トウダイグサ	全草
	ポインセチア	茎からの樹液・葉
マメ科	ニセアカシア	樹皮・種子・葉
	フジ	全草
ヒガンバナ科	ヒガンバナ	全草・特に鱗茎
ニシキギ科	マサキ	葉・樹皮・果実
ヤマゴボウ科	ヨウシュヤマゴボウ	全草・特に根・実
クマツヅラ科	ランタナ	未熟種子・葉
コバノイシカグマ科	ワラビ	地上部・根・茎

その他アマリリスの鱗茎、イヌサフランの塊茎・根茎・種子、オシロイバナの根・茎・種子、スイセンやヒアシンスの鱗茎、ホウセンカの種子などにも有毒物質が含まれる。

リンゴやモロヘイヤの種子などにも有毒物質が含まれるが、種子は一般的に噛み砕いて中身が出なければ問題ない。

アジサイ

トマトの葉や茎
（写真はミニトマト）

ヒガンバナ

カラー

モンステラ

カルシウムと日光浴とビタミン D の関係

適度な紫外線を浴びる

紫外線を浴びることによって、ビタミン D_3 のもと（赤い点）が合成されます

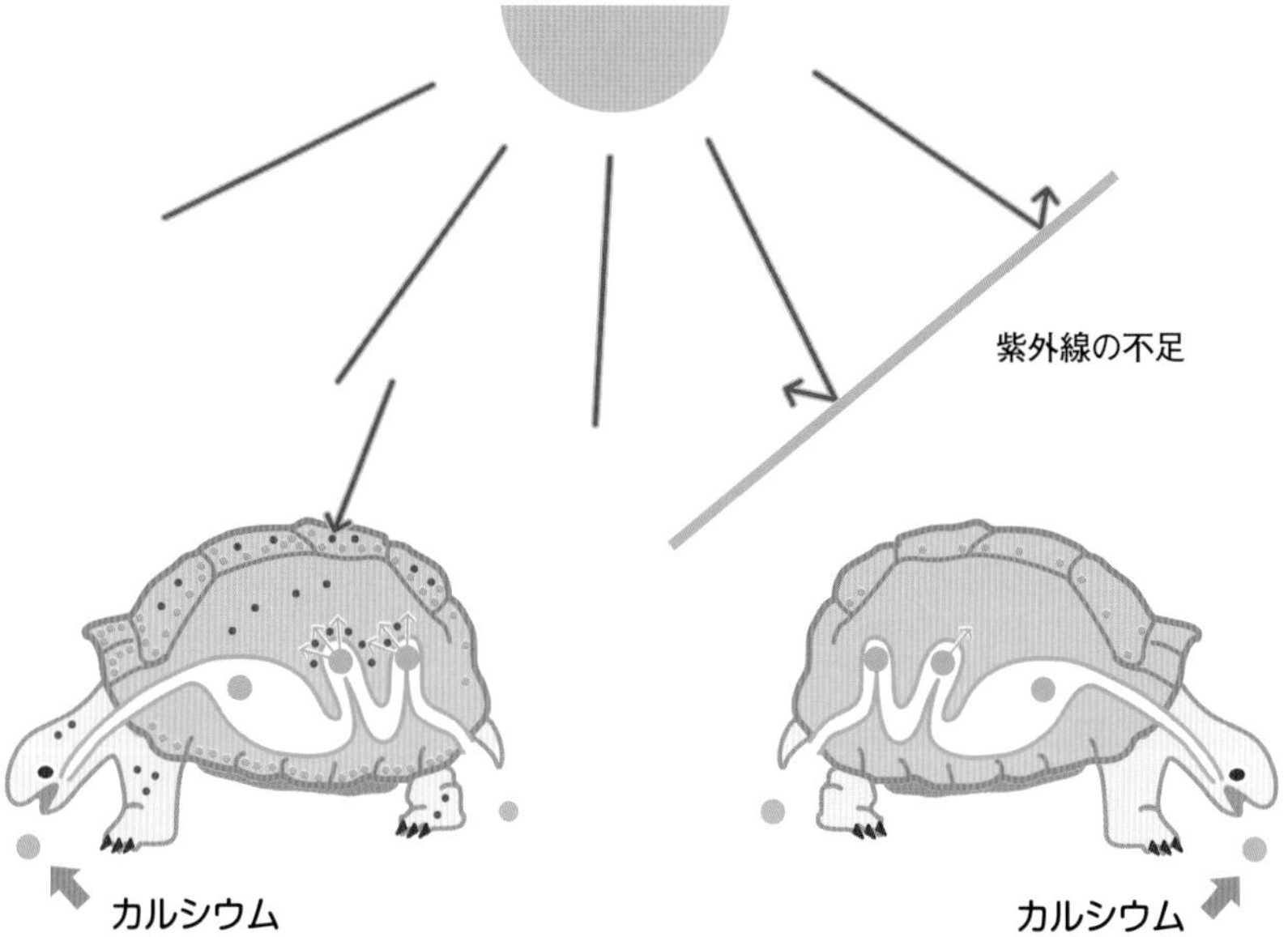

紫外線の不足
カルシウム
カルシウム

皮膚や甲羅で生成されたビタミン D_3 のもと（プロビタミン D_3）は、肝臓、腎臓でそれぞれ代謝され、活性型のビタミン D_3 になります。この活性型ビタミン D_3 は、脂肪組織に蓄えられ、ゆっくりと放出され、カルシウムの吸収その他の手伝いをします。

紫外線が不足すると、結果的にビタミン D_3 を作り出すことができないため、カルシウムの吸収が効率よく行なわれません。そのために、甲羅や骨が弱くなります。

栄養剤としてビタミン D_3 を過剰に与えた場合

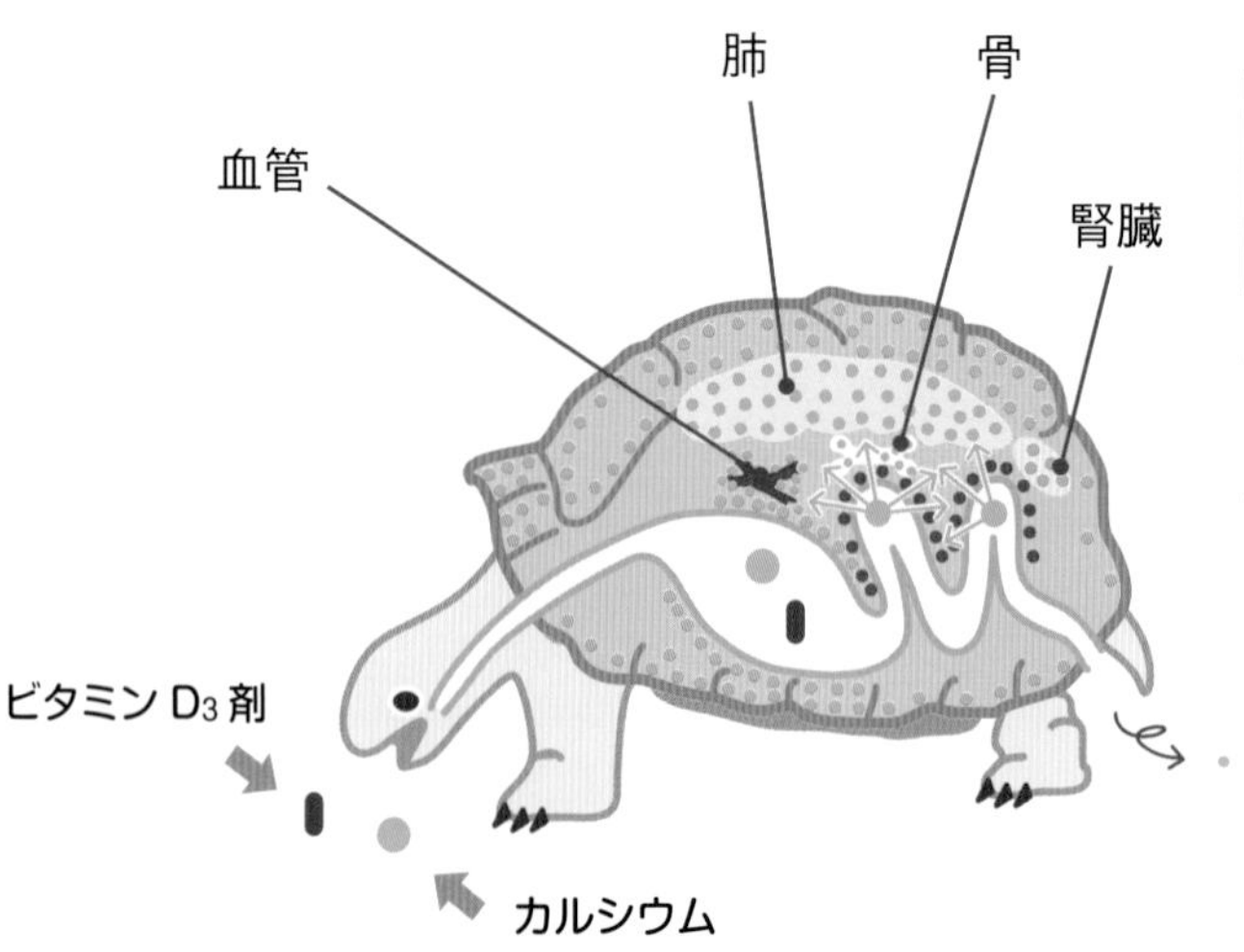

肺
骨
血管
腎臓
ビタミン D3 剤
カルシウム

必要以上に経口的にビタミン D_3 剤を摂取させた場合、カルシウムの吸収が増し、肺、腎臓、血管、胃、そして骨にもカルシウムの沈着が異常に起こり、正常な働きができなくなります

COLUMN 旅行などで留守にするときはどうするか

このことは、けっこう身近でありながら難しい問題です。犬猫であれば預かってくれるところもあるのですが、爬虫類はまだそのようなところがあまりないのが現状です。

毎日世話をしないとケージ内、特に水入れはかなり汚れていきます。草食動物であるリクガメは、栄養価の少ないものを大量に食べ、ゆっくり消化する体の構造になっています。ということは、毎日餌を食べる必要がある生き物といってよいでしょう。また、夏場などは、締め切った室内では温度が上がりすぎてしまうことも考えられます。これらのことから、飼育下でのリクガメは、誰かが定期的に世話をしなくてはいけない生き物といえます。

比較的短期間の留守

3日くらいの留守の場合には、人に頼まないでも比較的問題なく過ごせる方法があります。

まず、それがリクガメにとってよいかどうかは別として、健康なリクガメの成体であれば、数日餌を食べられないことによって調子を崩すことはあまりありません。

水入れを入れてあるケージであれば、新鮮な水を用意します。保存食として、カメの大きさに合わせてサボテンを利用するのも便利です。食用のウチワサボテンは、棘も小さく使いよいでしょう。サボテンは乾燥環境では傷みにくく、水分も豊富で保存食としても優れています。

ケージ内の温度は中程度の23～25℃くらいにセットし、光はタイマーでコントロールするか、ケージ内の光はつけずに外の光が届くようにします。サボテンがなければ、キャベツを刻まず塊として置いておくことで代用することができます。しかし、ウチワサボテンに比べれば傷みが早いので、1～2日で食べきる量にしてください。

4～5日以上の留守

いちばんよいのは、誰かにその間の世話を頼むことです。ただ、この場合も、あまりリクガメに詳しくない人だと、長期の世話は難しいかもしれないという心配はあります。しかし、この問題を解決できなければ、長期の留守は諦めるしかありません。

筆者は、リクガメを飼いだしてからの長期の留守（8日間）は1回だけで、その間は知人に通いで世話を頼んでいきました。その方は爬虫類飼育に関して全く経験はありませんでしたが、楽しんで世話をしていただき、とても助かった思い出があります。いずれにせよ、誰かに頼む場合には、してほしいこと、してはいけないことをきちんとメモなりで伝える必要があるでしょう。

リズムを作りたい

日々の世話、季節ごとの管理

飼育下でのカメは手をかけなくては生きていけない動物です。
日々なにをすればよいのか、記していきます

日々の世話、短い間隔で行なうメンテナンス

1日の流れ

朝、紫外線を含む光を放射する照明と、スポットライトを点灯させます。そのときに温度やリクガメの様子をチェックします。タイマーを使って照明やホットスポットのオン・オフをコントロールしてもよいのですが、毎日規則的に手を入れる、このちょっとした手間が、環境やリクガメの状態の把握のために重要だと筆者は思います。

昼間を演出するフルスペクトラムライトその他照明の点灯時間は、季節に応じて10~14時間とし、夜に照明とスポットを落とします。可能であれば、ホットスポットは夕方に先に消して温度の低下を緩やかにするのもよいでしょう。

照明やホットスポットを点けることによって、ケージ内の温度が上昇していきます。そこで、餌を与えるのですが、そのときに餌の食べ具合も観察しましょう。その後、食べ残しの量をチェックして、与える量の調節や不調のサインを感じ取ります。

昼間の動きも観察できればベストです。いつもホットスポットの近くにいたり、逆に隅っこの方で身を寄せる

糞と尿のチェック

軟便。病的なものでなくても、長い温浴やひっくり返すなどのストレスによって柔らかい便をすることがあります

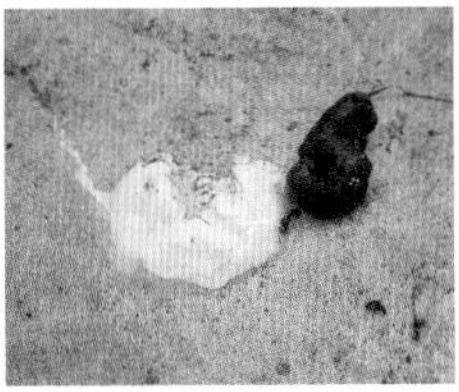

正常な糞（黒っぽい部分）と尿酸（白い部分）

硬い正常な便にも寄生虫がいることはあります

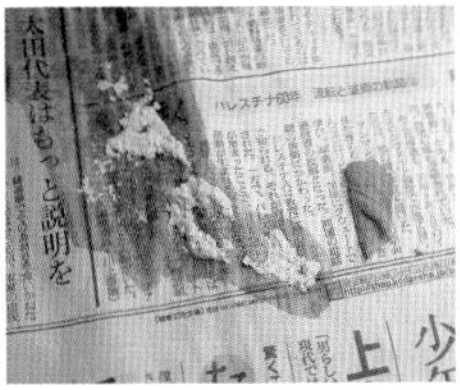

尿酸が固まり始めている

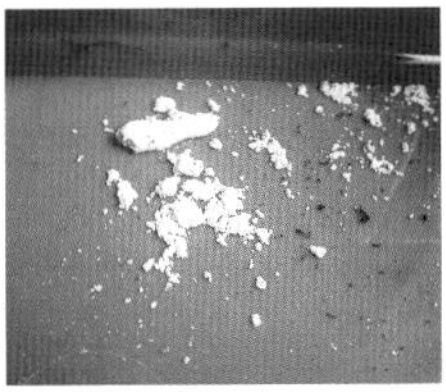

尿酸が一部固まっています。要注意。写真は温浴中に排泄したもの

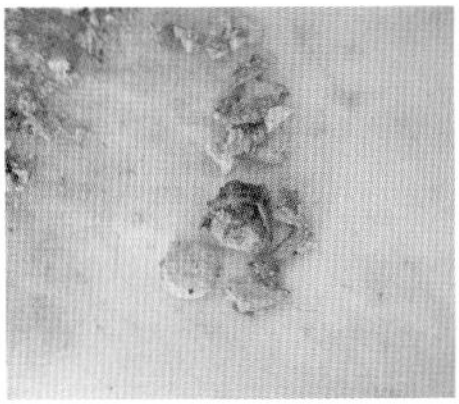

尿酸結石。総排泄孔に詰まったものを砕いて取り出しました

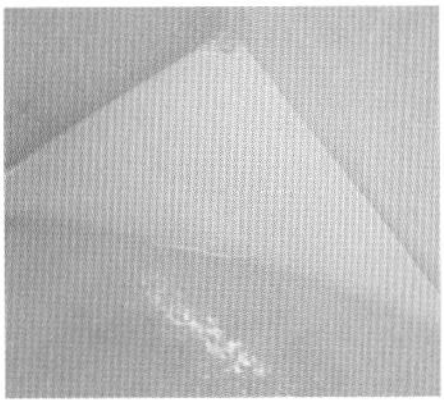

尿の異常。ときにはこんな尿をすることも。明らかに異常

ようにしているのは環境温度が低かったり、高すぎたりするサインかもしれません。温度のチェックをしてみましょう。複数で飼育している場合など、餌を入れたときには寄ってきていても、他のカメに圧倒されたり、あるいは具合の悪くなりかけであったりすれば、すぐに餌を食べなくなっているかもしれません。餌を食べる様子も要チェックです。

夏場の屋外飼育の場合、日中の最も暑い時間帯は木陰での休息の時間帯となります。給餌はその時間帯以外がよいでしょう。飼育スペースに入ったときに、寄ってくるような個体はよいのですが、シャイな個体などは時には手にとって、しっかり状態をチェックしてください。

●糞や尿の状態をチェック

・糞の異常

形にならない便、腐敗臭や酸味臭、血液や粘液の混入、異物の混入、未消化の状態などの便をしていないかチェック。ただし、床材などの異物の混入や、未消化の状態の便は、それ自体ですぐに問題があるとは言い切れないので、普段との比較やその継続性が重要です。

・尿の異常

緑色や濃い黄色の尿、腐敗臭や強いアンモニア臭のする尿をしていないか、尿酸が塊りになっていないかチェック。

●給餌

幼体には、日に最低でも1回、可能であれば数回、成体には1日1回、少し残すぐらいの量をできるだけバラエティを持たせたメニューで与えるようにします。首や手足を引っ込めたとき、甲羅から、どこかがはみ出すようではかなりの肥満です。彼らは本来、広い範囲を歩き回り十分な運動をしていますが、飼育下ではそれに比べ極端に狭いスペースであり、しかも十分すぎる餌を与えられるために肥満になりがちです。そこで成体には、週に1~2回餌を抜く日を作ってもよいと思います。筆者は、成長の鈍くなった成体で、産卵期前後などでなければ、ケージ飼いの個体には週に4回前後の給餌にとどめています。

●掃除

環境をよい状態に維持するために、食べ残しや糞や尿酸などを飼育スペースから取り除くようにし、水入れの水は毎日取り替えます。

筆者は自身の生活スタイルから、夏場の屋外飼育時は昼に、冬場の室内飼育時には夜に、飼育スペースの糞尿のチェックと水入れの水の取り替えを行なっています。汚し方によって異なりますが、月に1~2回汚れが目立ってきたところで床材の交換などの大掃除をします。掃除の際、かなりの粉塵が舞うことがあるので、場合によってはマスクをしたり、先立って霧吹きで十分にケージ内を湿らせてから行なうとよいでしょう。

ケージの掃除

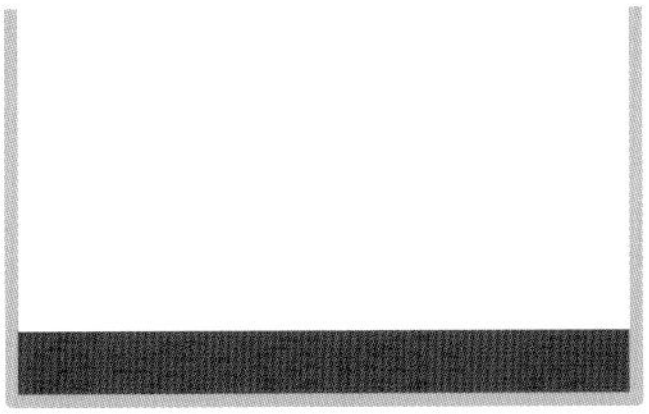

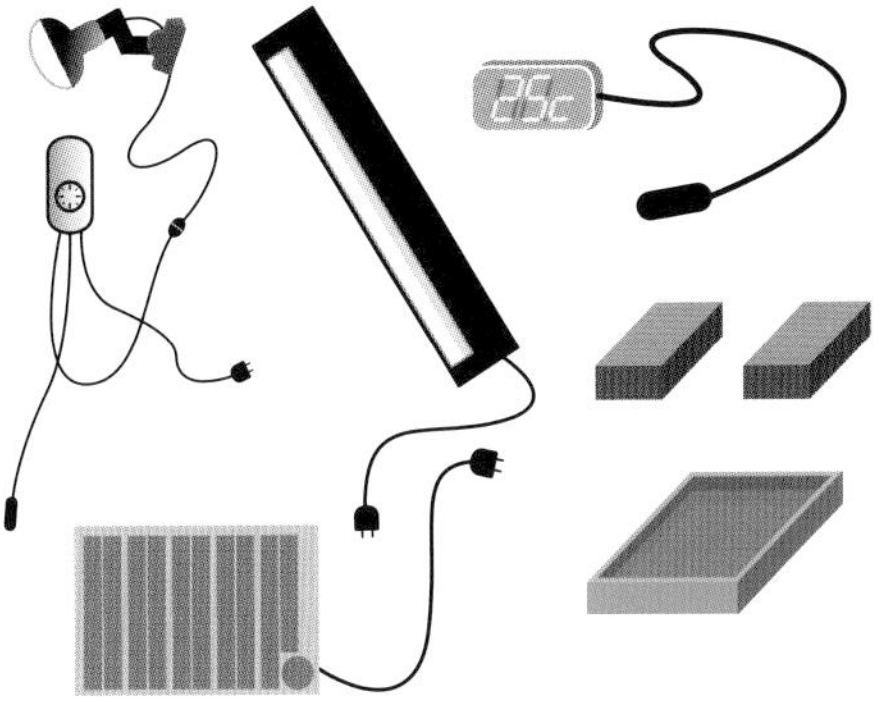

①ケージをいちど分解します。電気機器など洗えないパーツは汚れをよく拭き取ります

蛍光管は外し、反射板もあわせて汚れをとると効果がアップ

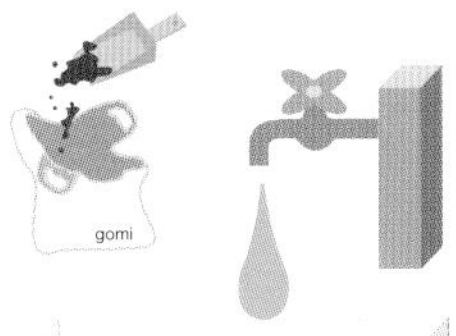

②床材は取り出して交換します。ガラス水槽などケージが水洗いできる素材であれば、水洗いして、できれば天日干しした後に、再びセットします

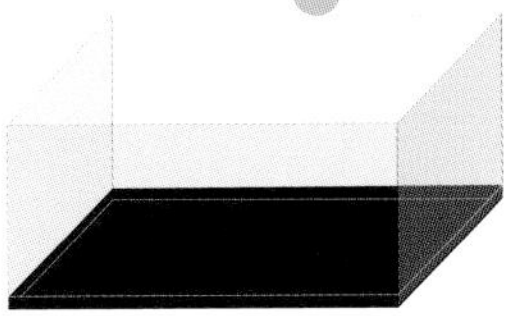

※冬場には、ケージを掃除して環境が再び整うまでの間にカメが冷えてしまわないように保温してください

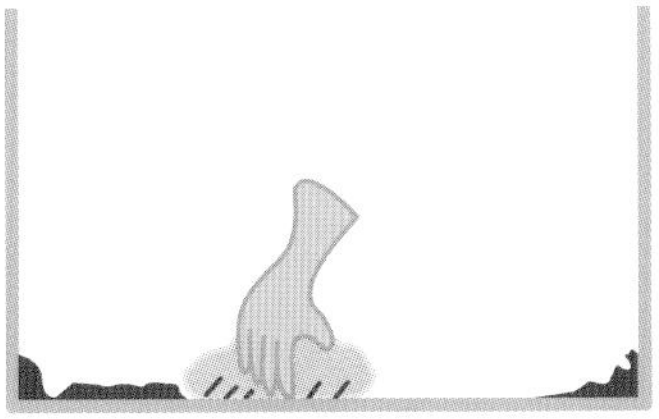

丸洗いできない場合

大型水槽や自作の木製ケージなど、移動が大変なものや水洗いできないものは、濡らした雑巾で汚れをれいにふき取ります。その後、薄めたハイター液で仕上げをしてハイターの臭いがとれるまでよく水拭きをし、乾かしてから再びセットします

●温浴

温浴とは、ぬるま湯を張った容器にリクガメを短時間入れることです。これにより、体調がよくなる、排便をするのでケージ内が汚れないという利点がある、などの理由から積極的に行なう方もいますが、筆者は毎日の温浴は行なっていません。

というのも、多くのリクガメが温浴を喜んでいるとは思えない行動をとるためです。ですから、筆者は、ケージ内に水入れを入れていないリクガメに対して、または具合が悪いのではないかと疑われた場合やリクガメの体が汚れたときなどに、それに応じて温浴をすることがある程度です。

　では、筆者なりの温浴のポイントを解説していきます。水を張れる容器に、30～35℃くらいのぬるま湯を入れます。このときの深さは、リクガメが顔を引っ込めたときに、半分ほど顔がつかる程度です。

　温浴時のチェックポイントは、水を飲んでいるか否かの観察です。たいていの場合、温浴をするとリクガメは嫌がって動きまわるはずです。このとき水を飲んでいる（頭を下げて首の横が波を打っている）ようであれば次の日も温浴を行ないます。温浴をしても水を飲む様子が見られない場合は、徐々に温浴の間隔をあけていきます。最終的には週に1～2回、あるいはそれ以上の間隔でよいと思います。

　要するに、筆者は水を飲むという点に意味を感じて温浴をさせているのです。というのも、水を飲むか否かでリクガメの健康状態がある程度わかるからです。あまり頻繁に水を飲むようであれば温度の高すぎなどで脱水を起こしていたり、食欲が十分でなかったり、腎疾患など不調のサインである可能性もあります。特に乾燥系のリクガメで、水を頻繁に飲むときには注意が必要です。例えば、筆者が飼育しているヨツユビリクガメ

COLUMN 床材は必ず交換しなくてはならないのか

　自然界では、排泄された糞尿は土壌にいる微生物によって分解されます。ところが、ケージでの飼育では多くの場合、微生物による分解能力よりも排泄量が上回ることや、そもそも分解微生物が住みにくい環境であることなどから、床材が汚れ環境の悪化が起こります。

　しかし、カメの大きさに比べて床面積を大きくしたり、床材を有用微生物が住みやすいように作ったりすることで、床材の交換を最低限で済ませることもできます。

　分解微生物が働ける「生きた土壌」を作るためには、土の量や湿度と温度などが重要です。そのための床材の条件は、

・厚めに敷く
・余分な水分を逃がすための排水設備を設ける
・適度な温度を与える

になります。これに適したケージの基本構造は、左のイラストで載せたものがモデルとなります。

　筆者宅では、90cm 水槽でこの方法を用いて、甲長が 11cm ほどの小型のリクガメを飼育しています。床材は赤玉土とヤシガラをブレンドして用い、表面は乾いているものの、中層から下は湿っている状態に維持しています。メンテナンスは床材の中層が乾き気味になってきたところで床材に水を注ぐだけ。あとは水入れに入ってロスした分の土をたまに補充するだけです。この方法ですでに 5 年以上、床材の交換はしていませんが、糞便などは数日するうちにわからなくなります。悪臭もなく、リクガメは元気に生活しています。

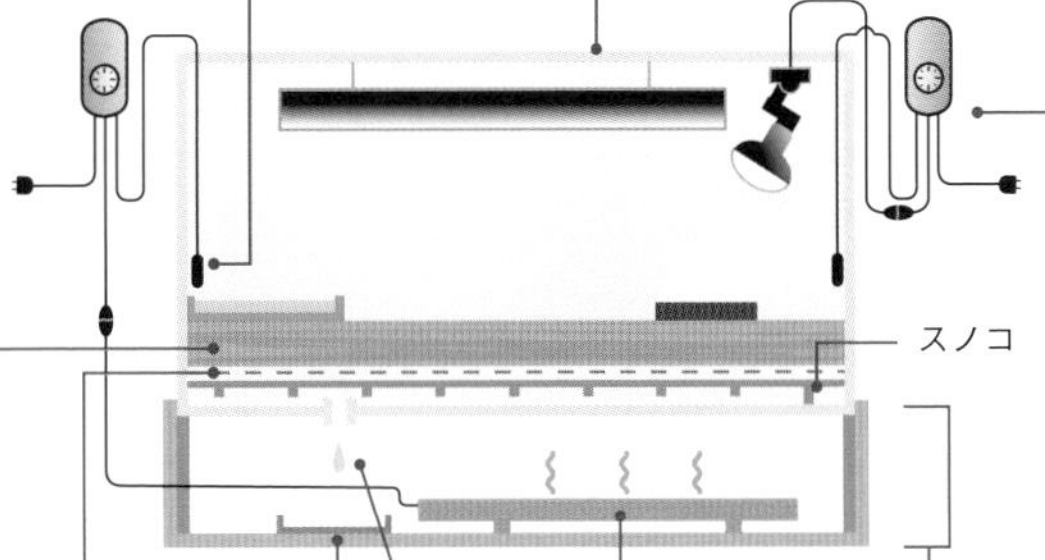
保温スペースにあるヒーターをコントロールするサーモスタットのセンサー
アクリル水槽もしくは自作のケージ（底面に排水口を設けられるもの）
スノコ
床材を厚く敷く（10cm以上）。上層部は乾いた状態に、中層部は湿った状態に保つ
排水口
プレートヒーター
受け皿
保温スペース。下から温まることで状態が上がる効果も（床材の微生物も）
ホットスポットとそれを管理するサーモスタット（必要であれば）
床材を受け止めるメッシュ

保温スペースの外観。内部を管理できるように、前面に扉をつけると便利

やアラブギリシャリクガメの成体では、水入れを常設していないにもかかわらず、稀に気が向いた時にしか温浴を行ないませんが、温浴をしても水を飲む姿を見たことがありません。種類にもよりますが、リクガメが健康であれば、温浴の必要性はこの程度です。

　さて、水を飲む以外の温浴の目的には、体を清潔に保つことがあります。体が糞や床材などで汚れているときには温浴時に落としてあげましょう。その場合には石鹸などは使わずに、汚れがふやけたところでやわらかいブラシなどで手短に洗い落とします。

　温浴後はペーパータオルなどで水分をふき取り、ケージに戻してください。

温浴をするとリクガメはよく排泄します。新しいぬるま湯と取り替えてください

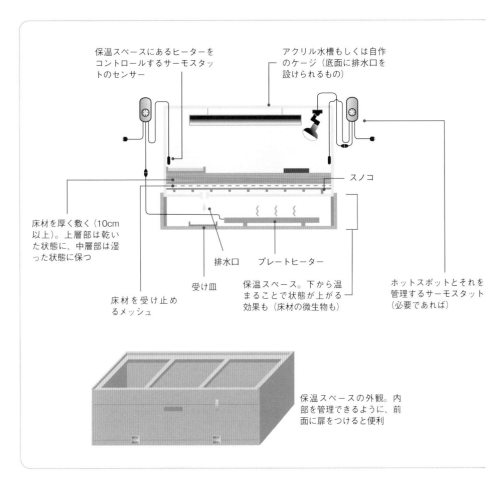

爪切り

爪が伸びすぎて歩きにくそうな場合には、爪を切ってあげる必要があります。出血することも多いのですが、焦らずに対処してください

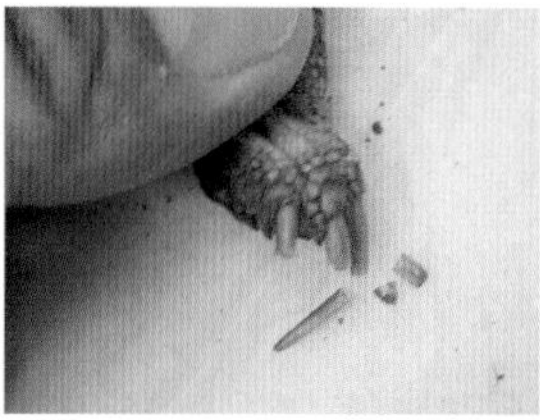
多くの場合ここで出血するので止血する

動物用の爪切りなどで適度な長さに一気に切る

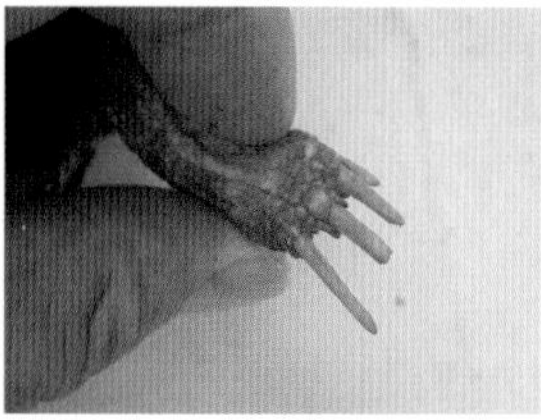
長く伸びすぎた爪

中〜長期の間隔をあけたメンテナンス

●環境温度の設定

一年を通してケージの置いてある室内の温度がコントロールされていればよいのですが、季節によって温度が左右される場合には、その時々によって若干の工夫が必要になることがあります。ケージ内の温度の日内変動をチェックし、基本温度を維持するための熱源のワット数や、ホットスポットの距離、ワット数などを調整します。

例えば、春から秋にかけて40ワットの保温球を使用していたのを、冬に入って60ワットに変更する、といったことです。こうした、器具の選択・変更は、ケージ内に設置した温度計の数値をもとに行ないます。ただなんとなく……では、希望する温度にならないこともあるからです。

人でも、冬場にサッシの横に寝転んだりした時に骨身にしみる寒さを感じることがあります。カメはケージの端で寝ることが多いので、これは問題になります。そこで水槽や爬虫類ケージを用いた場合、寒さの厳しい冬場にはケージの回りに断熱材を貼り付けるなどして、冷気の進入を防ぐことも必要になります。

通年ケージ飼いの場合にも、春先から秋口にかけては、可能な限り太陽の恩恵を受けさせるために、昼間の数時間だけでもよいので日光浴をさせたり、明るい日陰などに出してあげたいものです。

●爪を切る

自然下で生活している場合には、硬い大地を歩き回ったり、穴を掘ったりすることにより爪が伸びすぎることはありませんが、飼育下では爪が伸びすぎたり、巻き込んで歩きにくくなる場合があります。その場合には人間用や動物用の爪切りでカットしてあげましょう。

リクガメの爪の中には血管や神経

リクガメの成長を確認する

甲羅の計測

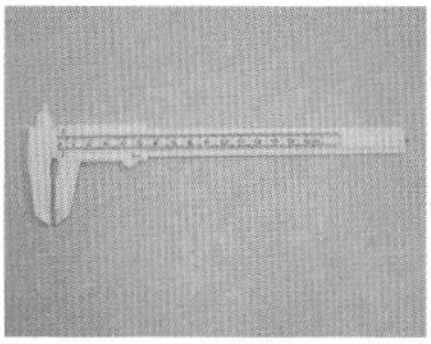

ノギス。甲羅の長さを測定するのに便利

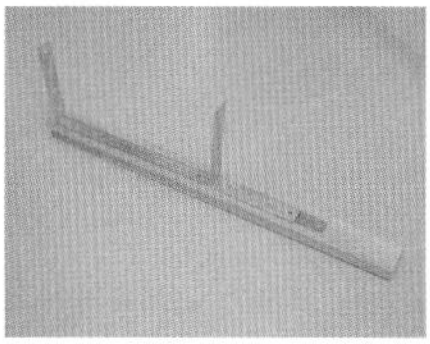

自作の測定器。大型個体用に

成長線

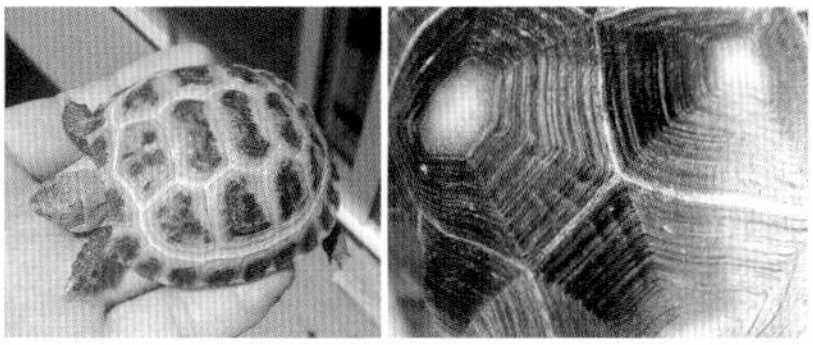

甲羅はその辺縁から成長していきます。新しい甲の部分は、色と硬さが異なります

甲羅の長さの測定

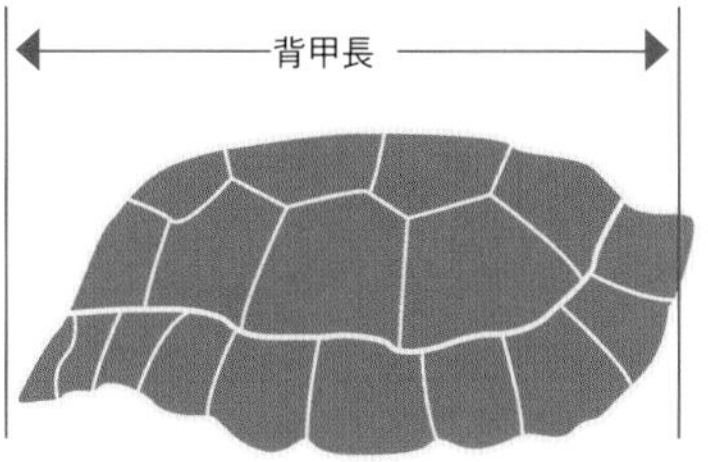

背甲長：項甲板と臀甲板の中央外側点間の直線距離

背甲幅：左右それぞれの第６と第７縁甲板が、外側で接する点の直線距離

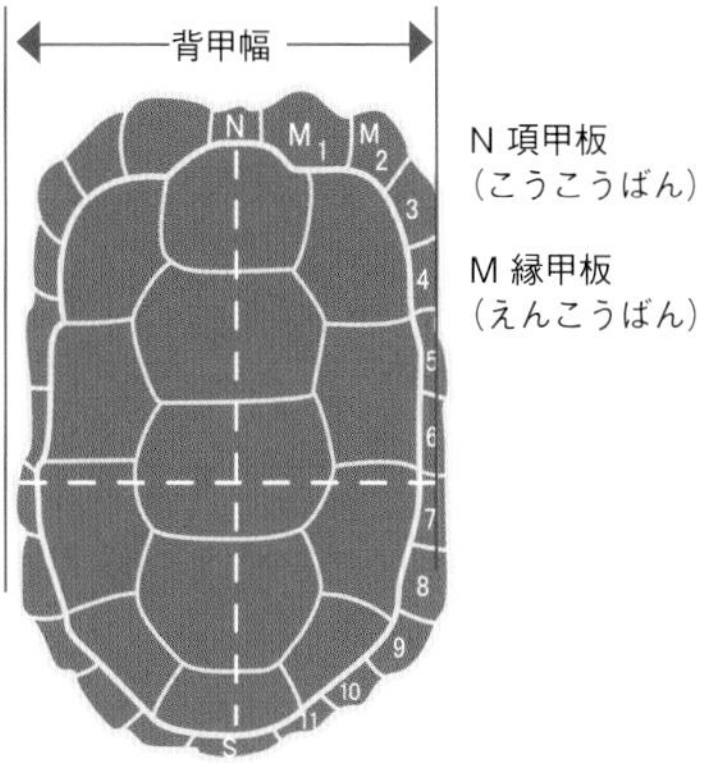

が入り込んでいる部分があります。その部分を傷つけないで切れるのであればよいのですが、多くの場合出血させるほど切らないと、伸びすぎた爪を切るという目的を達成できません。犬猫用の粉末止血剤がペットショップなどで入手できますので、それを使うと便利です。難しいと思われる方は、爬虫類の診察をしている病院で切ってもらいましょう。

●身体測定

成長期のカメを飼育していると、その甲羅に、成長線といって各甲盤の辺縁に新しい甲羅ができてくるのが観察できるようになると思います。大きくなっていると感じられ、うれしいものです。

成長の度合いによって、月に数回から数ヵ月に1回、ノギスや物差しを使って、甲羅の長さや体重を測って成長記録として書き留めておくのも楽しみのひとつとなります。この際、前回の体重より減っていてもあわてたり心配することはありません。リクガメは採食や、排便・排尿の前後で数グラムから数百グラムの差が生じますので、長いスパンでその変化を見ていく必要があります。

冬眠について

温帯域に生息するリクガメ、例えばチチュウカイリクガメ属の多くは、自然下で冬眠や休眠をします。また、夏場の酷暑の期間、夏眠をすることもあります。それらの行動は、そのリクガメが生息する環境が生きていく上で厳しい状態になった時に、やり過ごすためにとる行動のひとつです。逆にいえば、必ずしも必要なものではないかもしれません。しかし、長い年月をかけてそのような生き方を確立させてきたリクガメには、代謝機能が一定期間落ちることが、繁殖に関するホルモンだけでなく、その他のホルモン分泌組織の様々なスイッチをオン・オフすることや、過形成などの悪影響を抑制している可能性もあります。

● 冬眠のリスク

冬眠中は、代謝機能を落とすことによりエネルギーの消費を抑制しています。当然すべての機能が抑制される状態となります。免疫機能の低下は、病原体進入の防御機能の不全を起こし、それらの進入を容易にします。また、わずかに行なわれている代謝による老廃物の蓄積は、冬眠明けに食欲不振の原因にもなります。冬眠前に栄養状態が十分でない場合

COLUMN 窓越しの日光浴の効能について

冬場など、窓越しの光が気持ちのよい季節です。リクガメにもできればこのような恩恵を受けさせてあげたいものです。ガラスは、リクガメに必要な紫外線B（ＵＶＢ）のほとんどをカットしてしまいますが、だからといって、ガラス越しの光が全く意味がないとは言えません。窓越しの光でも、その絶対的な光量や紫外線Ａ（UVA）から可視光線、赤外線まで幅広い光が含まれることで、カメの食欲が増したり、活動性が増したり、ストレスが軽減されたり、その他未知の効果があるといわれています。ＵＶＢの照射はまた別に行なうことを前提に、窓越しの日光浴も積極的にさせてあげるとよいでしょう。ただし、ガラスケージなどは直接光が当たるところに置くと、思った以上に温度が上がってしまい、季節によっては熱死の危険性もありますので注意してください。

COLUMN 高湿度はリクガメに有害か

湿度に関して、「乾燥地域のリクガメは低く保たなくてはならない」といわれることが多いのですが、実際に飼育してみると特に意識をしなくても湿度は低くなりがちです。本書で「乾燥系」と表現しているものでも、決してカラカラの状態を意味するものではありません。たしかに長期におよぶ蒸れるほどの湿度は、衛生状態が悪くなりやすく問題ですが、特殊な種類を除いては、一般的に空中湿度が30%とか40%というのは低すぎます。床材は乾燥している状態にしておく必要はありますが、空中湿度は60～80%でよいでしょう。冬場など、保温していると（水場などがないと特にですが）、ときに湿度はそれを下回ってしまいます。あまりの低湿度は呼吸器系の病気や脱水など、問題を起こすことがあるので注意してください。

には、栄養源の枯渇により、冬眠中の死につながります。

飼育下でリクガメを冬眠させる際に問題となるのは、カメ自身が適当な場所を選べないということです。つまり、飼育者がその環境を用意するわけですから、冬眠前の準備から、冬眠中、冬眠明けのチェックなど経験などが大きく影響します。

筆者は、w.c.のメスの成体を新たに迎えた場合、3年目以降で産卵が行なわれることを何回も経験しています。このことから、リクガメが新たな環境に馴化するには、長い年月がかかるのではないかと思っています。つまり一見状態が良さそうに見えても、新たに迎えた個体を冬眠させることは危険があると思われます。

このように飼育下での冬眠にはさまざまな問題があります。筆者も実際に冬眠させたことにより死亡させてしまったことを含め、いくつかのトラブルを経験しています。ですから、飼い主自身がリクガメ飼育に慣れて、自信がもてるようになるまでは、基本的には冬眠可能なリクガメでも冬眠させないほうがよいと思います。また、初めて冬眠に挑戦する場合には、その期間を短くすることをおすすめします。

秋口の屋外で日光浴をするヨツユビリクガメ。夏場ののびのびとした感じはなく、なんとなく寒そうにも見えます

●冬眠まではさせない低温飼育

完全な冬眠という方法ではなくても、季節によって変化するケージの外の温度に、ケージ内の環境が影響されてしまうことはよくあることで

す。寒い時期には、ケージ内の温度も、特に夜間で下がりやすい傾向にあります。10～15℃の一定期間の低温は、チチュウカイリクガメ属では問題を起こすことはほとんどありません。むしろ、こうした季節の変化は、温帯域のリクガメに季節感を与え、体に必要な様々な変化を起こさせることができます。筆者はギリシャリクガメで、冬眠させずにこの変化だけで繁殖を経験しています。具体的な方法は、後の「ウインタークーリング」の項をご覧ください。

繁殖と冬眠

ギリシャリクガメの一部、ヘルマンリクガメ、ヨツユビリクガメなどは、冬眠や休眠を通して、繁殖のためのホルモンが活性化されます。また、雌雄での発情のタイミングを同調させるためにも、冬眠や休眠が必要といわれています。その場合には秋口までに十分に栄養をとらせ状態を整えてください。この時点で少しでも異常が見られた場合には、冬眠はさせてはいけません。

冬眠用のケージの準備

秋になったところで、冬眠のための準備をします。冬眠用のケージには、大きく分けて地面に埋め込むタイプと、そうでないタイプがあります。外に直接置く場合には、雨水などが入り込まないよう防水性のある入れ物を用意してください。

地面に埋め込むタイプのものは、陽がよく当たる場所では春先に温度が上がって早めに出てきてしまうことがあるので、あまり陽の当たらない、1日の温度が比較的安定した場所に設置する必要があります。埋め込まないタイプは、温度変化の少ない北側の部屋、霜の降りない物置などに置いておくとよいでしょう。冬眠中のリクガメの近くに、温度計のセンサーを設置して、冬眠中のカメの周辺の温度をモニターできるようにするのがベストです。

冬眠まで

冬に向かい、温度の低下に合わせて、リクガメの動きや食欲が低下します。食欲が十分低下したところで、給餌を中止します。冬眠に入る時に消化管内に食物があると、冬眠中にそれらが腐敗してしまい、それが原因で死亡する結果になります。そのため、給餌を中止してから約1ヵ月の期間をかけて、お腹に残った食べ物などを完全に排泄させます。その頃のカメは、日中の暖かい時間帯はもっぱら日光浴をしていて、その間に食べたものは自然と排泄されてしまいます。ただし、この期間も、水分の補給のために、水のみ場は用意してあげてください。

冬眠

動きが十分鈍くなったところで、冬眠に移ります。その際、鼻水や涎のようなものが出ていたり、口の中にチーズ様のものが見られたりしないか

冬眠のための設備

土中に埋め込まないタイプ

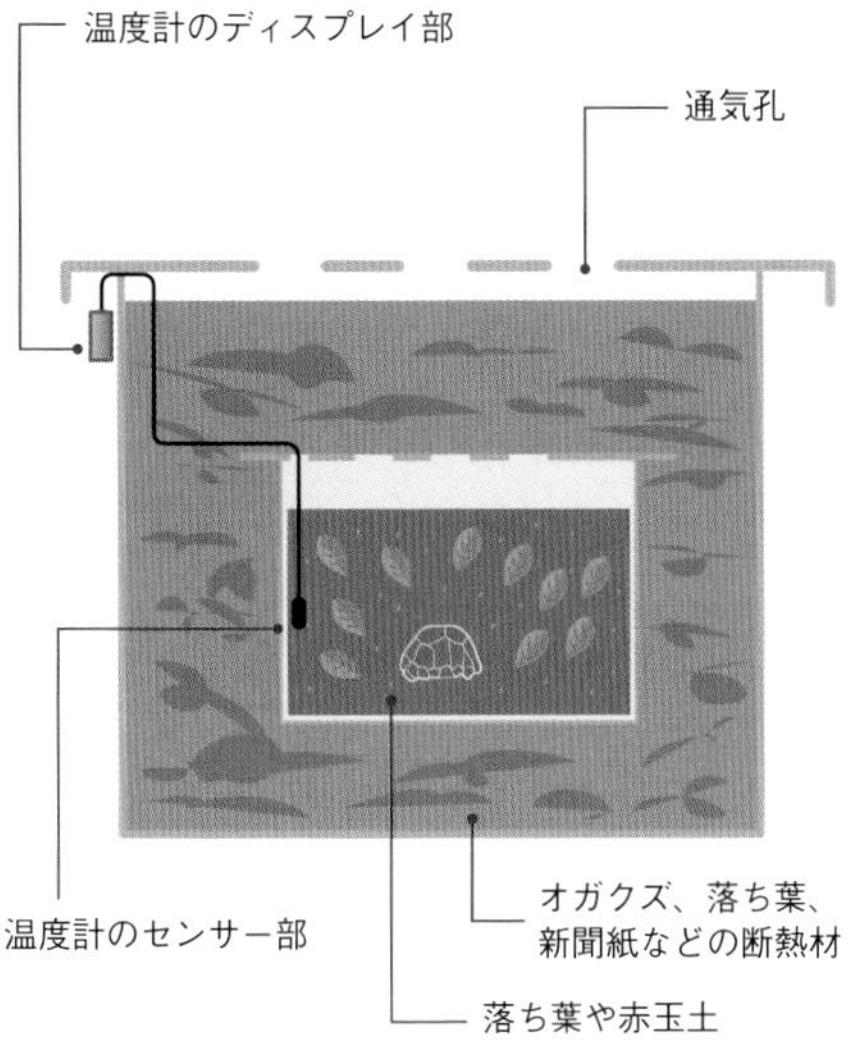
温度計のディスプレイ部
通気孔
温度計のセンサー部
オガクズ、落ち葉、
新聞紙などの断熱材
落ち葉や赤玉土

霜が降りない屋外の物置や小屋、室内で人の出入りが少ない、温度の安定している部屋においてください。いずれもカメがいるところの温度が5～10℃になるように。5℃以下にはならないようにします

土中埋め込みタイプ

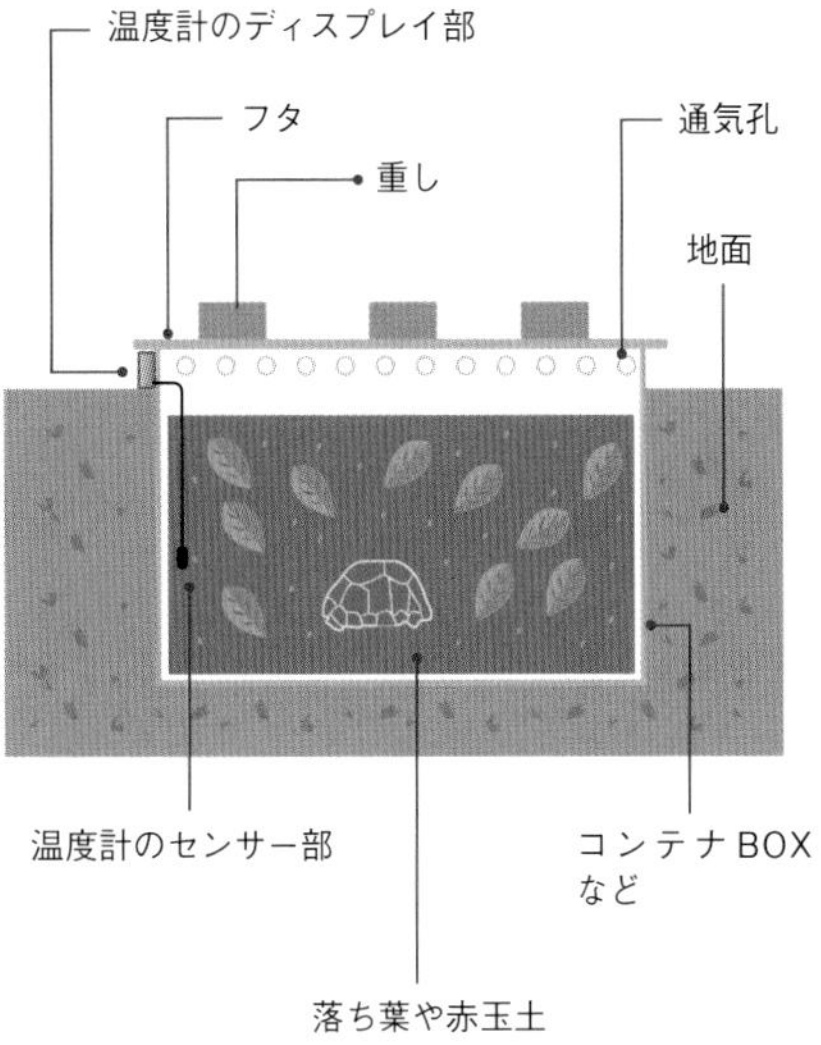
温度計のディスプレイ部
フタ
重し
通気孔
地面
温度計のセンサー部
コンテナBOX
など
落ち葉や赤玉土

いちばん温度が安定します。陽が当たらない場所に置き、雨水の浸入に注意してください

など、全身を十分チェックしてください。そこで少しでも問題が見つかれば、冬眠させることを中止し、保温飼育に切り替えます。

　問題がなければ用意した冬眠用のケースに入れ、温度変化の少ない、最低気温が5～10℃くらいを保てる暗い場所に置いておきます。普通10～12月には冬眠に入ります。

冬眠明け

　室内飼育ができるのであれば、必要以上の期間冬眠させる必要はありません。冬眠に入って2～3ヵ月したら暖かい部屋に移し、冬眠から覚めるのを待ちます。冬眠明けは徐々に温度を上げ、数日から数週間で通常の温度まで上げていきます。

　人工的に冬眠を中断しない場合は、春先に外気温が10～15℃近くになってくると、冬眠箱の中でガサゴソと動き出してきます。気温の上昇に合わせて少しずつ床材の上の方に移動してきますので、しばらく様子を見

て、再び潜る様子が見られなくなってから飼育場に移しましょう。

冬眠から覚めたカメには、温めの温度で温浴をします。水を飲むようであれば、それが落ち着くまで毎日温浴を行ないます。冬眠明けは体力を消耗しているので、特にリクガメの様子を観察し、問題が発見された場合には、早めの対処が必要です。問題がなければ、最初のうちは日光浴などをして、まだ食欲はなくても気温の上昇に合わせ、次第に餌を口にするようになるでしょう。

外の飼育場に出す場合、春先の気候が不安定な時期は、屋外用のスポットライトを設置したりシェルター内にヒーターを入れるなどの対処を施すか、室内に取り込む方が安全です。

●冬眠をさせてはいけない条件

・リクガメ属など、そもそも冬眠をする種類ではない。

・健康状態がよくない、あるいはその年に病気をしたリクガメ（冬眠前に回復していたとしても）。

・購入して1～2年しか経っていない（環境への馴化が不十分な可能性がある）。

・幼体（自然下では幼体も冬眠しているため不可能ではないが、より飼育者の経験が必要。自信がある人以外は、やらない方が無難）。

●ウインタークーリング

完全に冬眠させなくても、繁殖行動を誘発することはできます。それがウインタークーリングです。冬眠のように完全に寝かせてしまうのではなく、一時的に餌を食べなくなるくらいの温度まで下げる方法です。

夏場にケージ内の基礎温度を保つための保温球の温度設定を13～15℃に設定しておきます。秋口に入り、気温の低下とともにケージ内の温度も低下します。昼間には夏用のホットスポットを点灯させますが、それ以外の積極的な保温はしません。外飼いをしていた場合、秋口に食欲が少し低下したところで室内ケージに移動させ、同様に管理します。

食欲は気温に伴い低下してきます。12月くらいになると、ある程度活動はしているが餌はとらない、という日が出てきます。1月、2月は寝ていることが多くなります。3月頃になると差し込む日差しで室内の温度も上がり、天気の日などは餌を食べることが多くなるでしょう。餌の食べ具合が上がってきたところで、夜間の最低温度の設定を18～20℃に上げ、ホットスポットのW数も増やし、通常の飼育に戻します。

このような方法の利点は、調子を崩す確率が減ることと、万が一調子を崩したとしても、それを早く見つけられることです。

早期発見のために

リクガメの病気とその原因

リクガメも病気にかかりますし、ケガをすることもあります。ここでは、その代表例と、予防方法、心構えなどについて記します

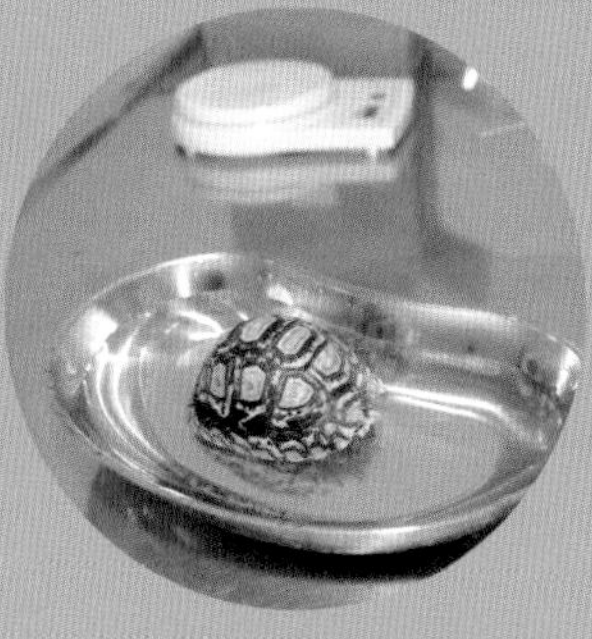

病気のサインをくみ取って

リクガメが元気もないし食欲もないという状態になれば「どこか具合が悪いのかな」とだれもが思うことでしょう。まずはこの「具合が悪い」というお話から始めましょう。

「ここのところあまり餌を食べないな、何となく元気がない気がするな。ちょっと風邪でも引いたのかな、お腹でもこわしたのかな」と〈軽く〉思ってしまい「もう少し〈そのまま〉様子を見てみよう」。

爬虫類飼育の経験の浅い方の多くはこのような感覚ではないでしょうか。食欲が落ちている、少し元気がない、鼻水が出ている、首を引っ込めながら鳴く、下痢をしている、いきんでいるが便が出ていないなど、あなたにとってあまり大したことではないように見えるこのような仕草は、リクガメにとってはとても大きな問題が起こっている、また「進行して」いる可能性が高いのです。

あなたが思っている以上にリクガメは「具合が悪いことを表現するのがとても下手な生き物である」ということをよく理解してあげてください。

症状が現れたときにはすでに重症のケースも

現在のところ爬虫類の病気のほとんどが、飼育管理に問題があることによって起こります。環境的な問題、栄養的な問題、さまざまな問題がいつも彼らを狙っています。

加えてリクガメは野生動物ゆえに状態の悪さを表面にあまり出してくれません。「ちょっと具合が悪そうだな」と感じられる時にはすでに病気はかなり悪化していることが多いものです。普段から彼らの様子をよく観察し、いつもと違う不調のサインを早く気づいてあげてください。そして、もしも具合が悪そうに感じたときは、早め早めの対処を心がける必要があります。

以下は私の獣医師としての経験ですが、「3日前から餌を食べなくなりました」と連れてこられたリクガメはやせ細り、目も虚ろで首も座らない状態。とても3日でこれほど悪くなったとは思えず話をよく聞いてみると、1ヵ月ほど前からすでに不調のサインと思われる変化が見られ、飼い主も3週間ほど前から具合が悪いことに気づいていました。しかし、そぶり程度であっても、餌を食べる様子が見られるから、動いているから、という理由でしばらく様子を見てしまったようです。

すでに最後の段階に来てしまっているリクガメでも、手で持てば力なく目を開け、手足を動かしたり、首を伸ばしたりすることはよく見られます。今まで動いていたリクガメが、手で持っている間にその手の中で動かなくなり、呼吸もしなくなってしまったことが何度もあります。

リクガメにおいて、誰にでもわかるくらいの症状が現れているものは、人間でいうとすぐにＩＣＵ（集中治療室）に入らなくてはならないくらいの状態であることは、往々にしてあることです。

リクガメはどのようにして病気になるのでしょう

環境の問題

リクガメは本来日本には生息していません。そして彼らが生活していくうえで環境の影響は大きく、本来生息している環境を最低限でも再現してあげる必要があります。

飼育温度

リクガメ飼育の初心者で多い、そして最初にカメの具合を悪くしてしまう原因のひとつに温度管理の問題があります。

診察に来られる飼い主の方に「どのくらいの温度で飼育されていますか」と質問すると、昼は○℃、夜は○℃、ホットスポットは△℃とまったく問題のない温度をお答えになります。ではなんでこのような状態になったのだろうといろいろと質問していくと、本当にそれでその温度を維持できているのだろうかという疑問がわいてくることがよくあります。

早い段階であればそのリクガメを預かり、温度管理を行ない、脱水の改善や強制給餌を数日行っただけで、全く薬も使わずに元気を取り戻し餌を食べ始めるケースもあります。

このようなケースは、勉強をされたあるいは教わった数字だけに気を取られすぎているからではないかと

数日前から餌を食べないと連れてこられたヒョウモンガメ。すでに目は開けることもできず、全く元気がありません。栄養を送るために喉に穴を開け管を通してあります。

治療を始めて16日目。やっと虚ろに目を開けられるようになりました。しかし、まだ動くことも、もちろん餌を食べることもできません

治療を始めて３ヵ月。餌も食べるようになり、元気も出てきました。口の周りに野菜を食べた残りカスがついているのがわかるでしょうか？　表情もとてもよくなりました。このように、治療のタイミングが遅れると、幸運にも元気になるとしても、長い時間がかかることがあります

感じています。ケージの中に手を入れてみたとき、ホットスポットのぬくもりではないぬくもりを感じますか。カメを触ったときカメは暖かいですか。

特に冬場、室内の温度をエアコンなどでコントロールしていない部屋で飼育している場合、しっかり温度管理を行なっているつもりでも、部分的な予想外の低温ができてしまっていることがあります。例えばガラスやアクリルケースを使って飼育している場合、夜間の冷気がガラスやアクリルを通して伝わってきます。しかもこれはカメが好むケージの隅に起こります。また、温度が足りないのにシェルターが低温域にあるためにそこにとどまってしまう。逆に高温域の温度が高すぎるため低温域にあえて留まってしまうということも考えられます。温度管理をしていない室内で、冬期に蒸れてはいけない「神話」によって、開放型ケージでの飼育の場合、その窓から冷気が入ってきている。サーモスタットで25℃に設定してあっても、空間温度が25℃度になっていない。つまりヒーターがオンになっているということはそもそもその温度になっていないということで、サーモスタットを25℃に設定してあっても安心はできません。

一般的なリクガメの体の構造として、冷たい空気を吸い込めば、体を中から冷やしてしまい体は十分には温まりません。ホットスポットで一部が暖かいだけではダメで、環境の基礎温度をしっかり維持する必要があります。

低い環境温度はリクガメの体を冷やしてしまい、体の全ての機能の低下を起こし、正常な営みができなくなってしまいます。それが継続すると、免疫力の低下による様々な部位での

閉鎖型ケージでホットスポットを用いた時の温度勾配のイメージ

（ガラスケージでは開放型ケージに寄った温度分布になるため、寒い季節では上部、サイドを断熱する必要が出てくる）

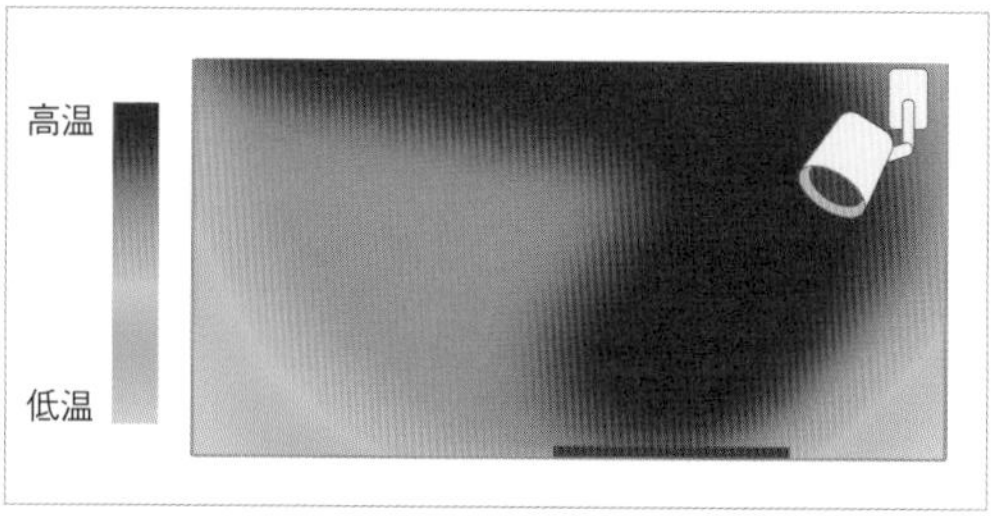

開放型ケージでホットスポットを用いた時の温度勾配のイメージ

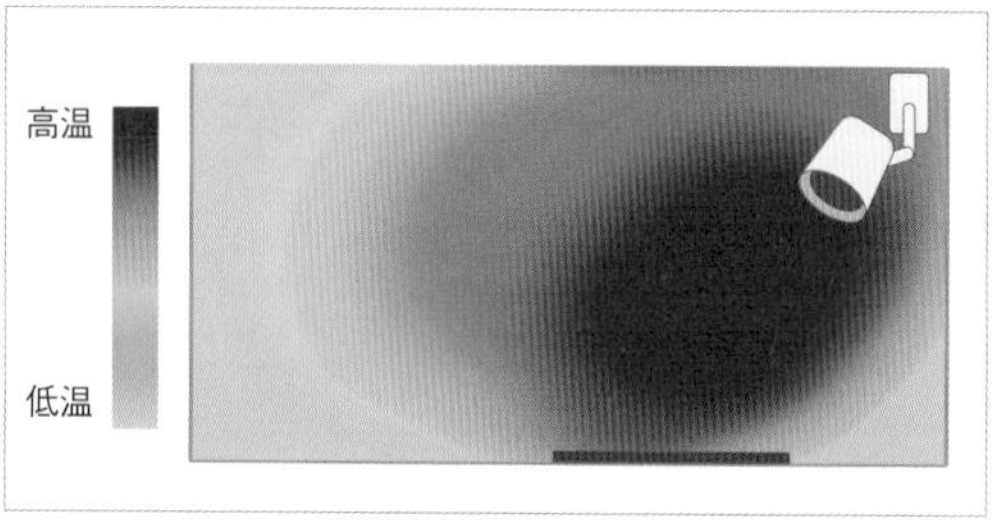

このようにケージ内に温度差ができ、その時に応じた温度の所に移動する。閉鎖型ケージと開放型ケージでは、だいぶ温度分布が異なる。ブルーの範囲は外気温あるいは外気温に近い温度であるため、季節によりカメのいる場所を注視してカメの訴えを感じ取る

感染症、消化管運動の低下、それにより腸管での細菌などの異常な増殖、栄養の消化吸収力の低下などなど、総合的にどんどん悪い方向へと進んでいき、ある時点を超えると取り返しのつかない状態へと続き、最後には死に至ります。

こうした問題の多くは、器具を過信していたり、その機能を十分理解していなかったり、情報を鵜呑みにしてしまったりしてしまうために起こるのではないかと思います。また一度環境を設定してしまうと、最初のうちはよくチェックするものの、慣れとともに疎かになったり、季節の変化などが加わったり、思わぬ落とし穴にはまってしまうことがあります。

食欲が十分ではない、動きが悪い、鼻水が出ている、首を伸ばして口を開け苦しそうに息をする（この場合すぐに病院行）などの症状がみられた場合。また、ホットスポットを設置している場合、ホットスポット周りにいることが多いなどは、環境温度が低すぎる場合があります。逆に温度が高すぎる場合は、よく水を飲む、しきりに逃げだしたいようにケージの壁を登ろうとしたり動き回ったりしている、温浴時によく水を飲む、カメの体が熱く、苦しそうに口から泡を出している(これは閉鎖型ケージで、夏場や冬場でも、日差しが入り込むようなところにケージがある場合に起こりやすい。すぐに冷やす必要がある、その後は病院へ）などの様子が見られ、持続すれば調子を崩してしまいます。

リクガメの様子がおかしいと感じたら取り合えず一日の環境温度のチェックをしてみてください。最初に戻りますが「ケージの中に手を入れてみたとき、ホットスポットの暖かさではないぬくもりを常に感じますか。カメを触ったときカメは暖かいですか」。

環境の湿度

リクガメというと「高湿度はダメ、乾燥させて」というイメージを強く持っている方も多いのではないでしょうか。この「乾燥」という言葉が独り歩きして、砂漠のようにカラカラにしてしまうことがあります。一般的に乾燥のしすぎは、湿度が高いことより問題を起こす可能性が高いと思ってください。特に幼体では、短期間で脱水を起こし具合が悪くなることがあります。また慢性的な脱水は腎不全など二次的な病態へと進みます。「季節ごとの管理」の項でも述べましたが、温浴をしてみて頻繁に、長い時間水を飲む場合には問題があると思ってもよいかもしれません。このようなサインは温度が高すぎる、湿度が低すぎる、食欲が落ちている、腎臓が悪くなってきているなどです。

リクガメの種類によては、低湿度は甲羅の成長障害の原因になることがあります。気道が乾燥気味になると病原体の体への侵入が容易になり、気道の感染症をおこすかもしれません。

一方高湿度の環境は、この本で紹介しているリクガメでは、例えば湿度が

80パーセントと高くても、それだけではあまり問題を起こすことはないと思っています。ただし、高湿度の場合には、二次的に問題が発生し病気の元となることがあります。

高湿度は細菌やカビ、ダニなどの増殖が容易になること、また尿中に排出されたアンモニアも高濃度になれば、目や中耳、呼吸器や皮膚の病気を起こす原因になります。

見るからに過度に乾燥していると思われるケージ。衛生状態もあまり良くない。今思うと本当にひどい環境で飼育していたなと思う（1997 年頃）

症状としては、皮膚に腫れものができる、赤くなる、皮膚がはがれる、角質甲板がポロポロとはがれる、涙目になる、目に腫れものがある、鼻水が出る、口の周りによだれがつく、あくびのような大息をする、鼓膜が腫れてくる、おしっこの色がおかしい、においがきついなどの症状がみられます。

実際にはこれらは皮膚病、甲羅の感染（特に床材に触れている腹甲、ときに背甲辺縁）、感染やアンモニアの刺激により起こる、結膜炎や目の付属器の疾患、呼吸器疾患、中耳炎、膀胱炎などで、場合によってすぐに病院での治療が必要となります。

また、床材に対するアレルギーや粉じんにより、涙目その他の眼疾患、鼻水のような呼吸器疾患を起こすことがあります。

匂いのきつい床材を使用することにより、その刺激により結膜炎や呼吸器の異常を起こすことがあります。また時間がたつに従って床材が細かくなり、粉塵として舞って同様の症状を示すことがあります。床材は様子を見て早めに交換するのが無難です。

食べ物

次にもう一つの大きな問題、食べさせるものについてお話していきましょう。本来であれば彼らが普段食べている植物を用意できれば良いのですが、それは不可能です。次に日本に生息する野草を与えるのが良いと思われますが、これを春夏秋冬、さまざまな種類を用意するのはかなり大変な作業です。そこで普段我々が食べている野菜を「代用として」与えることになります。また、リクガメに必要な栄養素がわかっていないこともあり、これなら絶対に間違いない、ということは言えません。w.c.のカメと比べるとc.b.のリクガメの甲羅は完璧とは言えません。特に野菜中心の餌、室内飼育の組み合わせはその傾向が強いです。まだまだこれからの課題でしょう。

さらに飼育下では苦労することなく、多くの場合毎日餌をたらふく食べることができ、野草より栄養価の高い、また栄養価の異なった野菜を与え、限られた広さのスペースで慢性的な運動不足という状態で飼育しているのです。

これらのことにより、飼育下では成長が急激になり、うまく栄養素を補ってあげないと、さまざまな問題が起こってきます。野生下で育った5年と飼育下育った5年では、体の大きさが大人と子供ほどの差が出ることに驚かされます。野生下では性成熟に10年以上かかるものが、飼育下では2～4年ということもよくあります。

この急成長の結果、しっかりした栄養管理をしていないと、部分的な栄養素の不足、つまり材料が十分には足りないまま体が成長し、いわゆる手抜工事で体が作られてしまいます。これらの多くはあとからそれがわかっても、作り直すことができない状態、つまり完全には治せない状態になってしまっているのです。例えば曲がってしまった甲羅は、本来の形になることはありませんし、体の麻痺も正常になることはありません。また、症状がゆっくり進むため、気が付いた時にはどうしようもない状況になっているので、リクガメ飼育経験の浅い方には特に気を付けてほしい問題です。

急成長に伴うカルシウムをはじめとするミネラル分の不足は、リクガメの体の多くを作る骨（甲羅も含め）に変形や軟化を起こしてしまいます。甲羅がその種類本来の形に成長しなかったり、甲羅が十分に硬くならなかったりという状態がそれです。前者は骨の変形や骨折により神経学的な不全麻痺がおこったり、骨盤腔が狭くなることにより便秘や産卵時のトラブルを起こします。甲羅の腰のあたりが、あるいは全体がドーム状ではなくつぶれているようか形になっているのがそれです。後者は、やさしく爪で甲羅を押したとき、弾力を感じるような状態です。筆者もかつて我が家で生まれたギリシャリクガメを育て上げ、いざ繁殖させようとしたとき、このような状態に育ててしまい、オスの求愛のアタックを受け、肋甲板全周に内出血を起こしてしまい、繁殖に使えない子にしてしまいました。もちろんこのことは甲羅だけでなく、骨や内臓などにも問題があるものと思われます。ただし、甲羅が柔らか

健康な甲羅はとても固く、このように爪を立てて押してもびくともしない。光、特にＵＶＢや栄養素としてのミネラル分の不足があると、爪の先で甲羅を押すと固いゴム板を押しているような弾力を感じる

くなるのは、腎疾患によっても起こることがあるので、安易には決めつけないでください。

嘴の過長はよく野菜などの柔らかい餌を与えているからだ、ということを見聞きしたことがありますが筆者はその説に否定的です。なぜなら筆者は柔らかい野菜のみで育てていますが、嘴の過長になることはないからです。この嘴の過長も栄養障害の一つと思っています。

繊維質の不足は便秘や下痢の原因になります。また、ある種のリクガメ用の人工飼料や果実などの炭水化物の多いものを多く与えると、消化管内で異常発酵を起こし、ガスの発生が増して鼓張症を起こしたり、腸内細菌の急激な変化を起こして下痢になったりすることがあります。

栄養過多に加え運動不足により脂肪肝を起こしていることがあり、表面上は元気であっても突然死を起こすことがあります。手足が甲羅に収まりきれない状態は過度の肥満です。餌の回数を減らすなどして徐々に減量してあげてください。

野菜は野草に比べると高タンパク質です。タンパク質の最終代謝産物を主に尿酸という形で排出する種類では、餌の中のタンパク質が多くなると当然尿酸の形成も多くなり、尿酸の塊の形成も多くなります。加えて脱水があれば、より結石を作りやすいことになります。おしっこの中の尿酸は液状あるいはトロっとした、白からピンク色のが正常と言ええますが、これが粘土状、塊状になってくるのは要注意です。また、全く症状が出ずに尿酸の塊が膀胱内にできることがあります。膀胱内にある尿酸は症状が明確でないことも多く、膀胱炎疑いなどでレントゲンを撮り偶然見つかったり、食欲がなくなり息んでいることで見つかったりします。

繰り返しになますが、これらの餌で起こる病気の多くはゆっくり起こり、なおかつ気がついたときには元通りにはならない状態になってしまっていることが多いので、与える餌やサプリメントには気を使ってほしいと思います。

このように言うと、なんだか難しそうだとか、面倒臭いと思ってしまうかもしれませんが、慣れてしまえば全く難しいことではなく、餌のメニューを考えることは、リクガメ飼育の楽しみの一つでもあります。

光

太陽光は赤外線と言われるものから紫外線と言われるものまで、さまざまな成分で構成されています。リクガメも明るさだけでなく、人の目には見えない赤外線や紫外線を利用して生理機能を維持しています。

赤外線の働きは、体温を上昇させ、活動を活発にしたり、代謝を良くして食べたものをしっかり消化できるようにしています。これが環境温度維持のための保温球であったり、バスキングスポットに使われる光です。

リクガメ飼育において重要なのが

紫外線、その中でもUVBは、リクガメの健康に大きなかかわりを持ち、その不足により問題が起こってきます。それらの関係は餌の項で説明してあります。UVBの不足、しいてはビタミンD_3不足により、餌に十分なカルシウムがあっても吸収ができず、骨甲板を含む骨の形成が不十分になり、強度のない甲羅や骨格になります。そのことにより甲羅の強度が不足して変形が起こったり、手足の骨折や脊椎の変形、骨折を起こします。甲羅の変形で目立つのは、腰の部分が落ち込んだようになったり、その種本来の甲羅と異なる形になったりすることです。手足の骨折により跛行《ひこう》を起こしたり、脊椎の骨折により手足の麻痺が見られることがあります。リクガメは本来四肢でしっかり持ち上げて歩きますが、甲羅を引きずりながら歩く姿が見られるようになります。

　これらの原因は、UVBを照射しているつもりでも、フルスペクトラムライトとカメの距離が遠かったり、出力不足、ガラスやアクリル、場合によってはメッシュ越しに照射していたり、商品の有効時間を超えていたりすることにより、十分なUVBがカメに届いていないなどで起こります。また、餌の中にカルシウムが十分含まれていない場合も同様です（代謝性骨疾患）。

　UVCは生き物にとって有害な光です。皮膚癌やわかりやすいところでは角膜炎を起こしたりします。今のところ太陽光は心配ありませんが、紫外線を含むフルスペクトラムライトや特にメタルハライドランプはリクガメに近づけすぎないように、また直接近くで見ないようにしてください。よく説明書を読んでから使用してください。

リクガメを診ることができる動物病院を探しておきましょう

　リクガメを飼育していれば、調子が悪くなることは必ず経験します。爬虫類の病気は早期発見、早期治療が大切です。

　さて、リクガメの調子が実際に悪くなってしまったらどうしたらよいのでしょう。今までも申し上げているように爬虫類は犬猫とは全く異なった「特殊な」生き物です。ですので爬虫類を診察してくれる（診察できる）動物病院はまだまだ多くないと思います。飼い始めたリクガメの調子が悪くなって、いざ近くの病院にリクガメを連れて行ったら、診察を断られてしまうことはよくあるのではないでしょうか。近くに爬虫類の診療もうたっている病院があれば良いのですが、ない場合はどのようにすればよいでしょうか。

　ネットで検索してみるのも良いかもしれませんが、そこで見つかる病院はまだまだ一部だと思われます。まずは近くの病院に爬虫類の診察が可能かどうか問い合わせてみましょう。診療対象として犬猫だけをうたっていても、爬虫類を診てくれる病院もあります。近くに爬虫類を販売しているショップがある場合は、そこに相談してみると診察してくれる病院を教えてくれる場合もあります。

動物病院との付き合い方

まずは病院に出向く前に、リクガメの診察が可能かどうか、予約が必要かどうかの確認を取りましょう。一般的に爬虫類の診察には時間がかかります。リクガメの診察をしていても、飛込みでは病院に迷惑をかけてしまう場合もあります。

リクガメを飼い始めてしばらくして、リクガメの様子が整ってきたら、寄生虫の有無など、健康診断も兼ねて一度診察を受けましょう。そのとき飼い方を含めてアドバイスをもらっておくなどをすると、具合が悪くなった時ににでも診察を受けやすくなるのではないでしょうか。

さて、病院にかかる場合、気になるのがその費用ではないでしょか。これに関しては、人の場合も同じですが、具合が悪いけどいくらかかるか、と言われてもその重症度によって必要な検査、治療方法によって全く異なってきますので、具体的にいくらというのは不可能です。

例えば検査の内容でも、レントゲン検査で、２０００円のこともあれば４０００円以上かかる場合もありますし、血液検査に関しても３０００円くらいのこともあれば、８０００円以上かかることもあります。表面からではわからない状態を調べるために、レントゲン検査であったり、血液検査などが必要になれば、犬猫でいえば重病なときと同じくらい、あるいはそれ以上の費用がかかると思っても良いでしょう。

また、その治療に関しても、どのような処置や治療が必要かは、その他の動物と同様さまざまなので、重症になればなるほど費用はかかります。どのような状態で、どんな検査が必要であるか、その費用はどのくらいかかるか、結果が出た後はどのような状態で、どんな治療が必要で、とりあえずどのくらいの費用が掛かるか、それぞれ相談しながら進めていくのが良いと思います。

ここで「とりあえず」と言ったのは、その治療に関しての反応で、その後にかかる費用も異なってきます。これは、犬猫の場合と同じです。費用がかかりすぎるなど、場合によっては最善の方法ではないにしろ、最低限できる方法のみで治療するなどの選択肢を選ばざるを得ないこともあると思います。要はよく相談をして、率直な意見を言うことが大切です。

病院に連れていく際の準備

まずカメを病院に連れていくためのケース、これはカメよりも一回り大きい程度の段ボールやプラスチックなどのケースで良いのですが、這い出したりしないよう、また保温などのため、フタができるものが良いでしょう。カメが弱っている場合入れ物の側面にぶつからないように、新聞紙やペットーシーツなどを入れ物の側面とリクガメの間に入れるのも良いでしょう。連れていく間に、おしっこやうんちをしてしまう場合も多いので、入れ物の底には新聞紙やペットシーツなどを敷いておきます。冬場など寒い季節は保温が必要になります。使い捨てカイロなどを使いますが、それを直接カメに触れるように置くのではなく、新聞紙やペットシーツ、ペーパータオルなどでくるんで使用してください。

カメを運ぶためのケースの一例

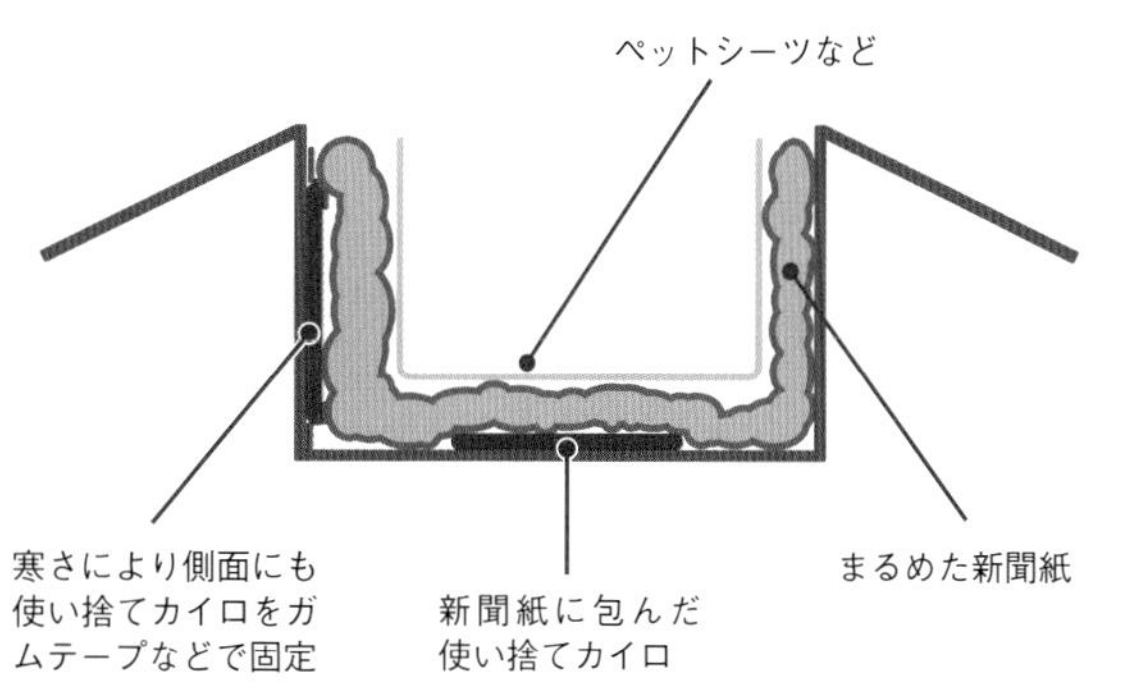
ペットシーツなど
寒さにより側面にも使い捨てカイロをガムテープなどで固定
新聞紙に包んだ使い捨てカイロ
まるめた新聞紙

　その他汚れた敷物の交換用に新聞紙やペットシーツ、体についてしまったおしっこやうんちをふき取るなどのために、ティッシュやペーパータオル、それらの汚れ物を入れるビニール袋があると便利ではないでしょうか。

　連れていく間に糞尿をしてしまうことも多く、それを利用しても良いのですが、可能であれば新しいうんちや尿酸などを持参していただくとよいでしょう。

　個人的には、実際の飼育環境がどのようなものか確認したいことも多いので、ケージなどを画像として撮っておくのも良いと思います。

　ここで少し見た目についてお話ししましょう。「どこが異常」はまず正常な状態を知る必要があります。

鼻の見た目

　リクガメの鼻の孔は正面を向いて2つの穴ととして確認することができます。

　正常では乾いた状態で、水分やその他の分泌物は見られません。鼻水が出ていたり、塞がりそうな異物の存在は、調子を崩すサイかもしれませんので要注意です。徐々にそれらが増える場合には、早めの行動を起こしましょう。

嘴の見た目

　リクガメの嘴《くちばし》は、その先はハサミの刃のように鋭くなっていて、嘴の先端は若干せり出している種もいますが、おおむねきっちりかみ合わされ、直線的です。栄養障害でみられる、嘴の過長では、上顎《あご》の嘴が下方にせり出しはじめます。上顎が下方にせり出してくる（かぶさってくる）のは、嘴の過長の始まり化もしれません。変形が進むと、本当の意味での治癒ができなくなりますので、早めに気づく必要があります。

また、口の周りは時に食べ物のカスが付くことはありますが、通常は乾いた状態です。下顎の嘴周りが濡れていたり、クリーム状の異物が付いている、異臭がする、というのは問題がある可能性があります。

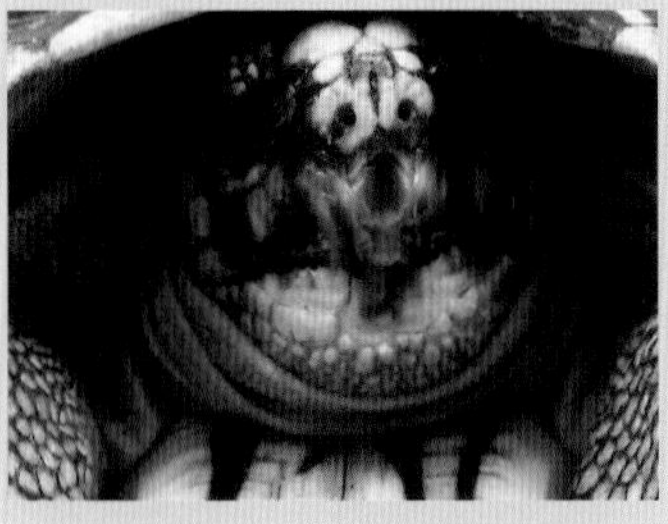

正常な嘴はほぼまっすぐで若干曲がりがあります

上下の嘴の合わせ目は、ハサミのようにきれいに重なり合います。唾液などのヨゴレもありません

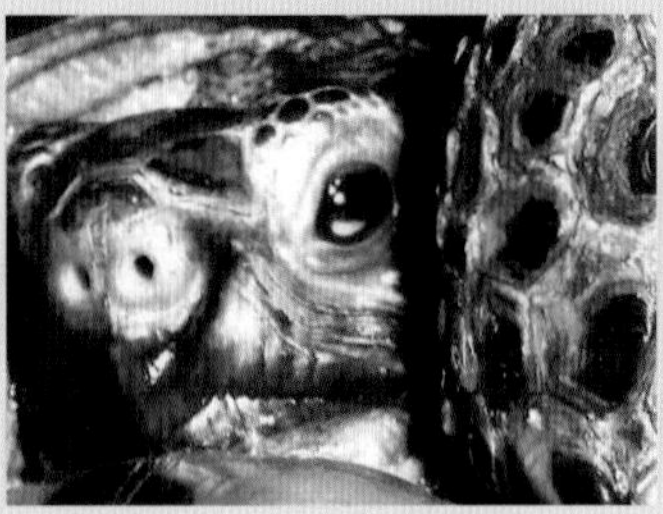

眼球の下の方が白くなっています。目が白いと白内障ですかと言われることが多いのですが、これは前眼房の異常です

目の見た目

リクガメの目は適度に潤っていて、透明でパッチリとしています。簡単に目と言っても、いろいろな構造から成り立っています。

強結膜や瞬膜が赤みを帯びていたり、瞳孔が白くなっていたり赤くなっていたり、前眼房が濁っていたり、赤くなっていたり、全体的に白く濁っていたりするのは、問題があると思われます。目は特に急に悪くなり、どんどん悪化することが多いので、早めに診てもらうようにした方がよいと思います。

耳の見た目

リクガメの耳はちょっと見、ないように見えますが、哺乳類のように耳たぶがあるわけではなく目立たないだけです。よく見ると、目の後ろの方にまわるい部分が確認できると思いますが、そこがリクガメの耳です。そのくらい目立たないのが正常な状態と言えます。やはり耳も、赤みがあったり、腫れているように見えるのは問題が起こっている可能性があります。

甲羅の見た目

リクガメの甲羅には成長に伴い、年輪のような線があらわれます。これは一定の期間に育った状態を反映しています。飼育環境（温度、湿度、栄養、光）が変わると成長の間隔と伸びる角度に違いが出てきます。ある意味、その成長や成り立ちは、それまでの飼育の成績表とも言えるでしょう。ですので、成長による見た目の良し悪しは、ある程度時間が経過しないとわからないものです。

もうひとつの問題は、外傷や感染による問題です。外傷により、甲羅が欠けたりするような明らかな変化はわかりやすいのですが、甲羅の感染、いわゆるシェルロットと言われる状態の多くは、角質甲板《かくしつこうばん》の裏から骨《こつ》甲板《こうばん》に起こる感染であり直接見えないため、こちらもある程度悪化しないと発見できません。甲板と甲板の間の色が他のところと異なったり、赤くなっていたり、水のようなものが滲みだしていたりするのは問題です。この感染が起こっていても、あまり症状が出ず、ある日甲板がぽろっと取れてしまうこともあります。逆に感染が全身に広がり、元気や食欲がなくなる場合もあります。奥からの感染では、表面上甲羅に症状があらわれていないこともあります。

爪の見た目

リクガメの爪は大きな問題を起こすことは少ないと思います。希に栄養障害により、らせん状になることがあります。また、野生の状態と違い飼育下の環境はリクガメにとって狭いことが多いので、爪が擦り減らず伸びすぎて、歩行の邪魔にある場合があります。

歩き方

リクガメの歩くところを見ていると、手足を踏ん張りのしのしと、あるいはちょこちょこと歩いています。何気なく見ていると、甲羅を擦り気味にして歩いていても、元気に動いて、餌もよく食べているので、異常であることに気づかないことがあります。しっかり体を浮かして歩けないリクガメは、神経的に異常があるかもしれません。歩き方も健康チェックとして大事なポイントとなります。

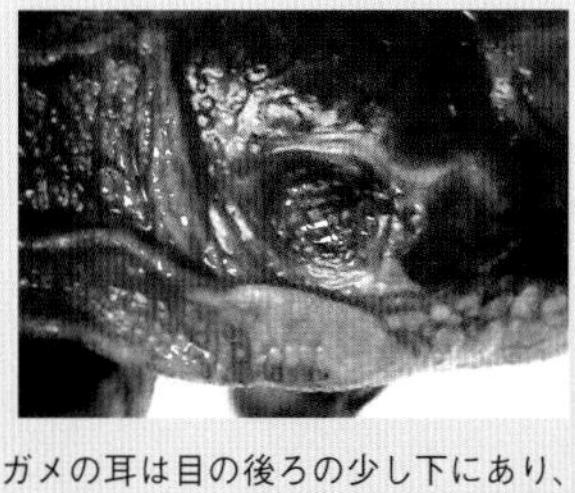

リクガメの耳は目の後ろの少し下にあり、耳たぶや耳の穴に当たる外耳道はなく直接鼓膜が露出しています。多くはこの写真のように少し黒っぽい円形となり、よく見ると内部が透けて見えています。なかには鼓膜が少し厚く、周りの皮膚と見分けがつきにくい場合もあります

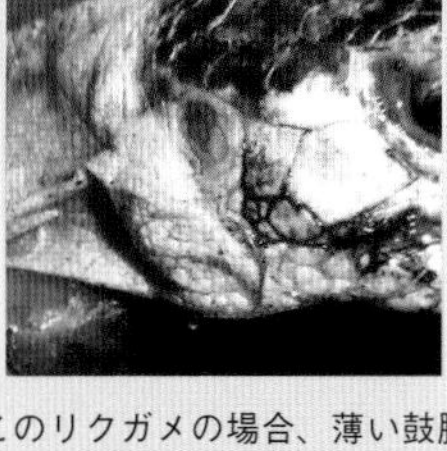

このリクガメの場合、薄い鼓膜として確認できるのは上方の一部のみですが、やはり皮膚より少し凹んでいます。この部分に赤みが見られたり出っ張ってきているのは異常です

症状と考えられる病気について

ここでは症状から考えられる病気について簡単に説明します。しかし「これを読めばリクガメの病気が治せる」という類のものではありません。またここで紹介するものは病気のほんの一部です。具合が悪くなった時の対処法をよく聞かれますが、病気であると思ったときには、時間の浪費を避けるためにも、早めに病院にかかり、獣医師と協力して早期の治療を行なうようにしましょう。それが今のところ病気のリクガメにできる最善の方法です。

◆目に関する異常

症状：涙目、目が赤い、目が開かない、目が腫れている。

考えられる病気：結膜炎、角膜炎、瞬膜炎、感染、ビタミンA欠乏症、衰弱。

◆鼻に関する異常

症状：鼻水、鼻づまり、鼻出血。

考えられる病気：鼻炎、肺炎、口内炎、落下事故。

◆耳に関する異常

症状：鼓膜が赤い、腫れている。

考えられる病気：中耳炎。

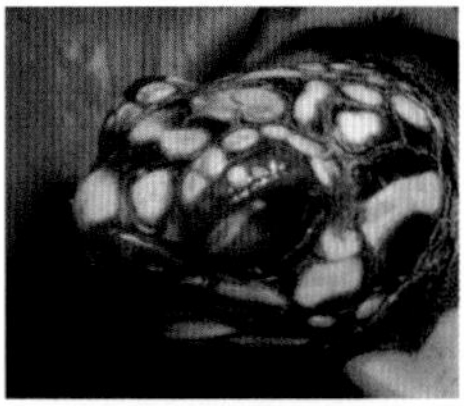

瞬膜炎

眠そうな目に見えるが、瞬膜が突出している状態。アカアシガメ

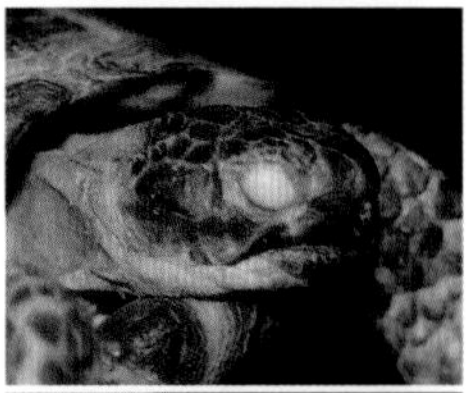

①眼球表面に分泌物が溜まり、目が見えなくなっている状態

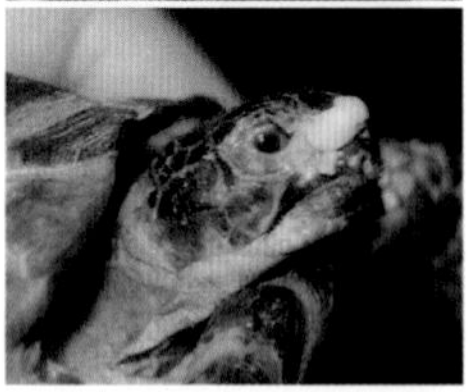

②表面の塊をとってみると眼球がのぞいてきた。冬眠明けなどによく見られる。ヨツユビリクガメ

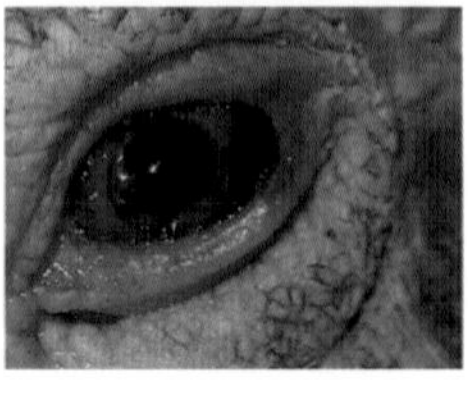

アワ状の涙がわかるだろうか。このケースは化学物質が原因で涙嚢炎を起こしている状態

◆嘴および口腔に関する異常

症状：嘴が伸びている、嘴の合わせが悪い、嘴が割れている。

考えられる病気：代謝性骨疾患、不整咬合、外傷。

症状：よだれが出ている、あぶくをふく、吐くようなしぐさをする、苦しそうに口を開ける、吐く。

考えられる病気：口内炎、胃炎、肺炎、中毒、鼓脹症、便秘、異物摂取、ヘルペスウイルス感染症。

◆甲羅に関する異常

症状：甲羅がデコボコしている、甲羅が柔らかい。

考えられる病気：代謝性骨疾患、腎疾患。

症状：悪臭がある液体が滲みだしている、甲羅がはがれる、血が滲む、割れた。

考えられる病気：感染症、落下事故、外傷、腎疾患。

症状：甲板の数が多いあるいは少ない、全体が均等に育たない。

考えられる状態：甲羅の奇形、成長障害、外傷。

◆皮膚・爪の異常

症状：皮膚が剥がれる、出血している、こぶのように腫れている。

考えられる病気：皮膚炎、脱皮不全、外傷、膿瘍。
症状：むくんでいる。
考えられる病気：甲状腺腫、腎不全、心不全、肝不全。
症状：爪が伸びている、曲がっている。
考えられる病気：爪の伸びすぎ、代謝性骨疾患。

◆総排泄孔の異常

症状：ピンクや黒っぽい色のやわらかい異物が出ている。
考えられる病気：総排泄孔脱、直腸脱、ペニス脱、卵管脱。
症状：総排泄孔から白くて硬い異物が見える。
考えられる病気：尿路結石。

◆便の異常

症状：踏ん張っているが出ない。
考えられる病気：便秘、尿路結石、異物摂取、卵詰まり。
症状：下痢。
考えられる病気：腸炎、寄生虫、異物摂取、中毒。
症状：便に白い糸状のもの、ひも状のものがある、動いている。
考えられる病気：寄生虫、異物摂取。

◆尿の異常

症状：尿が白い、白くざらざらしていたり、

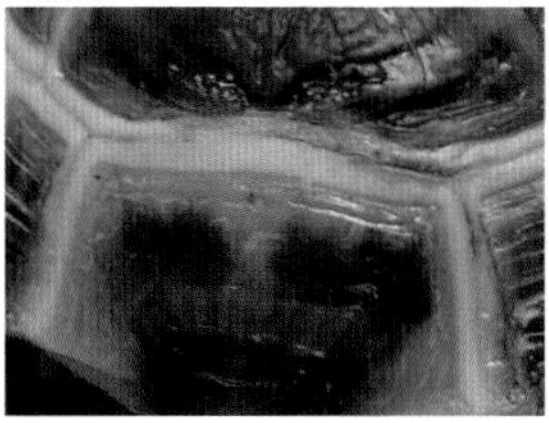

甲羅と甲板のつぎ目の色が茶色や赤色に変色している。甲の奥の感染が疑われる。放っておくと感染が進み、甲板が脱落してしまうこともある（右側のＴ字のところ）

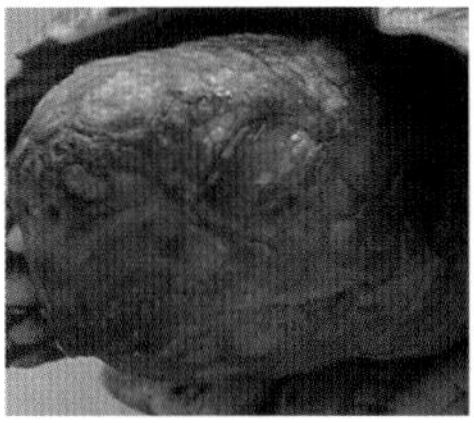

下顎にアワ状のヨダレが出ている。口腔内、気管、その他全身の異常が考えられる

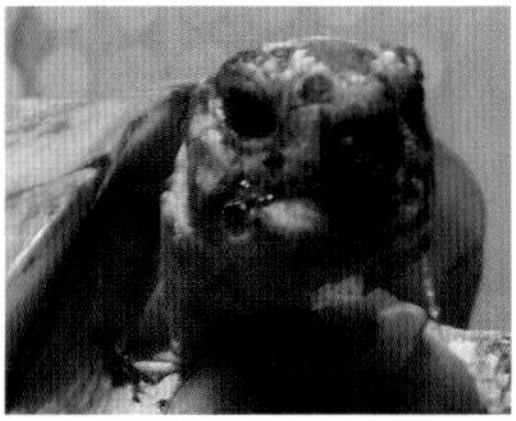

鼻水、口からアワやヨダレが出ている。口腔から食道、胃の異常、苦しそうに口を開けて呼吸をしていれば気管や肺の異常や熱射病などが考えられる

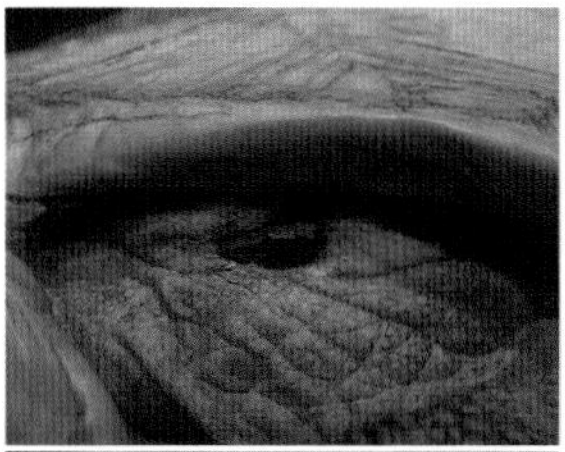

膿瘍

皮膚に小さなできものが見える

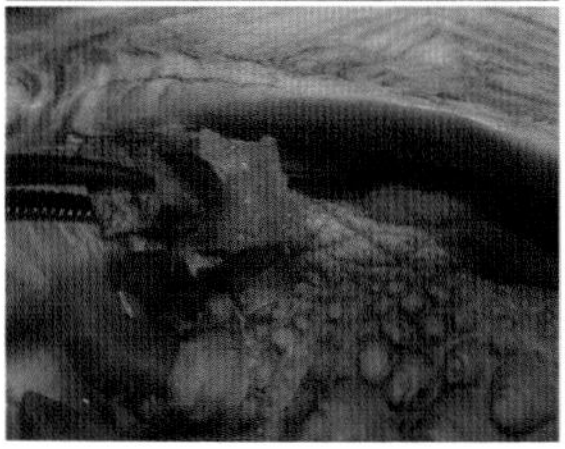

取り除いてみると、このように4～5倍の深さまで膿が達していた

マウスロットといわれる状態。口腔内にチーズ様のデブリが多量に見られ、舌は赤く腫れている

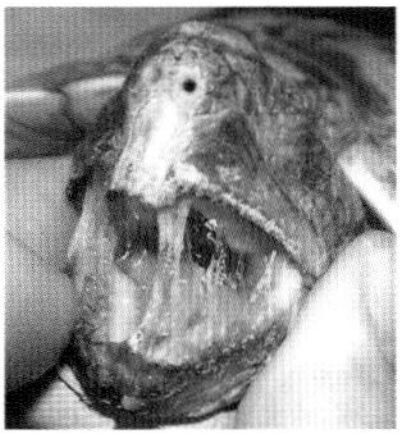

これもマウスロットといわれる状態

石のようなかたまりが出る。
考えられる病気：尿酸、尿路結石。
症状：臭いがきつい、緑色などの色の異常。
考えられる病気：膀胱炎、腎疾患、尿路結石。

◆**動き方の異常**
症状：甲羅の後ろを引きずりながら歩く、体を持ち上げて歩けない、びっこをひく、手足の動きが悪い。
考えられる病気：栄養性骨疾患、関節炎、卵詰まり、骨折、日射病・熱射病、低温障害、落下事故。

病気にともなう症状、原因、予防策

これまでとは逆に、病気を起点にして、症状や原因、予防について記していきます。

◆**結膜炎・角膜炎・瞬膜炎・白内障**
症状：目が赤い、涙目、目ヤニ、目が開かない、眠そうな目（瞬膜の突出）、目が白く濁る。
原因：床材などのアレルギー、化学物質による刺激、異物や粉塵による刺激、細菌などの感染、結膜炎などによる刺激から前肢で目をこすることにより、また異物により角膜に傷が付くことによって白く濁ったようにみえる。また、レンズに問題を起こせば白内障になることもある。
予防：原因ははっきりわからないことも多い。環境を清潔に保ち、適度な湿度を維持することを心がける。床材を変更したのちに目の異常が見られた場合には床材を変える。

◆**中耳炎**
症状：鼓膜部が赤くなったり腫れたりする。片側だけのことも、両側が同時に起こることもある。
原因：細菌が口腔とつながる管から、あるいは他の感染場所から中耳に入り込み起こる。湿度が高く、不衛生な環境で起こりやすい。
対策：清潔な環境を心がける。鼓膜が腫れてしまっている場合、多くは中耳内に膿が溜まっている。爬虫類の膿はチーズ様の塊で、切開して取り出す必要がある。

◆**鼻炎**
症状：水溶性、粘液性から膿性の鼻水、時に鼻の穴が詰まってしまうこともある。
原因：環境温度が低い、また、急激な温度変化によっても起こる。環境中の湿度が低すぎると、粘膜の防御機構が低下し、感染を起こしやすくなる。反対に湿度が高い場合、不衛生な環境になりやすく、細菌やカビの繁殖、あるいはアンモニアの発生によ

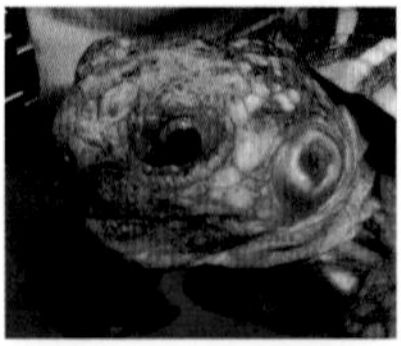
中耳炎により、中耳内に膿が溜まっている状態

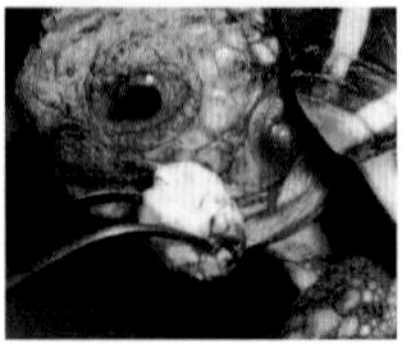
切開して膿を取り出すと、こんなに大きなものだった。インドホシガメ

中耳炎
鼓膜が赤くなっている。ビルマホシガメ

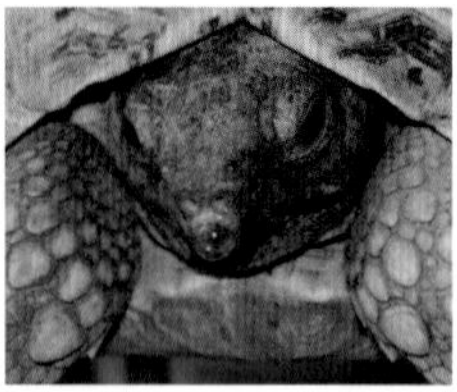
鼻炎
鼻水を出しいている状態。ヒョウモンガメ

り鼻炎の原因となる。床材に対するアレルギーを起こしている場合や、細かくなった床材を吸い込むことによっても起こることがある。

予防：環境温度をしっかり管理する。乾燥のしすぎに注意し、環境は清潔に保つ。臭いの強い床材や、崩れて粉状になる床材は使わないようにする。

◆肺炎

症状：口を開け首を伸ばしながら息を吸い込んだり、口を開けながら首を勢いよく引っ込めたり、苦しそうな呼吸をしている。呼吸時に声のような音を発する。鼻水。口からよだれが出ていたり、アワや粘液を出す。食欲はなくなりあまり動かなくなる。

原因：鼻炎から肺炎に移行することも多い。鼻炎を起こすような環境を放置しているとより重篤な肺炎となる。栄養状態が悪ければ、抵抗力の低下から肺炎を起こすこともある。リクガメの肺の構造は粗く、異物を外に運び出す機能なども十分でない。肺炎を起こした場合には、簡単に分泌物や膿などが蓄積されてしまう。粉塵なども同様で、二次的な感染も起こす。呼吸器感染を起こすと、苦しいために餌はもちろんのこと水分をとることもできず、急激に弱っていく。

予防：温度・湿度・床材・衛生状態などの環境や栄養状態の改善。

注意：呼吸器症状を示しているのは、呼吸するのにも大変な状況であり、その状況で温浴などをさせると、溺死させてしまうことがあるので、行なってはいけない。

◆嘴の過長、不正咬合

症状：上顎の嘴が異常に伸びる。嘴がきれいに咬み合わない。ひどくなると、餌を取りづらくなる。嘴に割れたような亀裂が入る。

原因：代謝性骨疾患、発育異常、外傷。

予防と対策：高繊維質、低タンパクの食餌など、その他栄養バランスや適度の紫外線照射など、代謝性骨疾患に準ずる。伸びすぎた嘴は削って整形する。

◆口内炎、胃炎

症状：食欲不振、口を前肢で引っかくような動作、よだれなどで嘴がよごれる、吐くようなしぐさ、嘔吐、鼻から鼻水やあぶくが出ることもある。開口呼吸。

原因：低温などの免疫力の低下、胃炎の波及、細菌・真菌・ウイルスの感染、栄養素の欠乏。まれに有毒物の摂取によっても起こることがある。

予防：適切な環境を心がける。他の疾患からの波及の場合は、おおもとの疾患の治療も必要になる。ウイルス感染などの場合、その個体が死亡するだけでなく、他の個体にも伝染し、被害を広げる場合がある。購入当初はしっかり検疫を行なう。

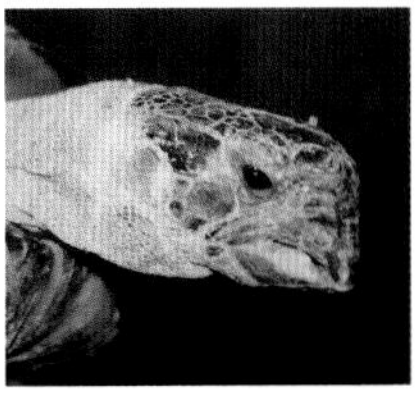

嘴の過長とかみ合わせの異常

上顎のみならず下顎の変形も起こり、かみ合わせが悪くなっている。ヘルマンリクガメ

嘴の過長

上顎の嘴が伸びてオウムの嘴のようになっている。ヨツユビリクガメ

口腔から胃にかけての炎症は、食欲不振になることのみならず、水さえも飲むことができなくなり、脱水を起こす。そのことにより、全体的な状態の悪化が起こるため、早急な治療が必要。

◆腸炎

症状：下痢、未消化の下痢、粘液や血液が含まれることもある。総排泄孔が常にやわらかい便で汚れている。

原因：餌の急変や、果物など炭水化物の多いもの、腐敗したもの、有毒植物の摂取など、不適切な食餌管理。飼育温度の不備。消化管内寄生虫、細菌やウイルス。

予防：温度管理をしっかり行なう。腹部を暖めるエリアを作るのもよいかもしれない。餌の急変や冷たい野菜を与えないなど、飼養管理をしっかり行なう。寄生虫がいる場合には、駆虫も考える必要がある。下痢により、体内の水分が奪われるため、水分は十分取らせる。

◆鼓張症

症状：食欲不振。ゲップのような動作。四肢の付け根が張り出してくる。

原因：普段高繊維質の草類を与えているところに、炭水化物の多い餌を多給することにより、あるいは腹部の冷えなどにより、消化管内の食物が異常発酵を起こすことにより起こる。

予防：温度管理をしっかり行なう。喜んで食べるからといって、炭水化物を多く含む餌を多く与えないようにする。

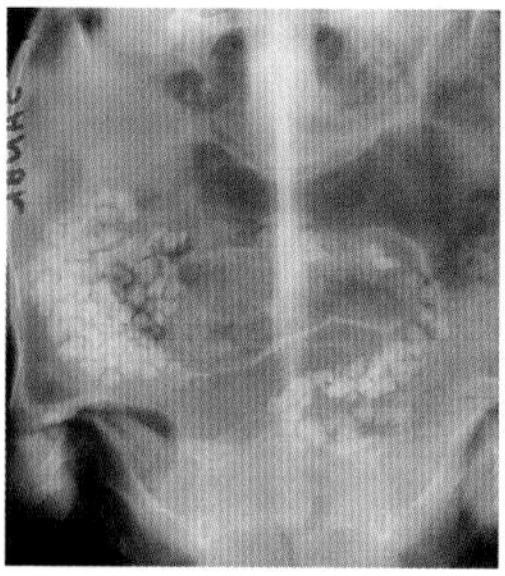

異物摂取

小石を多量に飲み込んでいる。あまり多量に食べると、腸の内容物が動かなくなり、大きな問題となることがある。ヨツユビリクガメ（白いつぶつぶが石）

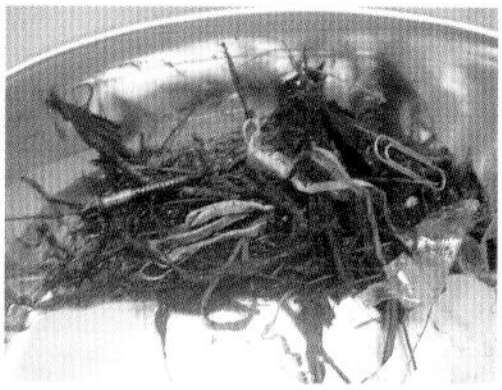

異物摂取

カメはときに色々なものを食べてしまうことがある。コンスタントに排便していたケヅメリクガメが3日排便しないということで連れてこられたが、その治療中に排泄された便の余分なものを洗い落としてみると、ビニールや輪ゴム、クリップ、ネジその他のものが現れた

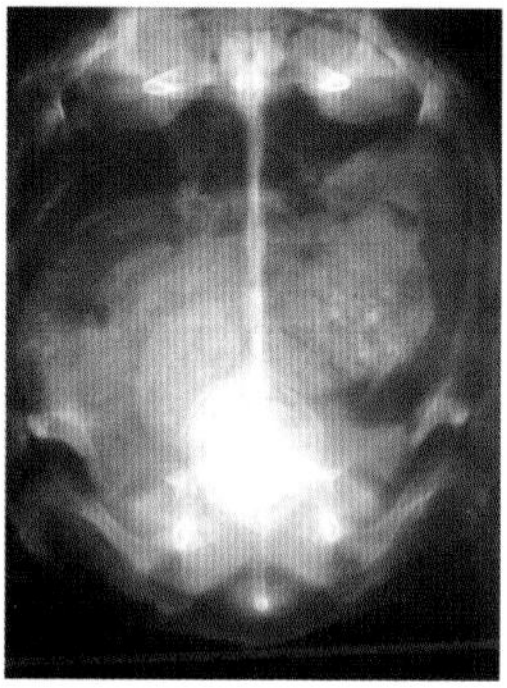

膀胱結石

尿路結石が骨盤をふさぎ、それにより重度の便秘をこしている。写真下方の濃く白い丸いものが結石、それに続いて上方にもやもやと、左そして右へと見える薄い白い影が、行き場を失い大量に溜まった便。ケヅメリクガメ

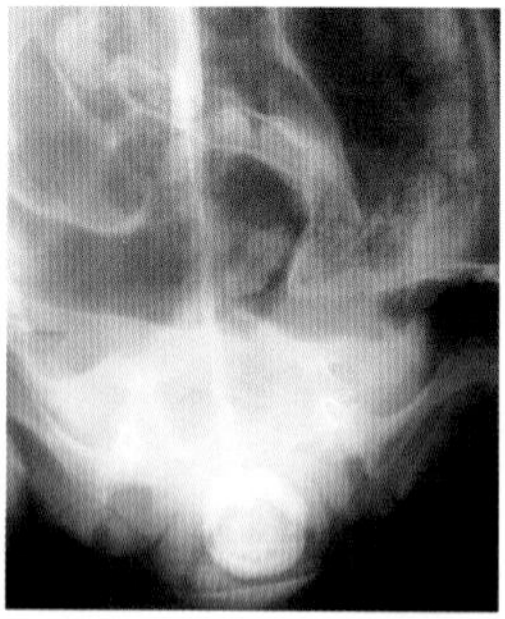

尿路結石

このケースは総排泄孔に結石がつまり、いきみや食欲不振などの症状が出ている。インドホシガメ（下の方の白いところの一番下に見える丸いものが結石）

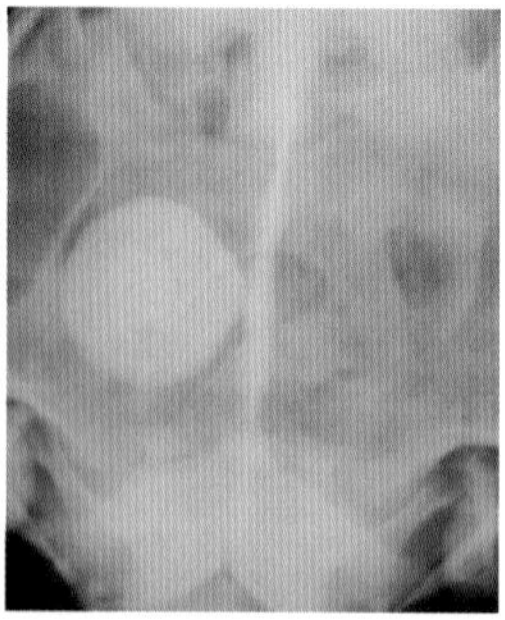

尿路結石

膀胱内に大きな結石が形成されている。これでも表面的には、膀胱結石を疑う症状は出ていなかった。ヨツユビリクガメ（中央左寄りの丸い白いものが結石）

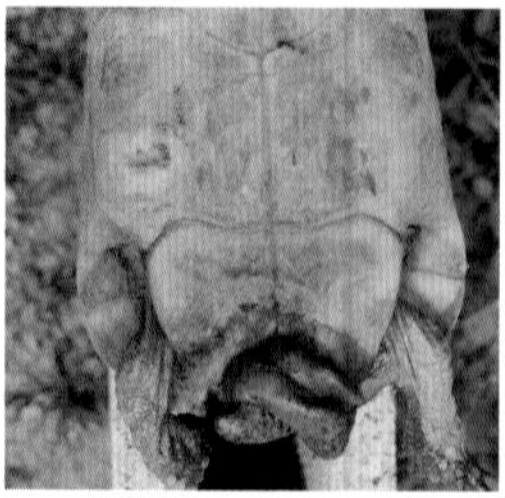

ペニス脱

引っこまなくなったペニスが赤くうっ血し、一部は黒ずんできている。ギリシャリクガメ

◆便秘

症状：息んでいるが便が出ない。コンスタントに排便していたものが数日以上出ない。食欲不振、重度になると嘔吐が見られることがある。

原因：食物中の繊維質の不足。異物など、不消化物の摂取。代謝性骨疾患などで、後躯の麻痺がある。運動不足。重度の脱水。尿路結石が骨盤腔などに詰まってしまっている。脊椎疾患などの神経機能低下により起こることがある。

予防：繊維質の多い食餌。普段から便が硬い場合には、温浴などを十分に行なう。尿路結石に関しては、それの予防に準じる。

◆異物摂取

症状：無症状のまま便に出てきてしまうことも多いが、ものによっては閉塞や穿孔、中毒など重篤な結果をもたらすこともある。嘔吐、下痢、便秘、急死（消化器の穿孔を起こすなど）。

原因：リクガメはよく床材や小石、ビニール、金属などの不消化異物、時にタバコなどの化学物質を含むものを食べてしまうことすらある。小石などを多量に食べる個体は、カルシウム等が不足しているかもしれない。

予防：リクガメの生活環境に、問題を起こしそうなものは入らないようにする。

◆総排泄腔脱、直腸脱、卵管脱、ペニス脱

症状：総排泄孔から赤や黒い内臓が出ている。

原因：下痢や膀胱炎、結石、産卵など激しい息みなどが原因。ペニス脱はペニスを出している時に、何らかの原因で引っ張られることによって起こると思われる。交尾時以外でもペニスを出していることがあるので、刺激することですぐに引っ込んでしまうようであれば異常ではない。

予防および対処：下痢や膀胱炎を放置しない。飼養管理や温度管理をしっかり行なう。総排泄孔から内臓のようなもの出ていて戻らない場合には、乾燥させないよう軟膏などを塗るか、牛乳や水などで湿らせたガーゼを巻いて、早急に動物病院で治療を受ける。

◆膀胱炎

症状：総排泄孔が常に濡れている。尿の臭いがきつい。血尿や緑色の尿。

原因：カメの尿道が短いことと、総排泄腔に開いていることで、膀胱への感染は起こりやすい。下痢が続くことに加え、免疫力の低下や結石などによる膀胱粘膜の刺激により起こる。不衛生な環境が一因のことも。

予防：温度や衛生面などの環境、低タンパク、高繊維質の食餌などの飼養管理に気をつける。下痢などはしっかり治す。

なんらかの問題が起こり、甲の変型が起こっている。ギリシャリクガメ

腹甲の中央やわき腹が赤くなり出血したようになっているのがわかるだろうか。これは外傷によるものではなく、敗血症などにより血が固まりにくくなり、甲の下に出血を起こしているもの。非常に危険な状態。ヨツユビリクガメ

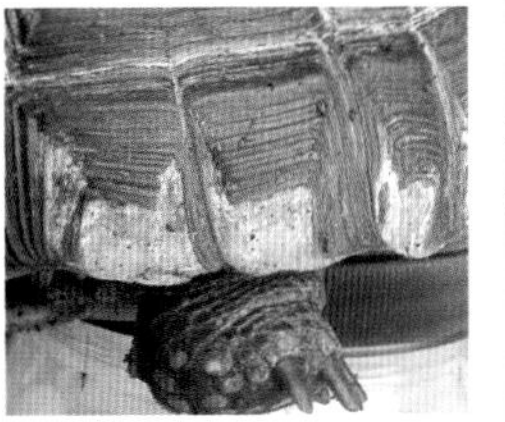

甲羅の表面の感染

床材の湿度が高く、なおかつ不衛生な状態での飼育により、甲羅の表面に細菌やカビなどが繁殖し、鱗板が分解されている。アカアシリクガメ

◆尿路結石

症状：結石が膀胱内にある場合、多くは無症状。膀胱結石が尿路に降りてきた場合、骨盤腔や総排泄孔に詰まると、強く息んでいる、総排泄孔が赤い、白いものがのぞいているなどの症状を急に見せる。細菌感染を併発すると、膀胱炎の症状も現れる。結石が骨盤腔にあることにより、便秘を併発していることもある。

ケヅメリクガメ、インドホシガメ、ヨツユビリクガメに多く見られるが、その他ギリシャリクガメ、ヘルマンリクガメ、フチゾリリクガメ、パンケーキガメなどもできることがある。

原因：リクガメの尿路結石は、タンパク質の最終産物である窒素物を主に尿酸として排泄するリクガメに多く見られる。

予防：低タンパク質の餌を心がけるとともに、脱水などを起こさないようにする。

◆甲羅の表面の感染

症状：甲羅の表面が変色する。ぼろぼろ剥がれる。

原因：湿度が高く、不潔な環境で、細菌やカビの感染を受ける。

予防：床材は乾かして、清潔を心がける。

◆甲羅の深部の感染

症状：悪臭のある液体が染み出している。甲羅（鱗板）が剥がれる。血が滲む。

原因：甲羅の傷から、あるいは体内の他の部位から細菌が血液により運ばれて、甲羅の深部に感染を起こす。不衛生な環境。

予防：清潔な環境での飼育。感染部位がある場合には適切な処置をする。

◆甲羅の外傷

症状：甲羅が割れる、欠ける。出血。手足の麻痺。甲羅が均等に育たない。

原因：落下事故、犬などにかじられる。甲羅の成長点が障害を受けると、その後の発育に障害が起こり、甲羅が曲がったりすることもある。感染が起これば鱗板が剥がれ落ちることもある。

予防：マンションのベランダなどでの飼育の際、思わぬところからでも抜け出すことがあるので注意が必要。庭などで飼育している場合は、犬やカラスその他の外敵から守る工夫をする。

◆皮膚の外傷、皮膚炎

症状：皮膚の傷、はがれ、出血、かさぶた、感染。

原因：オス同士の闘争やオスの求愛行動に伴う損傷、自身の甲羅の辺縁との擦り傷その他。高湿度で不潔な環境。

◆皮下の膿瘍

症状：皮膚の変色、皮膚に「こぶ」ができる。

原因：外傷や他の感染部位から皮下に細菌などが入り込み膿瘍となる。首や手足の辺縁の甲羅とすれることで皮膚に傷ができ、そこから感染が起こることもある。また、体内に感染叢《かんせんそう》がある場合もある。

予防・対策：清潔な環境を用意する。甲羅

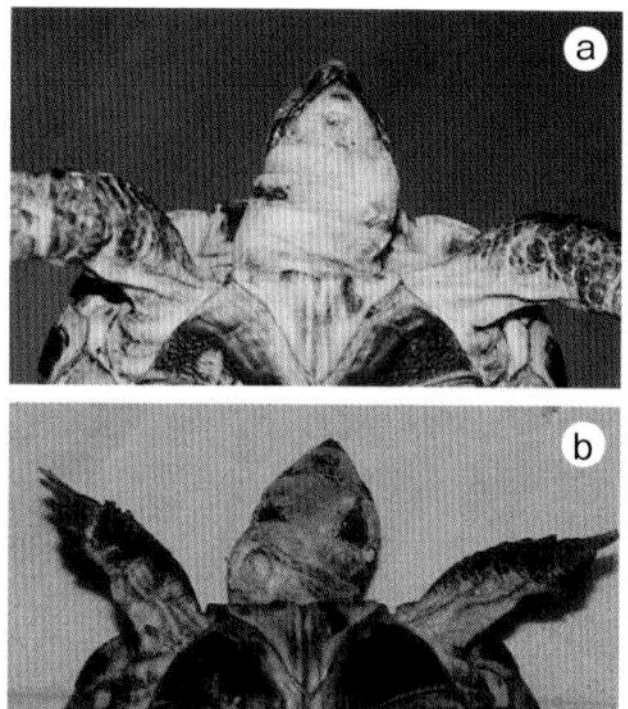

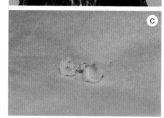

皮下腫瘍

左のアゴの下と、右側の首が黄色く腫れているのがわかるだろうか（a）。いずれも皮下腫瘍で、切開すると黄色い膿が取り出せた（b）。取り出した膿（c）。リクガメの膿は、このように濃度が高く、切開して取り出す必要がある。ヨツユビリクガメ

とすれる場所がある場合には、保護する対策をする。塊の膿は切開して取り除く必要がある。

◆成長障害

症状：嘴の変形、過長。甲羅がでこぼこになる、いびつになる、辺縁が反り返るなど。

原因：絶対的、相対的カルシウムの不足、タンパク質の過剰、ビタミンの不足。微量元素の不足、それらのアンバランスなどが原因で体の異常な成長が起こる。低すぎる湿度によっても起こることがある。その他ケガなどでも起こりえる。

予防：低タンパク質・高繊維質食、適度な紫外線、カルシウムの十分な添加など、飼養管理、環境管理に気をつける。

◆代謝性骨疾患

症状：やわらかい甲羅、腰のあたりが落ち込むなどの甲羅の変形。嘴や下顎の変形。症状が進むと、しっかり甲羅を持ち上げて歩くことができない、力があまり入らないなどの麻痺や、時に筋肉の痙攣が起こる。

原因：相対的・絶対的カルシウムの不足、紫外線不足やビタミン不足、微量元素の不足、それらのバランスが崩れることなどが原因で体の成長異常を起こす。また腎臓や肝臓、甲状腺や副甲状腺、小腸の異常なども原因となりうる。骨へのカルシウムの沈着不足は、骨の強度を低下させ、結果的に正しい成長ができなくなる。

対策：成長期は、特に餌へのカルシウム剤の添加や、適度な紫外線の照射や日光浴を行なう。大型種には、繊維質の多い、低タンパク質の餌を与える。産卵しているメスは卵に多くのカルシウムが必要になるために、カルシウムの要求量も増加してる。カルシウムが効率よく吸収されるためには、活性型ビタミンD_3が不可欠。つまり、餌の中にカルシウムがあるだけでは、効率よく吸収できないこと、また、リクガメのカルシウムの必要量は現在のところ知られていないため、ビタミンD_3の添加によってではなく、日光浴によって行なうのが安全確実である。

対策：日光浴、食餌の改善、カルシウム剤や栄養剤の添加など、飼育環境全体の改善。

◆ビタミンA欠乏症

症状：目が腫れて開けない、呼吸器感染症、中枢神経障害。

原因：レタスやキュウリ、果物など、ビタミンAの少ない餌で長期飼育した場合に起こる。

対策：栄養素の質が高く、バランスの取れた食事を心がける。

◆甲状腺腫

症状：喉の辺りが腫れる。

原因：キャベツやブロッコリー、ナタネな

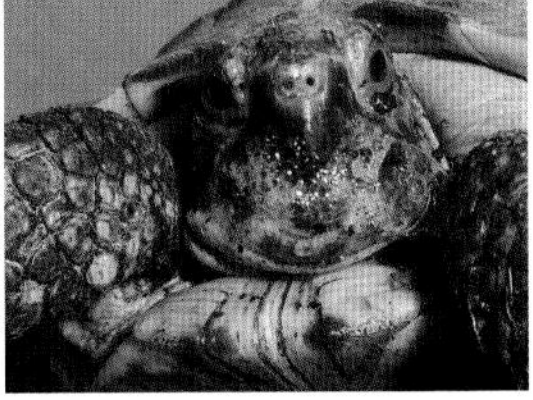

熱射病

秋口の天気の良い日に室内温度が上がりすぎた。ケージ内を暴れまわっていたところを発見、幸い水道水で体温を下げ事なきを得た

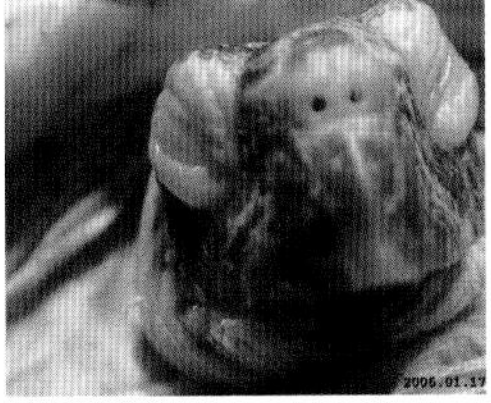

ビタミンＡ欠乏症

本来の食性からするとなりにくい疾患であるが、稀に見られることがある。眼瞼（がんけん）が腫れて、目が開かなくなっている。ヨツユビリクガメ

代謝性骨疾患

甲羅の後半が急激に落ちこんで、つぶれたように見える。ギリシャリクガメ

ど、抗甲状腺物質を多く含む餌のみで飼育した場合など起こることがある。

予防：バランスの取れた食べ物の摂取

◆卵詰まり

症状：最初のうちは後ろ足で穴を掘るような産卵行動を繰り返しているが産卵せず、そのうちに元気がなくなる。時に後ろ足の不全麻痺が見られることもある。放置すれば死につながる。

原因：栄養素の一部の不足や、カルシウム不足など。その他産卵場所がない、卵を持っている時の環境の急変によるストレス、成長障害などによる骨盤から臀部の甲羅までの間が狭い、など。

予防：温度管理、飼養管理をしっかり行なう。安心して産卵できる場所を提供する。

◆日射病・熱射病

症状：開口呼吸。鼻や口から泡をふいている。ぐったりしている。ケイレンを起こしている。

原因：夏場など屋外にリクガメを置いた場合、日中の直射日光からの逃げ場がないことによる過度の直射日光の照射、ベランダなどでは風通しが悪かったり照り返しにより、屋内飼育ケージでは春先や秋口に締め切った部屋の温度が異常に上がるなど、何らかの原因で、短時間で急激かつ異常に環境温度が高くなることにより起こる。

応急処置：すぐに水などをかけて、高くなりすぎた体温を下げる。この処置のときに、呼吸困難や意識の低下を起こしている場合には、口に水が入ることにより窒息させないよう気をつける。すぐに正常に戻るようであればよいが、そうでない場合はなるべく早く病院に連れて行く。

◆やけど

症状：甲羅や皮膚の変色。鱗板の脱落。甲羅や皮膚の感染症。

原因：保温器具との距離が近すぎる、環境温度が低いために、保温器具の近くに長くとどまることにより起きることがある。また、小動物用などのプレートヒーターは低い温度でも、長時間にわたって直接接触していることにより、低温火傷の危険性もある。ケヅメリクガメを飼育されている方が、カメが暴れ、ケージを壊したたことにより保温器具を倒し、ぼやを起こしてしまい、カメ自身も重度のやけどを負った症例を診たことがある。

予防：保温器具の適切な設置。環境温度を適切に保つ。

◆関節炎

症状：歩き方がおかしい。関節が腫れている。

原因：感染性のものや栄養性のものなどがある。

カメヘルペスウイルス感染症

チーズ様のものは見られないが、舌が重度の炎症に冒されている。パンケーキガメ

カメヘルペスウイルス感染症

口の周りが涎で汚れ、床材がついている。この３日後に死亡。パンケーキガメ

予防：傷などを放置しない。飼養管理をしっかり行なう。

◆腎不全

症状：初期には症状を示さず、末期になって初めてわかることが多い。水をよく飲む。食べているが痩せてくる。食欲にムラがみられるようになり、次第に食欲がなくなる。むくんでくる。貧血がみられる（舌の色が白っぽい)。甲羅が柔らかくなる。尿臭がきつい。
原因：高タンパク食などによる腎臓への負担。様々な原因による慢性的なあるいは繰り返される脱水、尿路結石が尿路に閉塞することにより腎臓に負担をかける。細菌やウイルス、寄生虫などの感染。長期にわたるストックや輸送時の管理不全により、脱水を起こし、すでに取り返しのつかない状態になっていることもある。この場合でも、症状が全く出ていないことも多い。多くの病気を放置した末期的な状態で併発症として見られることも多い。
予防：低タンパク質、高繊維質の食餌、脱水の防止。

◆リクガメのヘルペスウイルス感染症

症状：初期は鼻水などの呼吸器系の症状のように現れるが、短期間のうちに涎、舌など口腔内の充血がみられるようになり、口腔内がチーズ様のもので満たされるようになる頃には衰弱はさらに進む。口の中にチーズ様のものが現れる前に死亡してしまうことすらある。口を開けたり呼吸が苦しそうな呼吸音を発するようになり、多くは数日内に死亡する。
原因：カメヘルペスウイルス。ヘルペスウイルス感染症は、哺乳類や鳥類、爬虫類、両生類、そして魚類まで、幅広く存在している。一般に宿主特異性が高く、同じヘルペスウイルスでも感染する側の種が異なると感染しにくいといわれている。言い換えれば、あるヘルペスウイルスは、特定の宿主(リクガメ)に感染するということだ。現在のところ、今回のリクガメカタログに載っている種類では、アルダブラゾウガメとケヅメリクガメ以外で発生が認められている。特にパンケーキガメ、ヨツユビリクガメは、より重篤になる。

病気のカメから分泌された鼻汁や涎、便や尿から感染すると言われている。輸入されたヨツユビリクガメの一群が発症したにもかかわらず、同時期に同施設内で飼育していたアカアシガメには発症が見られなかったことから、カメの種類によってかなり罹りやすさが異なる可能性がある。また、見かけ上健康なカメを迎え入れた後に、以前より飼育していたカメにヘルペスウイルス感染症が発症したなどの例があり、日和見的に発症することもありうる。
治療：補液や抗生物質の投与、強制給餌などの支持療法が主体となる。その他、抗ウイルス剤の投与。治療が1日でも遅れると非常に重篤な状態になり、死亡率もとても高くなる。また、治るまでに1〜2ヵ月、あるいはそれ以上に及ぶこともある。この病気は、とても死亡率が高く、怖い伝染病として知られている。
予防：しっかり検疫を行なうことに尽きる。新しい個体を入れたことで、それまで大切に育てていたカメたちを、死の危険にさらすことさえあるからだ。ただ、筆者の経験では、1年以上にわたり健康そうに見えた個体が、あるストレスをきっかけに発症してしまった例もあり、検疫期間を設けても、完全にその被害を予防することは難しいかもしれない。

◆衰弱

症状：食欲はほとんどなくなり、手足は細く張りがなくなり、ほとんど動けなくなり、持ち上げても首や手足をだらりとたらして力が入らない。目は力なく薄目を開ける、あるいは開けることができなくなる。
原因：栄養不良や不適切な環境温度での飼育。リクガメは不適切な飼い方をしていても、しばらくは一見問題なく生活している。甲羅があるために痩せはじめているのがわかりにくいのもあり、状態の悪化を発見することが遅れる。また、様々な病気の末期でも同様の症状が現れる。いずれにせよ、このような状態は、リクガメが非常に危険な状態までできていることを表している。
予防：多くの病態の末期の状態。このようになる前に問題の早期発見、対処を心がける。

◆寄生虫

寄生虫には外部寄生虫と内部寄生虫がある。外部寄生虫であるダニは、輸入直後の野生個体で見られることがある。内部寄生虫には消化管内寄生虫の鞭毛虫《べんもうちゅう》や纖毛《せんもう》虫《ちゅう》などの原虫類、回虫や蟯虫《ぎょうちゅう》などの線虫類、まれに条虫や吸虫類、泌尿器系には鞭毛虫などがある。

◆一般的に見られる消化管内寄生虫について

症状：無症状の場合も多い。主な症状は下痢。他の病気で体力が弱ることで寄生虫が勢いづき、直接的、間接的に影響を及ぼすため、症状は多肢にわたるようになる。

原因：現在でもごく一般的に見られるのが、原虫や蟯虫に代表される線虫寄生。

予防および対策：病原性に関しては健康であればさほど問題がないことも多いといわれている。しかし、これらがシストや虫卵として糞便とともに排泄され、経口的に摂取されることで感染を起こすため、狭い環境での飼育では糞便などの始末の不備から再感染の危険性が増し、消化管内に異常に虫体が増えてしまうことが考えられる。また、リクガメが体調を崩した場合などにこれらが勢いづき、直接的、間接的に病原性を発揮し、時に死に至らしめることもある。人に対する衛生面からも、購入当初や下痢をしたときには検便をし、可能な限り駆虫をした方がよい。

まとめ

これらの疾患の中には、初期であれば環境設定の見直し、栄養的な問題であれば、それを改善すればよいケースもあると思います。しかし多くの場合、思っているよりも状態は進んでいることも多く、病態はより複雑になっています。また、病気にしたくてリクガメを飼育しているわけではないので、状態の正しい把握ができていないことも多いと思われます。つまり、自分の作った環境が悪いことに考えが及ばないのです。客観的な意見を聞く意味でも、早い段階で病院やプロショップでの専門的な治療やアドバイスを受けることをおすすめします。

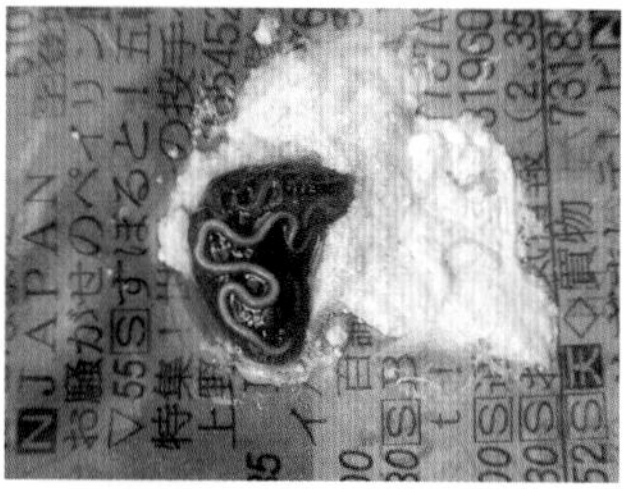

消化管内寄生虫

回虫（大きい方）と蟯虫（辺縁に見える小さな繊維状のもの）を含む下痢便。ヨツユビリクガメ

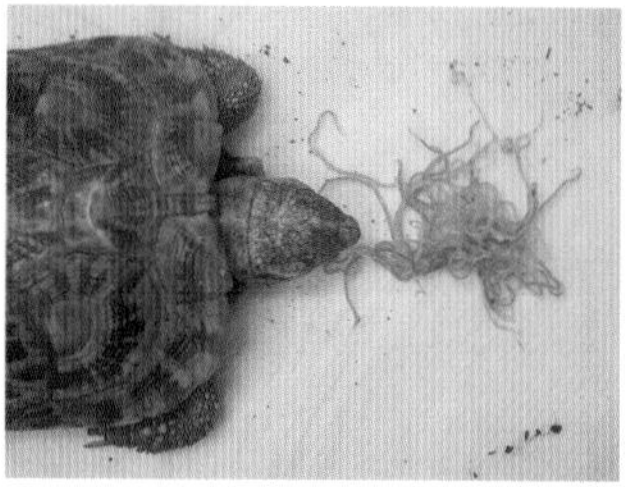

死亡したパンケーキガメから這い出てきた回虫

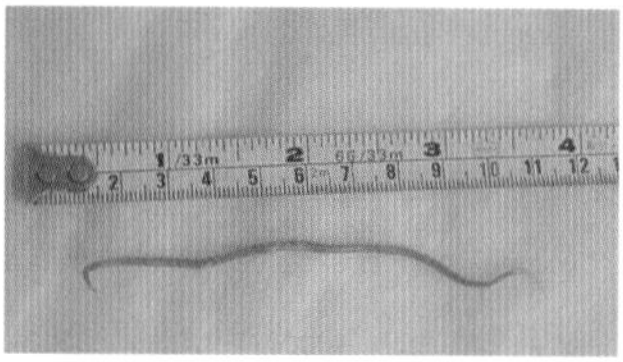

回虫虫体

ビルマホシガメ

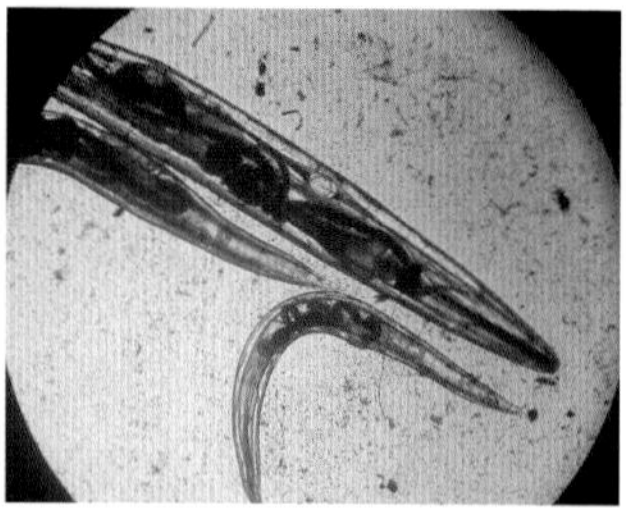

蟯虫

ヨツユビリクガメ

COLUMN 食欲不振で胃から栄養を受け付けられる時の一つの方法

食欲がなく、長期に継続的に治療必要と思われる個体。首の横に穴を開け、胃にチューブを通しています。チューブは下顎の方に誘導しテープで固定、カメの右足下に見えているのがそのチューブです。その後チューブはテープで固定しながら、後方へ誘導し、必要なときにこのチューブから栄養や水分を、直接胃に入れます。頻繁に口をあけさせて強制給餌をするよりも、カメにかかる負担は少ないのです。

COLUMN 早めの行動を

「あれ、今日はあまりゴハン食べないんだねー。どうしたんだろ？　ちょっと心配」

数日後、

「食欲がどんどんなくなってきたな。どうしよう。そうだ、ネットでリクガメに詳しい人に聞いてみよう」

なるほど、それをやってみよう。

「ほら、これ美味しいよ。あっ、少し食べてくれた。よかった」

さらに数日後、

「わあー、なんか元気ないなー。やっぱりダメだ、病院に行かないとダメかな……」


こんな風に、病気を軽んじたり、後手に回したりして、なかなか病院に連れて行こうという気持ちになれないケースは多いのではないでしょうか。これでは病院にたどり着くまでに状態の悪化が進み、早ければすぐに良くなったかもしれないことでも、時間が経ちこじらせてしまったことで、治るまでに何倍も

時間がかかったり、最悪の場合手遅れになったりします。

獣医師としてできるアドバイスは、いちばんに「早めの診察」を挙げておきます。そして、病気の発見と治療は、病院と飼い主であるあなたとの共同作業になります。原因がなかなか見つからなくても、根気よく獣医師とよく話し合い、よい方法を探していきましょう。病態が進めば、治療していても、回復するのに数ヵ月を要することもよくあります。

飼育のよろこび

リクガメの繁殖

さて、最後の章では、飼育の一大イベントともいえる繁殖について解説しましょう。
リクガメの赤ちゃん、かわいいですよ！

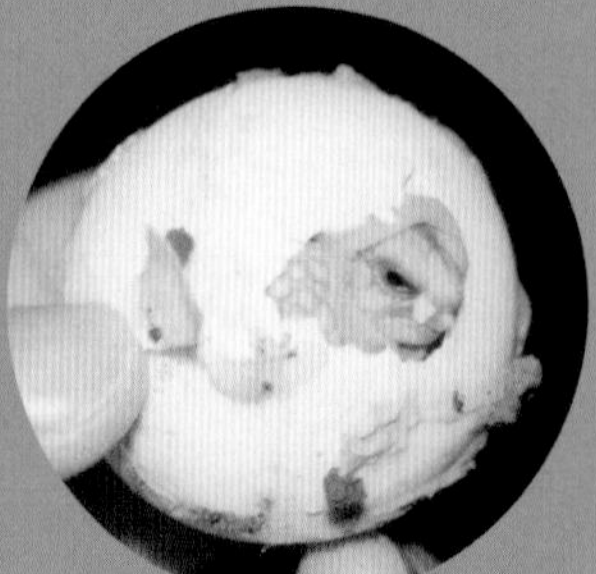

繁殖を目指して

リクガメを複数で飼育していると、産卵に遭遇することがありますし、運がよければ子ガメの誕生を目の当たりにすることができます。リクガメではありませんが、筆者が意図的な繁殖に成功したのは1991年のアメリカハコガメでした。後肢で上手に穴を掘り、卵を産んでいる姿も感動的ですが、その感動を遥かに超えるのが子ガメの誕生でした。孵化したての子ガメと初めて目が合ったときの興奮は、今でも鮮明に覚えています。飼育下での繁殖はリクガメ飼育の楽しみをさらに奥深いものにしてくれることでしょう。

雌雄をそろえる

リクガメの飼育を始める方の多くは、最初から繁殖を目指しているわけではないと思います。大事に飼い込んだ子が「ある日突然卵を産んだ」などがきっかけとなって、繁殖を意識するようになるのではないでしょうか。

飼育していた個体が運よくペアであればよいのですが、そうでない場合や単独飼育をしている場合は、伴侶（相手）を探す必要があります。そのとき、性成熟した相手が見つかればよいのですが、最近では売られている個体の多くが幼体です。これは思っているよりも大変なことかもしれません。リクガメはある程度大きくならないと雌雄の判別が難しい場合が多いものです。甲に丸みがあり、尾尻の感じもいかにも「メス」と思われた個体が、ある日突然ペニスを出したということも良くあります。

また、幼体を入手して育てる場合、非常にうまく育ったとしても、性成熟には数年以上、場合によっては10年以上かかる場合もあります。

そして何よりも大事なことは、健康にしっかり飼い込まなければならないということです。ただオスとメスがいるだけでは、繁殖はうまくいかないことも多いのです。

親の栄養状態が大切

特にメスにとっては、卵を作り出すという仕事は、多くの栄養分を卵に注ぎ込まなくてはならない重労働です。メスは、卵を産み始めると成長の速度が鈍る、ということからも、その大変さが伝わってきます。メス親の栄養状態がよくないと、産卵までいかなかったり、せっかく産んだ卵がうまく育たなかったり、せっかく孵化した子ガメがすぐに死んでしまったりということが起こります。産前産後は、カルシウム分はもちろんのこと、微量ミネラルや、場合によっては少量の動物性のタンパク質など、十分な栄養をとらせて万全な状態に持っていくことが、継続的な繁殖には重要です。

筆者宅ではこんなこともありました。持った感じではさほど柔らかいと感じないものの、爪の先などで甲羅を押すと弾力を感じる程度の、カルシウム沈着が不十分な甲羅を持つc. b. のメスのギリシャリクガメを飼育していました。そのメスに、オスが甲羅をぶつけてくる求愛行動をとったことで、縁甲盤や肋甲盤にひどい内出血を起こさせてしまったことがありました。これはw. c. の普通の甲羅を持つメスでは何ら問題のない程度のアタックでした。オスにとっても栄養性の骨疾患などによって後肢に不全麻痺などがあれば、交尾はうまくいかないでしょう。成長に問題があると、交尾すらままならないのです。繁殖を目指すためには、しっかりと成長させることがいかに重要であるかが、わかる出来事でした。

●交尾

リクガメのオスの求愛行動は、メスの動きを制するために、首や四肢、時に顔に噛み付いたり、首を引っ込め自身の甲羅をメスの甲羅に押し当てたり、ぶつけたりします。こうしてメスの動きを止め、すばやくメスの後ろに回りこみ交尾体勢に入ります。オスは交尾時に、規則正しいリズムで「ガーガー」というような、独特な声を発します。

実際には交尾行動が見受けられても、交尾が成功しているとは限りません。交尾がうまくいくかどうかは、メス側の要素が大きく影響しています。メスが発情していないなど、頑として交尾を拒否すると、なかなか交尾の成功には至りません。このことから、発情の同期化が重要になることもあります。筆者はチチュウカイリクガメ属に限らず、繁殖にはある程度の温度変化が必要ではないかと思っています。この温度差というのは、冬期を利用して夜間の温度を2～5℃下げる期間をつくってみることです。また、雨が降った後や、温浴後に交尾行動が活発になったり、日光浴によって交尾行動が見られることもあり、温度や湿度、日照なども刺激になることがあります。

ここで注意したいのが、オスを複数で飼育している場合です。オスが複数いると、繁殖期にオス同士のバトルが激化することがあります。狭いケージでは、オス同士の闘争に負けてしまった個体は逃げ場がなくなり、しつこく攻撃されることから、時には結果的に命にかかわるほどの傷を負わされてしまうことがあります。また、オスはかなりしつこくメスを追い回すので、メスにその気がない場合にはかなりのストレスになります。メスが怯えて食欲がなくなったり、噛み傷による出血や皮膚の剥離などといったことも起こります。

オスからオスへの攻撃、オスからメスへの求愛行動、いずれにしても、繁殖期に入り、ストレスを受けている個体がいるならば、速やかに隔離して別々のケージで飼育してください。攻撃から逃げられるほどの大きなスペースで飼うことができるのであればよいのでしょうが、おそらく一般的にはそこまでの設備を用意することは難しいでしょうから、隔離が必要になるわけです。

産卵

メスの場合、発情期がわかりにくく、突然の産卵にあたふたすることがあります。卵を持ったメスは、食欲が増すとともに体重の増加が見られます。産卵時期が近づくとソワソワと落ち着きがなくなり、さかんに地面の臭いを嗅ぐなど、産卵場所を探す行動が見られます。ケージ飼いの場合には、ケージ内を落ち着きなく動き回るだけでなく、外に出たがるように、さかんにケージの壁を上がろうとしたり産卵のための穴を掘るために、後肢で床を引っかくような動作を見せます。慣れてくれば、注意深く観察していると、いつもと違う行動から産卵が近いことがわかるようになります。

屋外の、冬場における簡易な囲いの中での産卵。ケヅメリクガメ（11月）

庭先などの一角を飼育場にしているのであればそのままでもよいのですが、ケージあるいはベランダやバルコニーで飼育している場合には、産卵場を用意してあげる必要があります。

メスは気に入った場所を見つけると、後肢で器用に壷状の穴を掘ります。産み落とした卵は、ひとつ産むごとに安定させるように後肢でならしていきます。産卵が完了すると今度は土を埋め戻し、後肢でしっかり踏みつけながら、それこそ産んだところがわからないくらいていねいに時間をかけてならします。

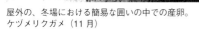

産卵は多くの場合、昼間に行なわれます。種類により、穴を掘り始めてから埋め戻すまでの時間は異なります。ケヅメリクガメでは、午後から産卵行動が始まると、日が暮れるまでかかることがあります。反面、ギリシャリクガメなどは2～3時間で産卵行程が終了してしまい、屋外の地面の上で飼っていたりすると、産卵したことすら気づかないことがあるほどです。

親ガメは産卵場所を慎重に選びます。気に入った場所が見つからないと産卵できないことすらあります。また、血液中のカルシウム濃度が低かったり、栄養的な問題から卵を産みきれないこともあり、メスの体内で卵詰まりが起こることがあります。穴を掘っていきんでいても産卵しないことが続く、親ガメの動きが悪くなるなどの様子（卵詰まり）が見られたら、ある程度のところで陣痛促進剤を使わなければならなかったり、最悪手術が必要なこともあります。親ガメが弱ってしまわないうちに動物病院に相談しましょう。

産卵をさせるために

● 屋外での産卵

庭の一角を利用した屋外飼育であれば、カメに任せて産卵させるのがいちばんトラブルは少なくなります。産卵には土が固くしまった場所が選ばれ、やわらかい土や砂などでは穴を掘ってもすぐに崩れてしまうので産卵はしません。また、土の中に石や木片などの異物があっても、穴を掘るのを途中で止めてしまいます。地面の温度や湿り具合も好みがあるようです。ですから、産卵場所には、日の当たる場所、半日陰、物陰あるいは開けたところなど、多様性を持たせてやることが、産卵をスムースに行なわせるポイントになります。

孵化までの期間が短い種類であれば、場合によっては産んだ後、そのままにしておいてもうまく孵化することがあるかもしれません。しかし、ほとんどの場合、本来の自然環境との違い、特に降雨を含めた土中の湿度や季節の変化により、自然孵化は難しいといえるでしょう。そのために、産み落とされた卵は、掘り起こして人工孵化を試みることになります。その意味でも、日ごろから、リクガメの変化を見逃さず、産卵場所を確認できるようにしておくことが大切です。

ケヅメリクガメやヒョウモンガメのような大きなリクガメの場合、室内のケージで産卵させるにはかなり大掛かりな設備が必要となりますので、冬場に産卵が行なわれる場合には、屋外で寒さを防ぎながら産卵させるための「簡易の囲い」を作り、そこで産卵させることが必要になってくることもあるでしょう。

● 室内での産卵

通年室内飼いの場合はもちろん、産卵が冬場に行なわれる時には、環境温度の問題で室内で産卵させる必要があります。また、室内産卵がさせられるか否かは親ガメの大きさにもより、あまり大きな個体では、産卵のための穴の深さが50センチにも及ぶことから、設備が大掛かりになります。甲長が20数センチくらいまでであれば、室内での産卵も比較的容易です。

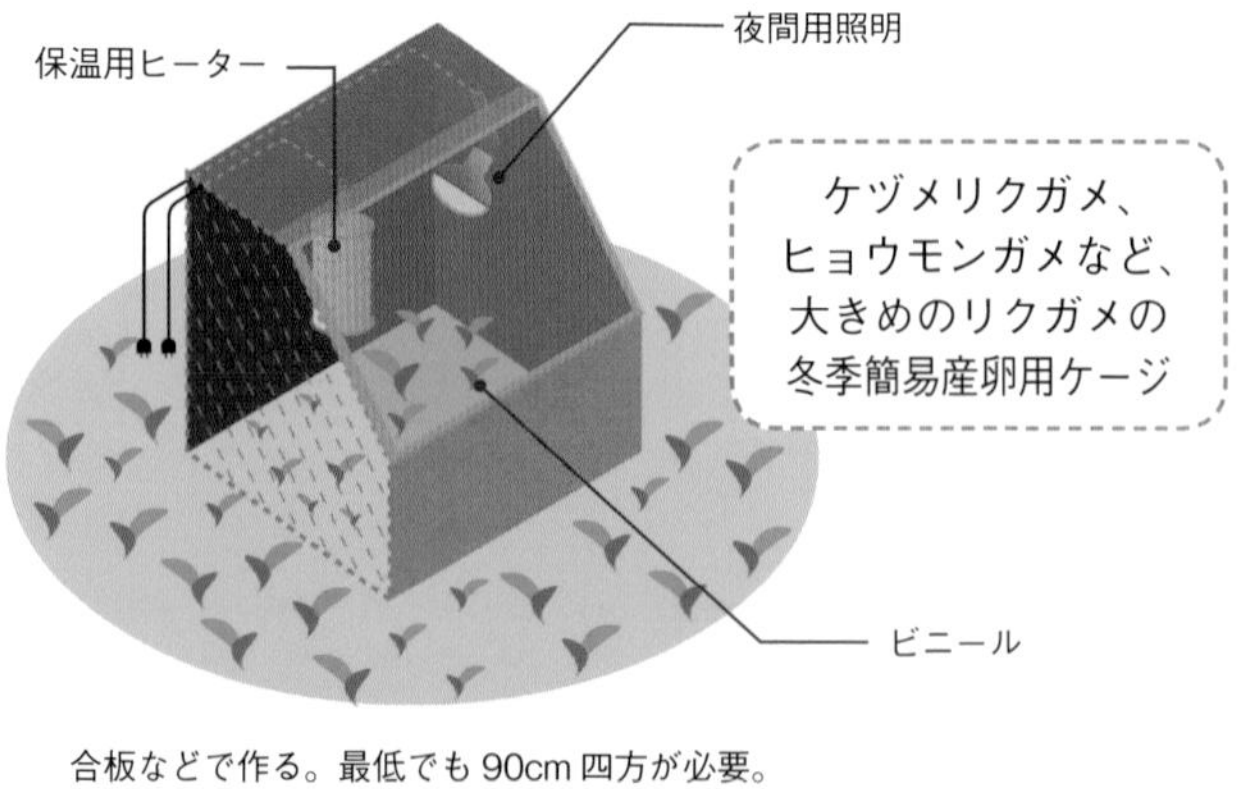

保温用ヒーター
夜間用照明
ビニール
ケヅメリクガメ、
ヒョウモンガメなど、
大きめのリクガメの
冬季簡易産卵用ケージ

合板などで作る。最低でも90cm四方が必要。
夕方まで産卵が及ぶ場合には、ライトを設置する産卵させるためのケージを用意します。産卵のための床材は赤玉土などを用います。産卵時に掘る穴はカメの種類や大きさによって様々で、数㌢から、20㌢前後の深さにまで掘られることがあります。甲長が20㌢以下であれば床材の厚みは15～20㌢、甲長が25㌢前後のリクガメであれば20～25㌢あればよいでしょう。

また、床材は水分と圧力でしっかり固める必要があります。すぐに崩れてしまうような硬さでは足場が不安定になり、穴掘りを途中で止めてしまうことが多いのです。

ベランダやバルコニーで飼育しているリクガメの産卵も、同様に行なうことができます。室内のケージより広いでしょうから、飼育場にトロ舟やプランターなどを設置して、産卵させてもよいと思います。

コンテナボックスや水槽を用いた
一般的な産卵用ケージ

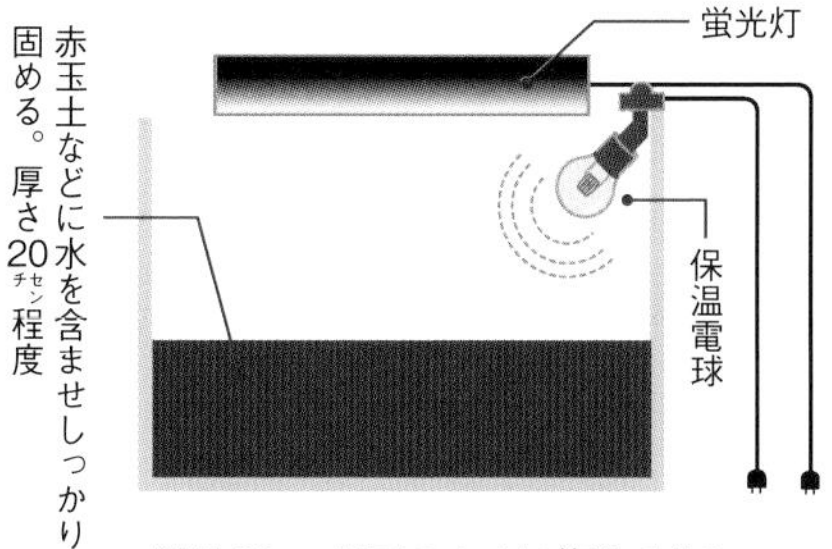
蛍光灯
保温電球
赤玉土などに水を含ませしっかり固める。厚さ20㌢程度

甲長 20cm 以下のカメに使用できる。
冬場など温度をとる必要がある場合は、
保温電球を用いる

人工孵化

卵の回収

産み落とされた卵を掘り出します。卵はきれいに埋められているため、むやみに掘って卵に傷がつかないように注意してください。慣れないうちは、土の中から卵の頭がのぞくと気が急いてしまいますが、卵はがっちりと埋め込まれているため、ゆっくりと周りから崩してから取り出すようにします。

卵を扱う祭は手袋などをはめて、直接卵に触らないほうがよいでしょう。というのも、手で直接触ることにより、手の脂分などが付き、カビの発生を助長させることがあるからです。もうひとつ注意点として、リクガメの卵はひとたび発生が始まると、卵

合板で作成した
自作産卵用ケージ

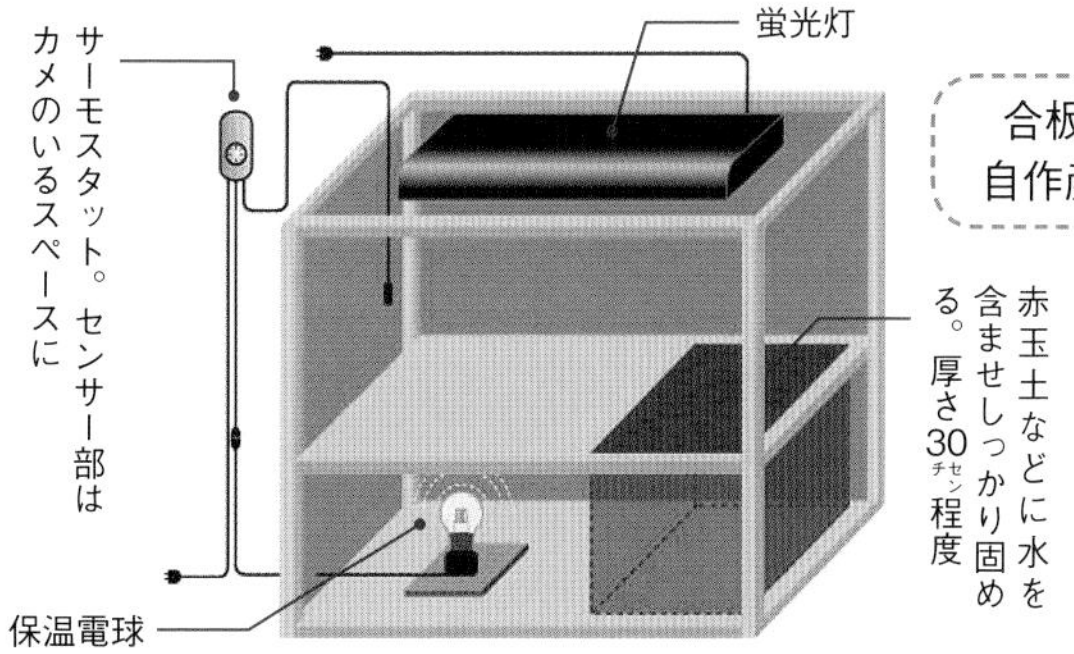
蛍光灯
サーモスタット。センサー部はカメのいるスペースに
赤玉土などに水を含ませしっかり固める。厚さ30㌢程度
保温電球

産卵床部分を小さくすることで軽量化しているが、十分な深さをとることができる。90 × 45cm 程度の広さであれば、甲長 20数 cm までのカメの産卵に利用できる

の上下が変わることで中の胚が死んでしまうことがあります。産み落とされて2～3日以上経っている場合には、転がって上下が逆にならないよう、取り扱いには気をつけてください。これを防ぐためには、掘り起こして卵の頭が見えたところで、やわらかい鉛筆などで卵の殻に印をつけておくとよいでしょう。

卵の保温

通気のための穴を開けたタッパウエアなどに、水分を持たせたバーミキュライトや赤玉土、ミズゴケなどを入れ、回収した卵を半分くらいから頭

屋内における自作産卵ケージでの産卵

卵は慎重に掘り出しましょう。しっかり埋め込まれているので、急ぐと破損の原因になります

が少しのぞくくらいの深さに埋めこみます。同じ容器に温度計を入れ、温度のチェックができるようにしておきます。孵卵器（作り方の詳細は後述）に卵を入れた容器を収め、27～32℃くらいの温度で保温します。リクガメの多くの種類で、このときの保温温度によってオス・メスが決まります。一般に、低めの場合にはメスになり、高めの場合にはオス、その中間温度では両方が生まれます。例えばギリシャリクガメでは30℃以下では全てオス、31℃以上で全てメス、その中間で雌雄両性が生まれるとされます。温度が低すぎたり高すぎたりすると、発生の停止、死亡、奇形などを起こすので注意してください。温度はおおむね一定でよいのですが、保温初期に一定期間低温にした方が早く孵化したり、保温中に温度の変化を与えた方が、孵化率がよい種類もあるようです。

有精卵の場合、数日内に「チョーキング」といわれる変化が卵の殻の表面に現れます。最初、卵の上になっている方が白くなり始め、徐々に全体に広がっていくという変化です。

また、1週間から数週間内には、光に卵を透かすことによって、卵の内側の表面に血管が確認できるようになります（これを検卵あるいはキャンドリングといいます）。やがて、胎仔が確認できるようにもなります。産卵後、早ければ2ヵ月くらい、多くは3～5ヵ月で孵化しますが、場合によってはそれ以上の時間がかかることがあります。保温中は、週に1～2回は卵の入った容器のフタを短時間開け、空気の入れ替えをするとよいでしょう。このときに発育のチェックもします。

● 卵の保温に使われる床材

バーミキュライト

リクガメの産卵

	産卵回数（1シーズン）	産卵数	卵の大きさ（mm）（長径×短径）	卵の重さ（g）	孵化までの期間（日）	子ガメの甲長(mm)／重さ(g)
アルダブラゾウガメ	1～4	4～25	50～55	60～96	30℃で95～130、28℃で110～116	60／40～47
ケヅメリクガメ	2～3	15～30	40～44	35～50	30℃で85～100、28℃で120～170	45～50／25～30
ヒョウモンガメ	1～4	3～30	35～43	25～50	30℃で130、28℃で180	38～46／17～33
アカアシガメ	2～3	2～5	45×42	35～50	30℃で150～175	46／26～32
ギリシャリクガメ	2以上	4～8	30～36×27～30	18～20	30.5～31.5℃で60～80	7～16／28～34
ヘルマンリクガメ	1以上	3～8	30～40×24～29	—	30.5～31.5℃で56～63	9～14／—
フチゾリリクガメ	—	8～10	30.5×28	16～18	31℃で60～70	30／10～14
ヨツユビリクガメ	2～4	2～9	47×34	23～25	30.5℃で60～75	32～34／9～12
インドホシガメ	1～6	3～6	38～50×27～39	22～38	30℃で75、28℃で100	35／15～16
パンケーキガメ	2～3	1～2	47×31	35	30℃で140	40／16～18

数値は経験及び知人からの情報です。カメの大きさや飼い方で変化しますので、あくまで目安と思ってください。

チョーキング

ちょっとわかりにくいのですが、文字が書いてある付近の殻の色が両端部分より白っぽく見えると思います。また、光にかざすと上下２層に分かれて見えます。このような変化が確認できたら有精卵です

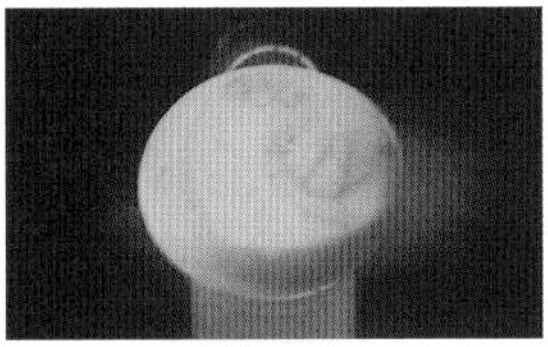

キャンドリング

有精卵で卵の上部に血管が確認できます。そのうちに発達して血管の中央に胚が確認できるようになり、それが大きくなるのがわかるようになります。卵の中で元気よく動く姿も見られることでしょう

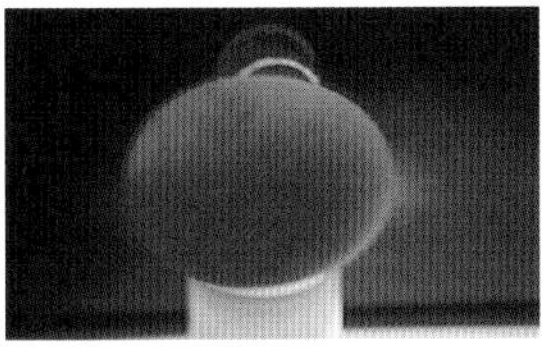

キャンドリング

卵の裏側からペンライトなどで光をあてて卵の中の様子を観察します。この卵は均質で何の変化も見られないことから、無精卵であることがわかります

同重量の水を加えて湿度をもたせて使用します。湿り加減がわかりにくいのが難点です。はじめに卵をセットした時点で重量を測っておいて、蒸発した場合に、後から水分を足す目安にするのもよいでしょう。筆者は湿り具合の指標として、透明から半透明の容器を用い、底面に少量の赤玉土を敷いた上にバーミキュライトを載せ2層にして用います。これで、赤玉土の色により湿り具合が確認できます。

赤玉土

色合いで湿り加減がわかるところが利点です。乾いた赤玉土であれば、

人工孵化に使われる床材

赤玉土は、「湿っているがさらさらしている」状態で用いる

約20パーセントの重量の水を加え用います。水を加えてしばらくタッパを開けたままにして、水分が全体に行き渡ってなじんでから使うとよいでしょう。

ミズゴケ

水に浸し、固く絞ってから用います。湿り加減がわかりにくいのが難点です。

いずれの場合も、湿度を60〜80パーセントに維持します。湿度が高すぎると、卵の内容物が膨張して殻にヒビが入ったり、殻の表面に水滴がつくことで胚が窒息死してしまうこともあるので注意が必要です。逆に長期の低湿度では脱水が起こり、検卵などで見ると殻の中に空間ができているのがわかることもあります。そのままにしておくと胚が死亡してしまいますので、湿度を少し上げてください。

卵の殻にひびが入ってしまった場合の処置

産卵時などに卵の殻を傷つけてしまった、卵の保温中に高湿度のためにひびが入ってしまった、ということがあります。そのような場合には、シリコンでシーリングすることでうまく孵化まで持っていくことができる場合があります。破損部分やひびの間に汚れが入り込んでいたとき、洗うとより深いところに汚染が広がり、かえってうまくいかなくなってしまうことが多いので、軽く汚れを取る程度にして、シーリングしたほうがよいでしょう。保温中は湿度が高くなりやすい床材に接している底面にひびを生じることがあるので、時おり底面もチェックして、早めにひびを見つけて処置をします。もちろんそのような場合には、早急に床材の湿度も少し下げる必要があります。

孵卵器

孵卵器《ふらんき》は爬虫類用として市販されているものもありますが、自作することも可能です。材料は、ケース、熱源、サーモスタットからなります。ケースは水槽などを使ったり、合板などで自作したり、小さい食器棚などを転用する方法があります。熱源はプレートヒーター、セラミックヒーター、ひよこ電球の他、熱帯魚用の水中ヒーターも利用可能です。熱帯魚用のヒーターは、空気中では使えないので水の中で使います。

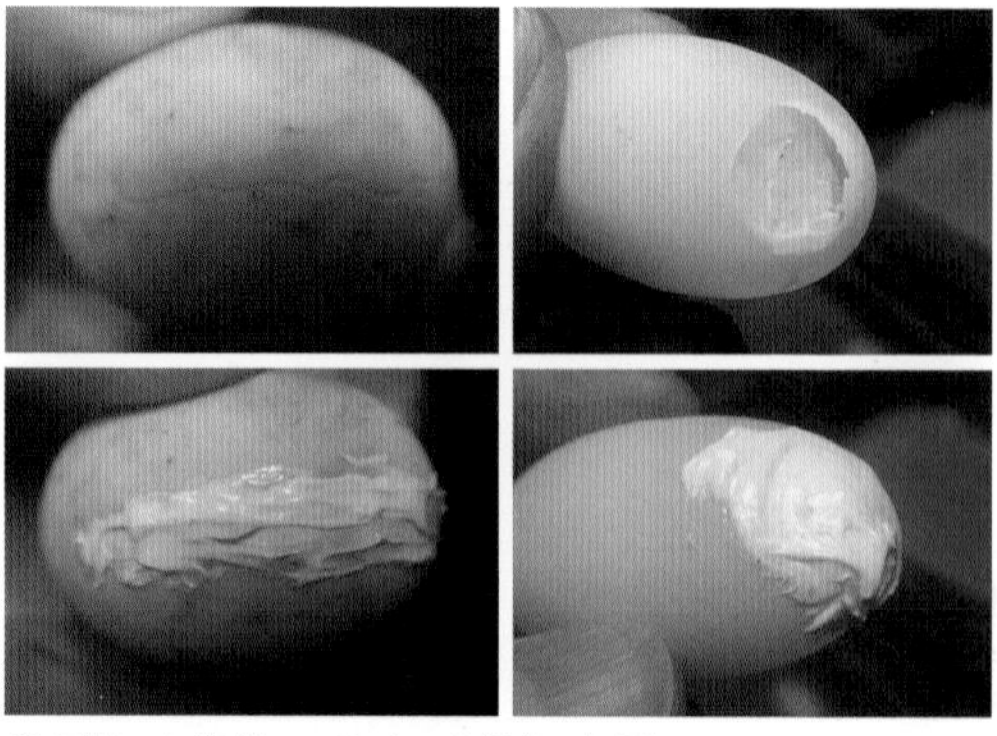

卵の殻にひびが入ってしまった場合の処置
シリコンでシーリングし、保温をすると発生が始まりました

パネルヒーターを用いた孵卵器

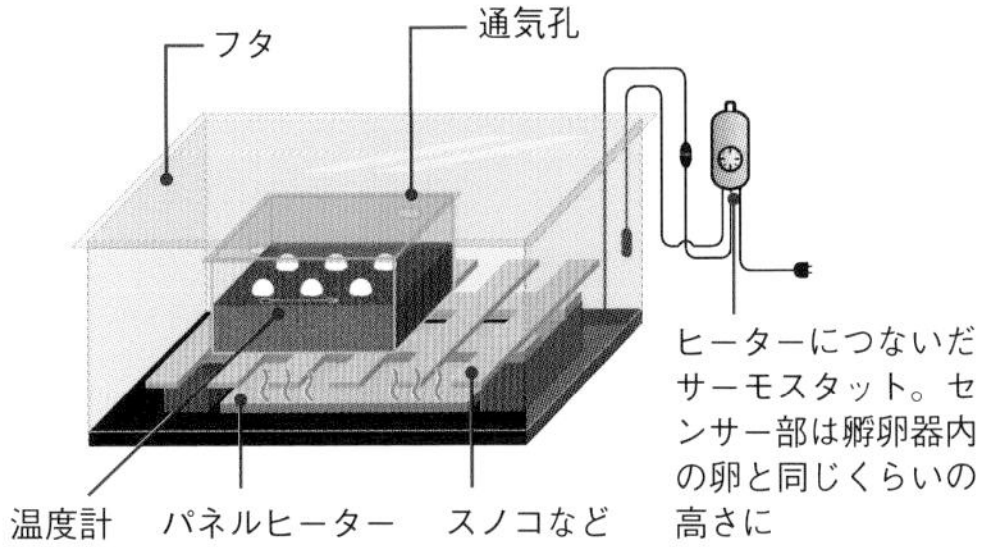
フタ
通気孔
ヒーターにつないだサーモスタット。センサー部は孵卵器内の卵と同じくらいの高さに
温度計
パネルヒーター
スノコなど

熱帯魚用のヒーターを用いた孵卵器

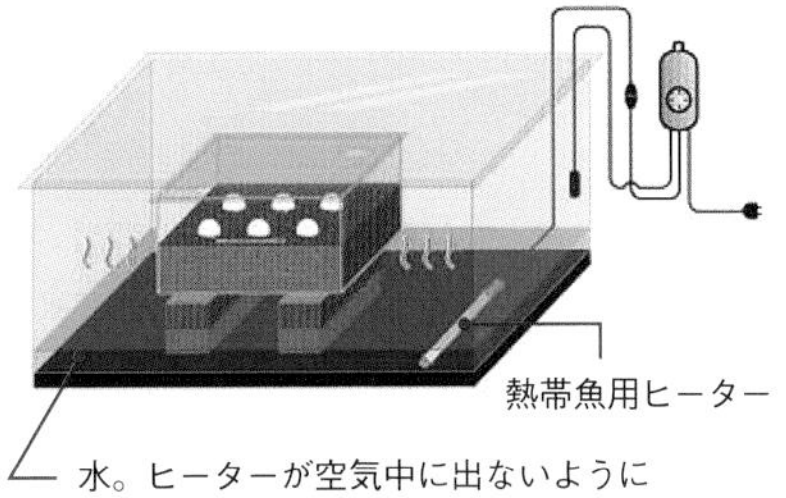
熱帯魚用ヒーター
水。ヒーターが空気中に出ないように

筆者が自作する孵卵器

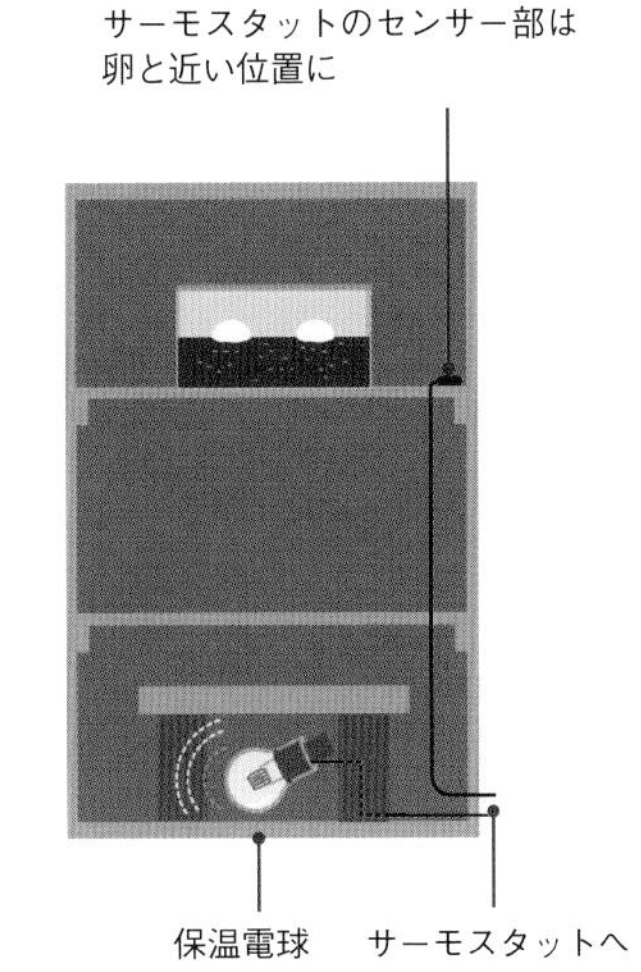
サーモスタットのセンサー部は卵と近い位置に
保温電球
サーモスタットへ

直接的に熱が卵に伝わらないように、レンガや石などで保温電球を囲う

食器棚を利用した孵卵器

後面には保温材を貼り付けており、使用時には前面からも冷気が入り込みにくいように断熱材（右の白いボード）でカバーしています。内側は左下にヒーター（サーモスタットで管理）、その横に内部の温度がかたよらないようにファンを置いています。スペース確保のためキッチン用の棚を利用しています

孵化

孵化を迎えた子ガメは、卵歯《らんし》といわれる嘴の先にある突起で卵の表面にヒビを入れ、卵殻に穴を開けます。外気に触れたところで多くの場合ひと休みし、卵から這い出る準備をします。ここで、出られなくなったのではないのかと心配になり、殻を割って出てくる手助けをしたくなると思いますが、もう少しそっとしておいてあげてください。それは、お腹の方にはまだ大きな卵嚢《らんのう》（卵の黄身の部分）が残っていて、それが吸収されるのを待っているからです。この時点で刺激をすると、十分に卵嚢が吸収される前に殻から出てきてしまいます。

卵嚢が吸収されると、いよいよ殻から出てきます。この過程は、殻の表面に穴があいてからだいたい1～3日かかります。お腹に大きな卵嚢がついている状態で出てきてしまった場合には、完全に吸収されるまで孵卵器の中に入れたままにしておきま

孵化の様子（セレベスリクガメ）

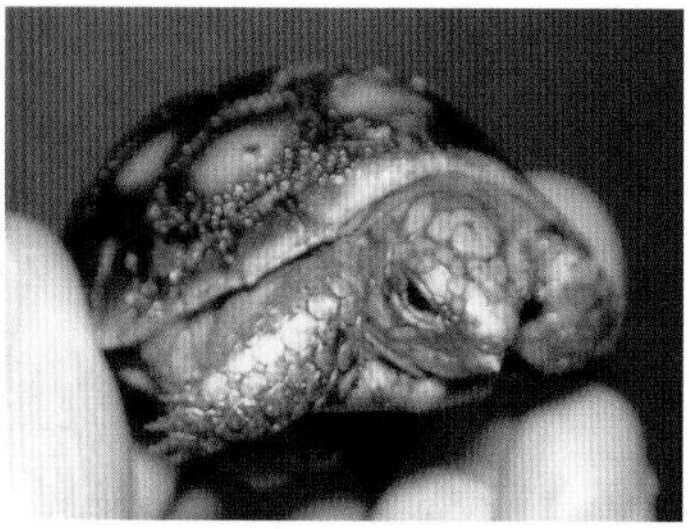

卵歯

生まれたばかりのアカアシガメ。鼻の先に小さく白い「卵歯」という突起が見られます。これで内側から卵の殻に穴を開けます

子ガメは卵歯を使って殻に穴を開けます。ここでひと休み。お腹にはまだ大きな卵嚢（らんのう）が残っていて、それが吸収されるまで出てきません

次の日、前足を使い、少し穴を大きくしました

穴を開けてから3日目、やっと殻から抜け出してきました

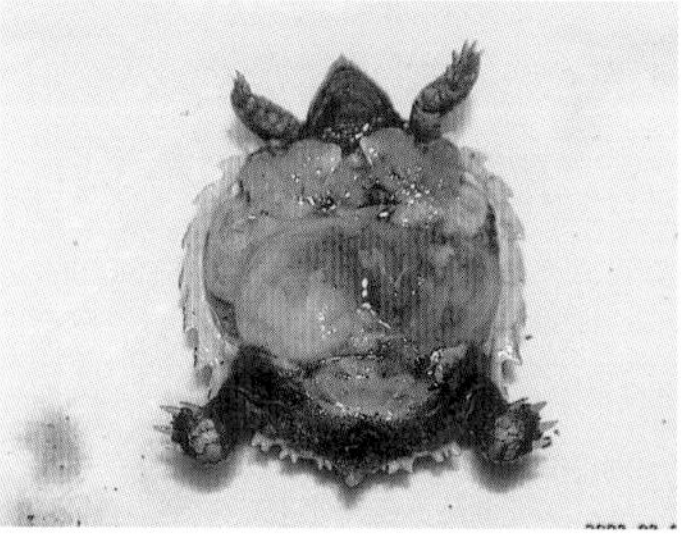

孵化して約10日の子ガメのお腹の中。中央にまだ大きな卵黄が見られますが、この時点ですでに餌を食べています

しょう。また、183ページのケヅメリクガメのように、大きな卵嚢をつけたまま出てきてしまった場合では、湿らせたミズゴケやペーパータオルなどを入れた容器に収容して、保温された暗いところに置き、2～3日で卵嚢が完全に吸収されてから普通の管理に移します。

新生仔の管理

殻から出てきたばかりの子ガメは、その小さな体に反して完全に自立しています。動きも俊敏で、飼育に関する必要条件も成体と大きくは変わりません。成体のカメとの管理の違いは、高めの空中湿度と温度を維持すること、水入れの割合を大きくすることくらいです。最初は体内に吸収した卵黄を消費するので餌を食べませんが、数日もすると餌を食べ始めます。子ガメは親と同じものを最初から食べるので、小さめに刻んだ野菜などを与えましょう。

COLUMN ケヅメリクガメとヒョウモンガメの思い出

本書の初版の制作時、我が家の最古参のリクガメがオスのヒョウモンガメでした。この個体は購入当初に拒食したため強制給餌を行なっていました。いっこうに餌を食べず、飼育開始から5ヵ月を過ぎた頃、ケヅメリクガメを購入し一緒に飼育を始めました。

一緒にして1ヵ月が過ぎようとしていたある日、ケヅメのあまりの食欲に刺激されたのか色に刺激されたのか、ヒョウモンがたまたま目の前にあったレンガをかじる仕草を見せました。急いでサニーレタスを持ってきて、横からそーっと口の中に差し出すと、なんと餌を食べ始めたのです。1990年のことですが、この光景は今でもはっきり脳裏に焼きついています。

その後もこの2頭は一緒に飼育していましたが、2年もすると2頭の間に交尾行動が見られるようになりました。そのうちにケヅメが産卵するようになり、孵るはずがないと思いつつも、一所懸命な姿を見ると無精卵であろうその卵をそのまま捨てるのが忍びなく、いちおう保温することにしました。当時はケヅメとヒョウモンの間に交雑種ができることを知らなかったのです。

保温を始めて一週間ほどすると、なぜか卵に発生が始まっていました。最初は円状に血管が見え、しばらくするとその中央部に赤いコンマ状の胎仔が確認できるようになったのです。それでも筆者には、なぜ発生が始まったのかわかりませんでした。その後も順調に血管が増え、胎仔も少しずつ大きくなっていき、順調に育っているように思えました。

筆者がその時点で繁殖経験があったのは、オルナータハコガメとミツユビハコガメのアメリカハコガメだけでした。これらのカメでは卵の保温湿度を高めにして成功していたため、ケヅメの卵もこれに準じました。しかし、高い湿度のために卵にヒビが入りました。そのヒビにカビが付いてしまったため意を決して卵を割ってみると、発達した血管の中央に勾玉（まがたま）状の塊が、そしてすでにできあがっている原始的な心臓が拍動していました。この時の驚きと無念は、なんとも表現がしにくいものです。

現在であれば、ケヅメとヒョウモンの間に交雑種ができることも、万が一ヒビが入ったときの対処の仕方もわかっているのですが、当時の筆者の知識ではいかんともし難いことでした。筆者がリクガメの繁殖に力を入れることになったのは、この2頭が産んだ卵がきっかけです。

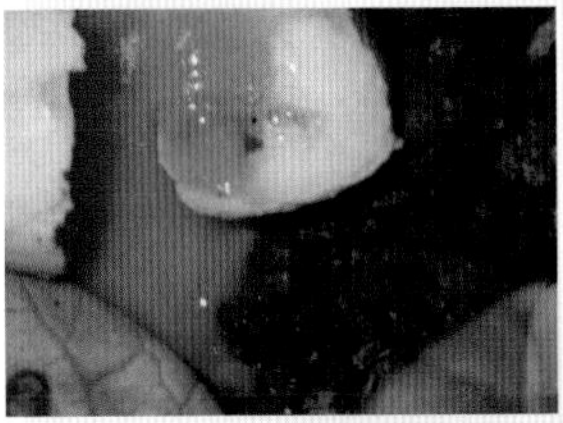

途中でひびが入ってしまった卵を開けてみると、小さく育った胚が…。心臓が動いているのがはっきりわかり、とても残念に、悔しく思いました

冬場の室内飼育時に、ケヅメリクガメに盛っているヒョウモンガメ

仲良く庭を散歩するケヅメリクガメとヒョウモンガメ

筆者宅での繁殖レポート

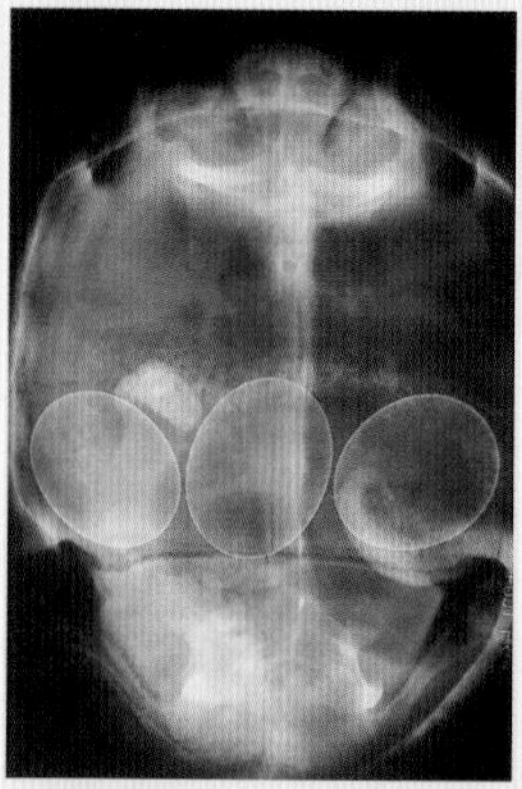

①レントゲン写真

②屋外での産卵。ギリシャリクガメは比較的このような植え込みの下など物陰での産卵を好む

③卵を産み落とす瞬間

④パイピング。殻に穴を開けたこの状態で一休み

ギリシャリクガメ

ギリシャリクガメの求愛行動は、オスがメスに甲をガンガンぶつけたり、メスの前肢に噛み付いたりすることでメスの動きを止めて交尾体勢に入ります。産卵のための穴の深さは10センチ前後で、産卵は2〜3時間で完了してしまうため、産卵場所を見逃してしまっていることもあるのではないかと思っています。産卵は8月から12月にみられ、卵の大きさは長径42〜46ミリ×短径30〜34ミリで、重さ24〜34グラム、一回に3〜5個の卵を産みます。3〜4週間後には次の産卵が行なわれ、年間の産卵回数は2〜3回でした。30℃で保温すると、だいたい2ヵ月前後で孵化してきます。

アラブギリシャリクガメは、11月から2月に産卵がみられ、産卵回数は1〜2回、体が小さいぶん卵も小型で、その大きさは長径34〜41ミリ×短径22〜25ミリ、重さは11〜13グラムでした。30℃で約2ヵ月半で孵化します。

⑤殻の穴が大きくなってきた。次は前肢を使って殻を壊していく。卵の後ろの方に白い分泌物のように見えるのが、保温中に殻にひびが入ってしまったため、シリコンを使ってシーリングした部分。万が一、卵にひびが入っても、早いうちであれば十分に対処可能

⑥生まれて２ヵ月。かなりしっかりしてきた

アラブギリシャリクガメ

卵が小さい分、新生仔もこんなに小さい

アラブギリシャリクガメの室内産卵の様子

アカアシガメ

①アカアシガメのオスの甲羅は成長すると側面がくびれる

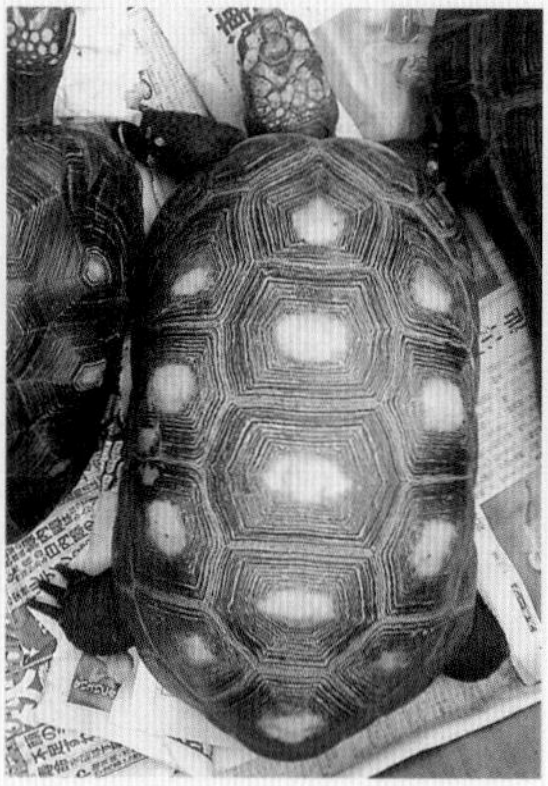

②メス。側面のくびれは見られない

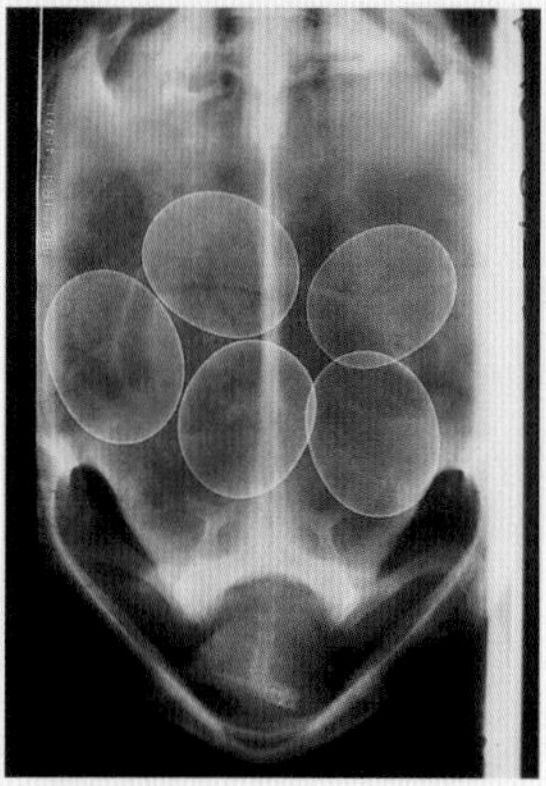

③レントゲン写真

④室内産卵用ケージでの産卵

⑤屋外での産卵。ケヅメやヒョウモンガメは比較的ひらけたところで産卵するが、アカアシガメはギリシャリクガメと同様に物陰での産卵が見られた

求愛行動はオスがメスの周りを回ったり、メスの顔の前に首を伸ばして頭を左右に振るような（震わせるような）行動を見せます。また、メスの手足を噛んだり、甲を押すような様子も見られます。産卵のための穴の深さは10〜15センチくらい。産卵数は2〜5個、9月から12月にかけて、年2〜3回産卵が見られました。卵の大きさは、長径42〜50ミリ×短径38〜41ミリ、重さ40〜47グラムでした。30℃で保温すると、１０７〜１５３日と他のリクガメよりも孵化までのばらつきが大きい傾向がありました。幼体の甲長は43〜51ミリ×37〜43ミリ、体重は22〜34グラムでした。アカアシガメに関しては、当初野菜と果物のみで飼育していました。この頃に産卵し

⑦生まれたてのアカアシガメの背甲

⑥孵化。もうすぐ卵から出てくる

⑧左のカメの「ヘソ」が大きく見えるが、数日すると右のようになる

胚の死亡。アカアシガメが卵を産み始めたので保温していたのだが、当初は無精卵であったり、発生が進んでも途中で死亡してしまっていた。途中で死亡した卵を割ってみると、このような奇形を起こしていることが複数見られた。思案した結果、月に数回、動物性のタンパク質を与えることにしたところ、その後は繁殖が順調にいくようになった。一部の栄養素の不足が原因と推測される

たものは全て発生途中で死んでしまい、うまく孵化させることができませんでした。試行錯誤の結果、月に1~3回、犬用のドライフードなどの動物性タンパク質を含むものを与えるようになってからは、順調に孵化するようになりました。

ヒョウモンガメ

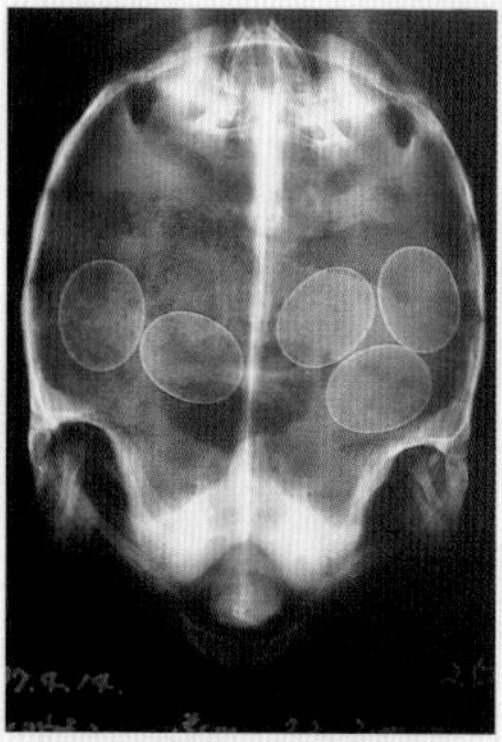

2-①こちらは体重が約2.5kgの個体のレントゲン写真

②地面を掘りやすくするためか、尿をして産卵のための穴を掘り進む

①交尾

2-②レントゲン写真の個体の産卵。やはり尿をして地面を軟らかくしている

求愛行動は、オスが甲でメスの体を押したり、甲をぶつけて動かないとみるや、後ろに回りこんで交尾行動に入ります。ヒョウモンガメには、穴を掘る時に尿をして地面を掘りやすくする行動が見られます。穴の深さは20～25センチくらい、1回の産卵数は5～15個、大きな個体では30という記録があるそうです。産卵は2時間ほどで終了することもあります。卵の大きさはだいたい35～45ミリくらい、重さは30～50グラムくらいです。30℃で保温すると3～4カ月で孵化します。

2-③5個の産卵。卵の大きさには極端な違いがないため、親個体が小さいと産卵数は少なくなる

③このときは15個も産卵した。親の体重は約7.6kg、甲長は約40cmと大きな個体だった

こちらは孵化直前に出てきてしまったもの

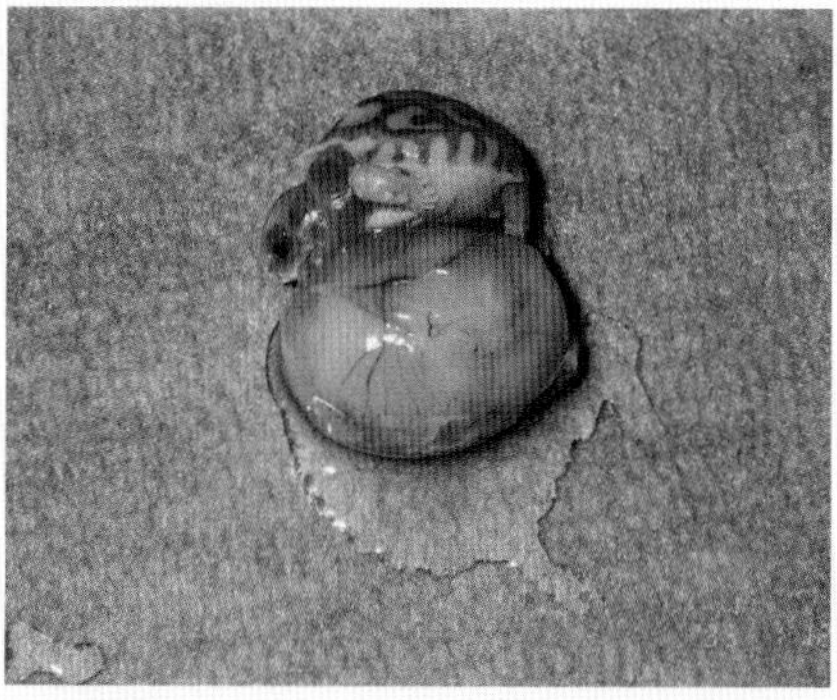

途中で殻にひびが入り、カビてしまったため開けたもの。早めにシリコンなどでシーリングすれば、助けられたかもしれない

インドホシガメ

①ヒョウモンガメと同様に、地面に尿をして穴を掘り産卵する

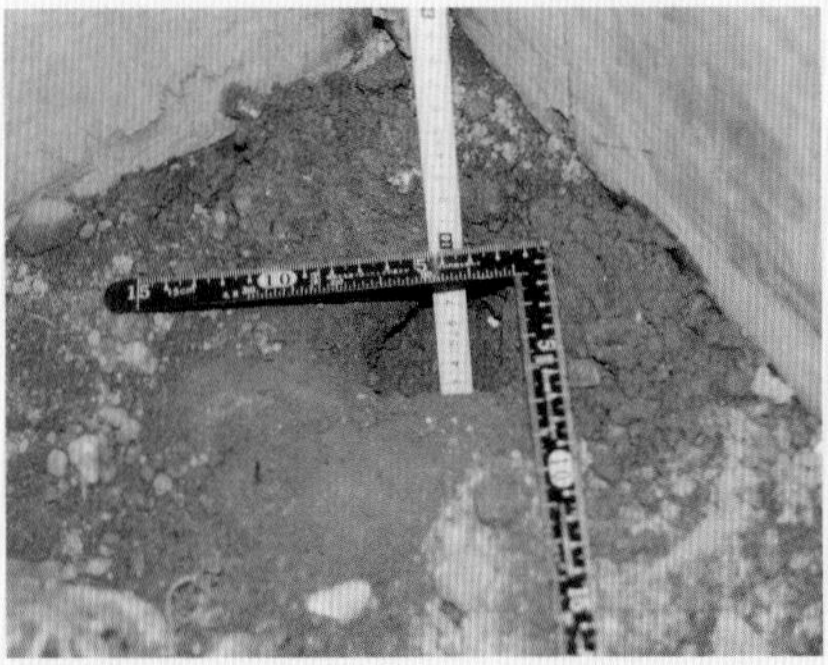

②穴の深さは約9cm。ひとつしか産卵せず、しかも無精卵だった

③ギリシャリクガメとの比較。上の２つがギリシャリクガメの卵。下の１個がこのときに産んだ卵

インドホシガメもヒョウモンガメと同様に、産卵時に尿をする行動が見られます。卵の大きさは、だいたい30×40ミリくらい重さは25〜38グラムくらい。普段はオスメス別飼いで、繁殖シーズン（筆者宅では春先）のみ一緒にしたほうが、有精卵を得やすいといわれています。30℃で保温すると4カ月弱で孵化し、幼体の甲長は36〜38ミリ×35〜37ミリ、体重18〜20グラムでした。

インドホシガメの幼体の飼育は、一般的に難しいといわれています。これは飼育環境の湿度に問題があるためのことが多いようです。インドホシガメの幼体をうまく飼育するためには、80パーセント以上の極端に高い環境湿度にする必要があります。筆者は幼体期には積極的にドックフードなどの動物性タンパク質を与えるようにしています。

卵の大きさの違い

左上から右に、ケヅメリクガメ、ヒョウモンガメ、ギリシャリクガメ、
下段左から右にアカアシガメ、インドホシガメ

4個産卵したが、ひとつは無精卵。3個が無事に孵化した

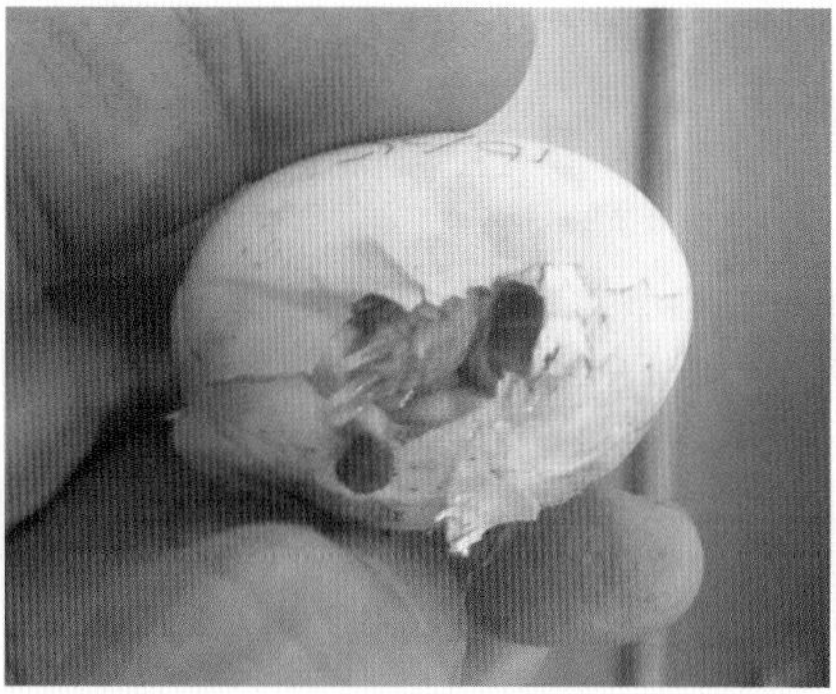

パイピングをしてひと休みしているところ。出てくるのが待ち遠しい。

生まれたては、まだ特徴的なホシガメの模様のラインの数が少ないが、成長とともに新しいラインが出てくる

ビルマホシガメ

ビルマホシガメの繁殖に関する細かい報告があまり見られないので、筆者宅での例を紹介します。

２００４年８月に甲長17センチ、体重９００グラムで筆者宅に来た個体が、２００８年９月には甲長27センチ、体重３・７キロにまでなり初めての産卵が見られました。産卵数は８個、卵の長径41～47ミリ×短径27～30ミリ、重さは31～34グラムというものでした。夏場の庭での飼育時にはメス個体が積極的にオスを受け入れていた姿が観られたのですが、残念ながら無精卵でした。

２００９年９月には15個の卵がレントゲン検査で確認されました（写真１）。季節的にこの時点では例年通り室内飼育にしていたため、屋外に簡易の産卵場をつくって自然産卵を試みましたが、なかなか産卵行動が見られないため、薬物による産卵を行ないました。残念ながら今回も無精卵でした。

２０１０年は９月に入っても暖かい日が続いていたために屋外での飼育を継続していました。たまたま休日であった９月２日、午前11時頃にビルマホシガメが産卵のための穴を掘り始めているところを観察することができました。インドホシガメ同様掘っている途中で尿をする行為が観られました（写真２）。午後２時頃には穴を掘り終え産卵が始まりました。ビルマホシガメの産卵は室内に取り込んでからという漠然としたイメージがあり、今回の産卵は突然のものでしたので、卵がいくつ入っているかわかりません。掘り終えた穴の大きさからして卵は８個、多くても10個ほどしか入らないでしょう（後に穴の大きさを測定してみると、深さ16センチ、横幅12～13センチでした）。卵はみるみる穴を満たしていきます（写真３）。その時に頭をよぎったのが、入りきらないで産卵を終了した場合「お腹に残った卵が後から穴を掘らずにポロポロ地面に産み落とされるのがいやだなぁ」ということでした。

そこで筆者がとった行動は、カメには悟られないように産み落とされた卵の一部を、産卵中に抜き取るという方法でした。産卵は午後３時半頃に完了し、埋め戻しが始まりました。カメが産卵後埋め戻す行動は片足づつ体重をかけて踏ん張るように土を踏み固め「これでもか」と思うほどしつこく行なわれます（写真４）。結局午後６時過ぎにやっと産卵は終了しました。このサイズのカメにしてはとても長い印象をもちました。

さっそく、穴を掘り返し卵を回収しました。産卵最中に取り出した卵と合わせて16個の卵が得られました。また、産卵から３日後に地面に産み落とされている卵を１個回収したので産卵数は合計で17個となりました（写真５）。

ここで落ち着いて考えてみると、持つ卵の数と産卵のための穴のサイズがとても不自然に感じてきました。筆者のこれまでの常識として、レントゲン検査によって認められた卵は1回で産み落とされ、複数回産卵する場合には産卵後3～4週間で卵胞が発達して卵殻が形成され産卵に至るというものでした。

しかしビルマホシガメでちょっと異なる可能性があります。

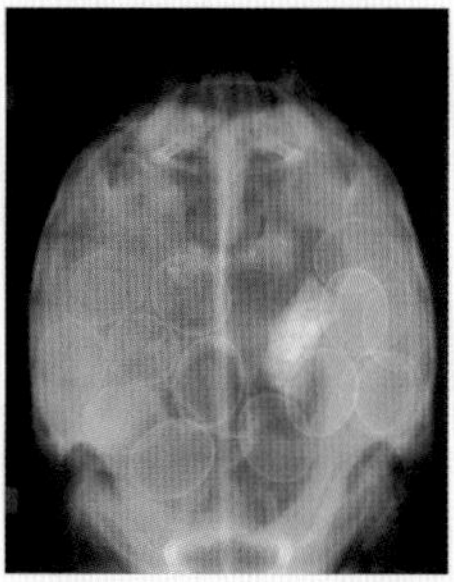

① 2009年9月。15個の卵がレントゲン検査で確認された

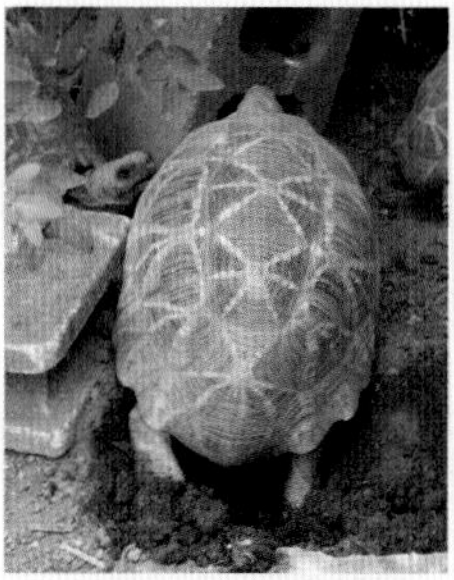

②尿をして穴を掘りやすくしている

③穴は卵でいっぱいになった

④しつこく土を固める

⑤計17個の卵がとれた

⑥孵化したビルマホシガメ

レントゲン検査では十分に卵殻が形成された卵が多数存在している。しかし、産卵のために掘られる穴のサイズは全てが入りきる大きさではないこと。今まで聞いたことのあるビルマホシガメの産卵数は、1クラッチ8個前後で年2クラッチ、あるいは数個ずつ数クラッチというものでした。2年続けて15個、17個という数が確認されたこと。以上のことからビルマホシガメでは、体内で完成された卵を1回に産卵せず、さほど間隔を空けないで、多分数日から1ヵ月ほどで複数回の産卵をするのではないかという推測が立てられます。これは、筆者の感覚からするとかなり変わった形態であると思いました。

このときの卵の重さは28～34グラム、大きさは40～49ミリ×31～37ミリでした。30℃で保温すると87～110日で孵化し、幼体の体重は16～23グラム、甲長は36～41ミリ×35～41ミリでした（写真⑥）。17個の卵のうち発生が始まったのが10個。3個が途中で発生が止まり、残りの7個が孵化しました。大きさにはバラつきがあり、孵化子の大きさは最大で41・4×39・3ミリ、体重23グラム、最小で36・2×34・9ミリ、体重16グラムで、この個体が最後に孵化しました。

ケヅメリクガメ

①交尾

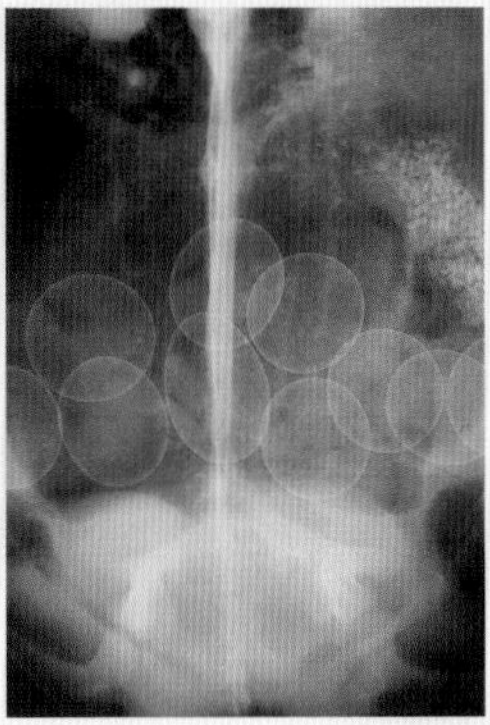

②レントゲン写真

③産卵。最初は前肢で体より一回り大きく浅く掘る行動がみられ、次に反転して後肢で卵を産み落とすための穴を掘り始めた

④きれいに壺状の穴を掘り終わると、いよいよ産卵。首を前後させながら、懸命に卵を産み落とす

⑤卵の回収。このときは10個の卵を産んだ

⑥保温のためにケースに入れる。ひとつは、回収のときに破損させてしまった

ケヅメリクガメの求愛行動は、オスが頭を引っ込め、甲でメスに体当たりしたり、ブルドーザーのように突進するような、かなり荒い感じの行動をとることがあります。メスの産卵行動は、まず産む場所が決まると、前肢で地面を掘り始め、自身の体よりひと回り大きな、浅い窪みを作ります。すると今度は反転して向きを変え、次に後肢で卵を産み落とすための穴を掘ります。8月から11月に、穴の深さ20〜25センチ、産卵数は11〜15個、3〜4週間空けて2回目の産卵が行なわれます。卵の大きさは、41〜53ミリ、重さ43〜59グラムでした。穴を掘り始めてからきれいに埋め戻すまで7〜8時間もかかることがありました。掘り出した卵は30℃で保温すると、85〜100日で孵化します。

⑦孵化。ひとつの卵が孵りだすと、1～3日の間に次々に他の卵も孵りはじめる

⑨まだ卵に入っているうちに刺激してしまい、こんなに大きな卵嚢をつけたまま出てきてしまった

⑧生まれたての子ガメ

⑪ちょっと大きくなって記念撮影。このときは10匹の兄弟が生まれた

⑩食餌風景

途中で死亡した胎仔

パンケーキガメ

このように知らないうちに産んでしまっていることが多い

筆者の通常の飼育ケージには床材を薄くしか敷いていないため、穴を掘れず、直接産み落としてしまう

オスがメスの周りを回りながら、頭や手足を噛む求愛行動が見られます。10月から12月に2～3回産卵し、1回の産卵で1個、長径42～49㍉×短径24～28㍉、16～22㌘ほどの卵です。オス同士は激しい咬み合いの喧嘩をするので注意が必要です。また、仲間意識が強く、新しい個体を入れるといじめられることがよくあります。そのような場合には、ケージの大掃除を兼ねてレイアウトを大幅に変え、同時に新しい個体を入れることによって、多くの場合問題なく受け入れられます。

COLUMN サイテスⅠ類に登録されたカメの繁殖に成功した場合

43ページでも述べましたが、基本的に環境省の国際希少動植物種に登録していないと、サイテスⅠ類に登録された種のカメを繁殖させることはできません。

ワシントン条約の附属書Ⅰ類に登録されたカメの繁殖にチャレンジする場合、生まれた仔を国際希少動植物種に登録をするためには、その経緯を説明することが必要となります。

そのために、飼育環境の説明や繁殖行動の状況を画像に残しておく努力が必要です。また、産卵前後の状況や産卵時の画像も残しておきます。その後の状況、人工孵卵の様子（卵の発生、成長の確認画像なども）、孵化前後の様子などの画像も残しておく必要があります。また、孵化後は、マイクロチップの挿入が可能になるまで、つまり申請時までの飼育状況や成長具合の画像も残しておきます。仕事があると、なかなか産卵や孵化の状況を画像に残すことは難しいことも多いとは思いますが、できるだけ詳しい状況を文字や画像に残し、間違いなく自ら繁殖させた個体であることを理解してもらうため、さまざまな状況を記録し理解してもらう必要があります。

セレベスリクガメ

セレベスリクガメの三つ子

①孵化を待っていたある日、保温中の卵を見てみると、いつもとは様子が異なる。子ガメが仰向けに、それも飛び出したように出ているところを発見した

②卵の大きさと子ガメの大きさが不釣り合いなことに気づき、少しずつ殻を剥いていくと、もうひとつ甲羅が見えてきた。双子だ

③しかし、まだおかしい。さらに殻を壊していくと、なんともう一匹！　結局は三つ子だった。この段階では目を開けてこちらを見ているが、いちばん小さい個体は弱っているようにも見えた

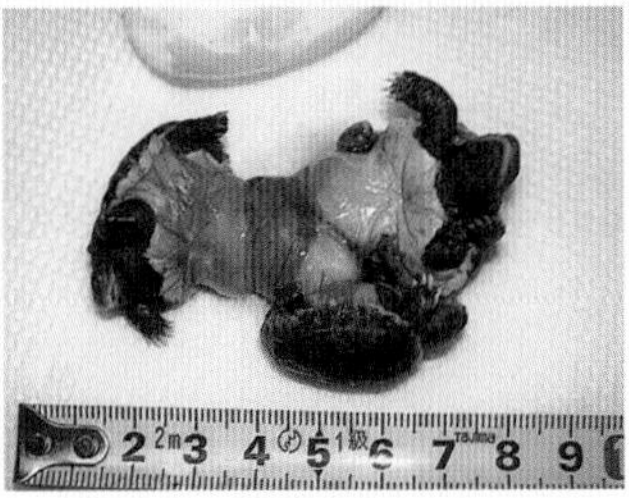

④残念ながら、次の日には死亡してしまった

セレベスリクガメの求愛行動は、甲を押し当てたり首や四肢に噛み付いたりすることでメスの動きを止め、すばやく後ろに回りこみ、交尾行動に移ります。産卵のための穴の深さは、10センチ以下のことが多いようです。夏季に地面に産卵したときには、落ち葉をどかすと卵の頭が見えるほどの深さに産卵していることがありました。産卵は10月から8月の間にみられ、産卵数はだいたい1個、まれに2個、3～4週ごとに3～9回行なわれます。大きさは長径52～62ミリ×短径33～36ミリ、重さ42～54グラムと体のわりに大きな卵を産みます。30℃で保温すると101～138日で孵化します。セレベスリクガメに関しては、孵卵器で保温した場合、甲ズレが多く発生した経験があり、飼育ケージの上やケージ内の片隅にケースを置くことによって、保温温度に変化をもたせることで、甲ズレが起こらなくなりました。

セレベスリクガメの双子

①三つ子を経験していたこともあり、卵から顔を出した子ガメが、卵の大きさに比べて小さいのに気がついた。殻を広げてみると、やはりもうひとつの顔がのぞいた。今度は双子のようだ。このまま様子を見ることに

③仕方がないので、殻を壊して取り出すことに。卵黄は吸収され、あとは離れるだけなのだが、まだもう少し時間がかかりそうだ

②次の日には一匹が卵の外に飛び出し、卵の中にいるもう一匹と引っ張り合いをしている（卵黄はひとつで共有している）

⑤生まれて 10 日が経過。元気に餌を食べている

④２匹ともとても元気がよく、お互いに体勢を整えようと暴れるため、切り離すことにした

③室内産卵用ケージでの産卵

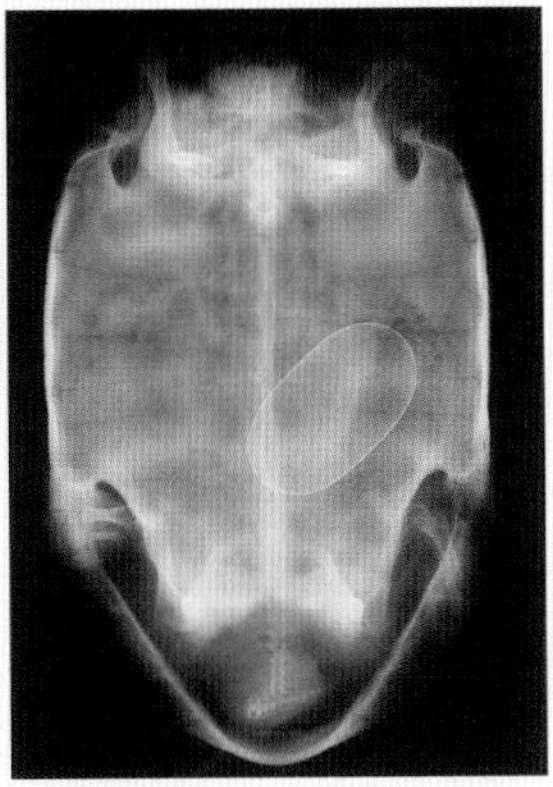

②レントゲン写真。体の割りにとても大きな卵がひとつ

①ケージ内での交尾

子ガメたち

⑤孵化の様子

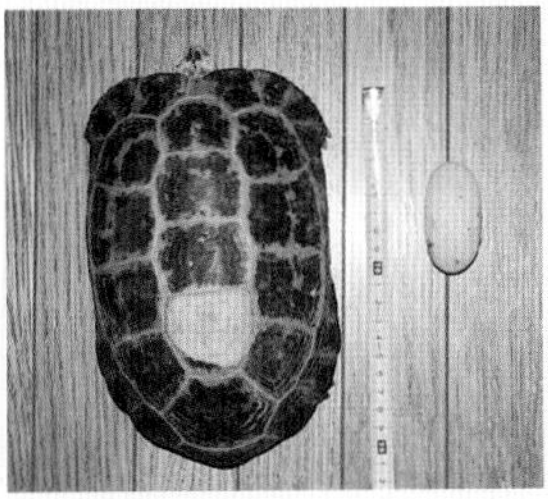

④卵の回収

甲板ズレと保温温度に関して

セレベスリクガメの繁殖が始まり、他のカメと同様に孵卵器を用いて保温を行なっていた。すると高い確率で甲板ズレの個体が生まれた。保温温度に問題があるのかと思い、温度を変えてみたのだが、改善されなかった。そこで飼育ケージの横などに卵の入ったケースを置き、保温温度に日内変動・季節変動をもたせたところ、甲板ズレが見られなくなった

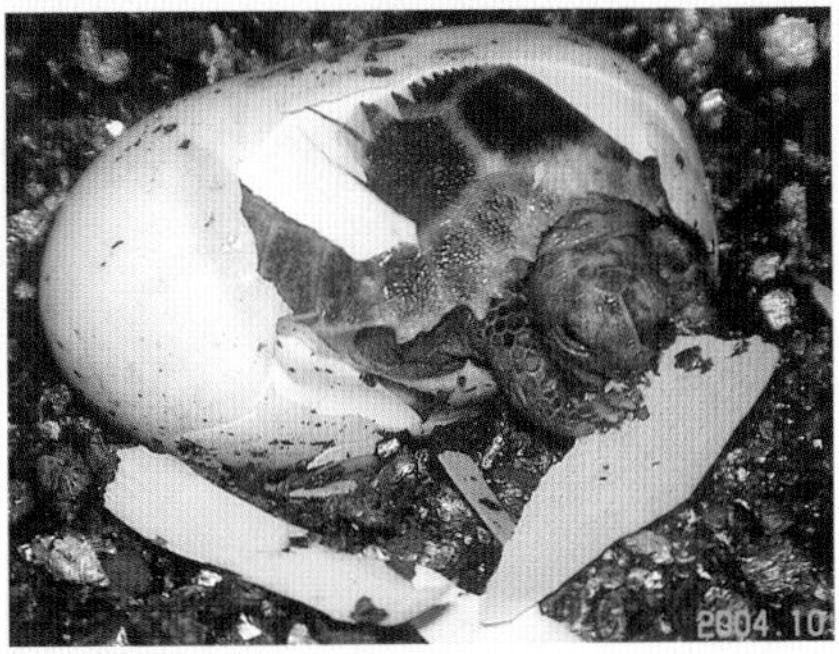

殻を食べる

あるとき孵卵器を開けてみると、孵化が始まっていた。フタを開けて明るくなると、この個体は自分の殻を食べ始めた。色々な孵化を見てきたが、はじめての経験だった。これはなにを意味しているのだろうか

ヨツユビリクガメ

②産卵が近づくと、産卵場所を探して右往左往

③産卵の様子（右往左往している写真の個体とは別）

①普段はこのようにノンビリ日向ぼっこ

産卵は7月から9月に1～3回行われ、1回の産卵数は3～4個でした。産卵のための穴の深さは10センチ足らずで、卵の大きさは長径43～48、短径28～31ミリ、重さは21～26グラム、休眠させずにいた年には、11～12月にも産卵したこともありました。30℃で保温すると60～65日で孵化し、幼体は甲長35×38ミリ前後で、体重は18～20グラムでした。

④卵の回収。これは右往左往している写真の個体。手探りでの掘り起こしになったため、ひとつ破損させてしまった

COLUMN

飼育していたカメが死んでしまった場合

さまざまな理由で、飼育していたカメが死んでしまう場合があります。そのような場合はどうしたらよいでしょうか。

まず、お住まいの地域の自治体にお願いする場合、動物の死体は一般には廃棄物として扱われます。つまりゴミとして焼かれるのですが、自治体によってさまざまなケースがあるので、保健所の衛生課などに連絡してみてください。

しかし、かわいがっていた子にそんなことはできないと思うのが普通の気持ちではないかと思います。最近ではペット霊園などが各地にあり、相談すれば火葬などの方法をとることができます。もちろん、庭などに余裕があれば自宅の土に帰してあげることもよいのではないでしょうか。

⑤孵化したヨツユビリクガメ

あとがき

ペットとしてのリクガメ

最初はその見かけに興味をもち、リクガメ飼育に入り込んでいくことが多いのではないでしょうか。実際に飼育を始めると、その他のリクガメにも興味が出てきて飼育を始める。するとその生態が異なっていることに気づく。ひとくくりだったリクガメがナニナニリクガメになる。形、大きさ、模様、色、性質、その強さ、その弱さ、その難しさ。かくして著者はリクガメ飼育にのめり込みました。ひとくちにリクガメといっても、その魅力は広くて深い！　著者はそのとても良い時代にリクガメと出会いました。リクガメにはまって30年、その間に私と同様、いえ、それ以上の方々の地道な経験が蓄積され、さまざまな情報が入りやすくなり、リクガメ飼育は必ずしも難しいものではなくなってます。

本書では、筆者の経験を基にした飼育方法を紹介してきましたが、これはひとつの例です。リクガメが飼われる環境は、地域や個々の飼育環境や飼育者によって異なります。繰り返すようですが、数字や文字に頼りすぎた型にはまった対応ではなく、生身のリクガメをよく観察し、その行動を客観的に捉えて対処することを実践してください。例えば、夜間の温度を22℃にしている、昼間の温度を33℃にしている。しかし、鼻水が出ている、餌食いが悪い、ヒーターの近くにいつもいる、サーモスタットがずっと点灯している。それ、あなたの希望であって、本当に22℃以上に維持されているの？　33℃に達してるの？　思い込みは禁物です。

また、リクガメの飼い方は、まだ進化の過程にあります。今まではよくなかったり、していたことが、実はよくなかったり、もっとよい方法が分かるかもしれません。たとえば、筆者が衝撃を受けたのが、インドホシガメの飼育の変化です。以前はリクガメはジメジメはダメ、乾燥させて、と呪文のように言われていました。

これによりインドホシガメは飼育が難しくなり、特にピンポン玉サイズはバタバタと死んでいました。それが今では高湿度にすることで、問題なく飼育が可能となりました。

先にも述べたように、リクガメはすべてワシントン条約附属書Ⅱ以上に登録されている貴重な生き物です。まだリクガメ飼育の経験の浅い方にも、そのことを心に刻んで、飼育を楽しんでいただきたいと思っています。現在も、リクガメを殺してしまうほとんどの原因が、飼育の不備によるものです。リクガメのある個体を10年、20年で死なせてしまったら、彼らの本来の寿命からすれば十分に長いとは言えません。「この子を40年、50年飼っているんですよ」と自慢しあえる環境に向かってくれることを願っています。犬猫のように、リクガメも本来の寿命を全うさせてあげることができるようになることが、真にリクガメがペットして認められるようになると、個人的には思っています。

そのための一つとして、少しでも本書が役に立つのであれば幸いです。

絶滅のおそれのある野生動植物の種の国際取引に関する条約とリクガメについて

絶滅が危ぶまれている野生動物の国際取引を規制することにより、これらの動植物の保護を図る目的で定められたもの。絶滅のおそれのある動植物を３つのランクに分類し、条約の附属書Ⅰ、ⅡおよびⅢに分けてリストアップしている。

カテゴリー	概　要	含まれるリクガメ
附属書Ⅰ	国際取引の影響により絶滅のおそれのある種で、商業取引は学術目的、繁殖個体等以外は原則禁止。輸出国と輸入国の許可がなければ、国際取引ができない	ガラパゴスゾウガメ、ホウシャガメ、ヘサキリクガメ、メキシコゴファーガメ、ホシヤブガメ、クモノスガメ、ヒラオリクガメ、エジプトリクガメ、ビルマホシガメ、インドホシガメ、パンケーキガメ
附属書Ⅱ	現時点では必ずしも絶滅のおそれはないが、取引を厳重に規制しなければ、将来的に絶滅が危惧される種。輸出国の許可があれば、商業取引ができる	附属書Ⅰ以外のリクガメは全て附属書Ⅱに含まれている
附属書Ⅲ	各国の判断で採取または捕獲を防止および制限されている種。輸出国の許可があれば、商業取引ができる	リクガメではなし

締約国会議が、約２年に１度開催され、分類などの見直しが行なわれています。

この分類は必ずしも絶滅の危険性とリンクしているわけではありません。

しかし、開拓などリクガメを取り巻く環境からして、このままでは全てのリクガメが、長期的にみて絶滅してしまうことは、十分推測することができます。

主要参考文献
Frye FL.1991.Biomedical and Surgical Aspects of Captive Reptile Husbandry.2nd.Ed.Kreiger Publishing,Malabar,FL.
Highfield A.C.1998.Practical Encyclopedia of Keeping and Breeding Tortoises and Freshwater Turtles.Carapace Press.London.
Pritchard PH.1979.Encyclopedia of Turtles.TFH Publication,Neptune City, NJ.
Frye FL.1997. 飼育下の爬虫類の食餌　実用ガイドブック .LLL セミナー
H.Boyer,Thomas.1996. エキゾチック動物の医学 . 日本動物病院協会
小家山　仁 .2004. カメの家庭医学 . アートヴィレッジ
小家山　仁 .2003. リクガメ大百科 . マリン企画
小家山　仁 .1999. カメとイグアナ・ヘビ・トカゲ . 主婦の友社
塩谷　亮　2007. ザ・リクガメ飼育の全てがわかる本。　誠文堂新光社
高橋　泉 .1997. カラー図鑑カメのすべて . 成美堂出版
安川　雄一郎 .2000. チチュウカイリクガメ属の分類 . クリーパー . 創刊号：4-19. クリーパー社
安川　雄一郎 .2001. ホシガメの分類と生活史およびその現状 . クリーパー .No.7:4-17. クリーパー社
安川　雄一郎 .2002. ケヅメリクガメとヒョウモンガメの分類と生活史 . クリーパー .No.11:4-17. クリーパー社
安川　雄一郎 .2004. パンケーキガメとソリガメの分類と生活史 . クリーパー .No.21:83-94. クリーパー社
安川　雄一郎 .2004. 南アメリカ大陸産リクガメの分類と自然史 . クリーパー .No.25:26-46. クリーパー社
安川　雄一郎 .2005. ゾウガメと呼ばれるリクガメ類の分類と自然史 . クリーパー .No.32:12-37. クリーパー社
吉田　誠 .1997. ケヅメリクガメの繁殖 . アクアライフ .1997.7 月号（通巻 216 号）:156-161. マリン企画
吉田　誠 .2002. トラバンコアリクガメの繁殖 . クリーパー .No.14:60-61,88-91. クリーパー社
吉田　誠 .2006. セレベスリクガメの繁殖で経験した孵卵温度と甲板ズレについて . クリーパー .No.35:106-107. クリーパー社
山根　義久監修　庄司　太郎他著 .1999. 動物が出会う中毒―意外にたくさんある有毒植物―. 財団法人 . 鳥取県動物臨床医学研究会

著者紹介

吉田　誠　Makoto Yoshida

1958年生まれ。日本大学農獣医学部獣医学科卒業。現在小動物臨床に従事。幼少より生き物に興味をもつ。幼稚園時代に、自宅の庭の犬小屋で愛犬とともに寝込んでしまい、誘拐されたのではないかと大騒ぎになりかけた……らしい。小学生の時に同級生にクサガメをもらい、飼育し始めたのがカメとの出会い。3.11福島原発災害までは、リクガメ、水棲ガメ、トカゲなど25種以上、100頭を超える爬虫類を飼育していたがすべて失い、現在細々と爬虫類飼育を楽しんでいる。

編　　集　山口正吾
新訂版編集　新野雄高
取　　材　山田敦史
校　　正　田形正幸
撮　　影　笹生和義、橋本直之
写真提供　齋藤　直
マ ン ガ　三宅ひよこ
イラスト　小野山雅子
デザイン　スタジオB4
広告制作　酒井康友
協　　力　神畑養魚、川田 潮、GEX、zicra、ゼンスイ、ZOO MED Japan、ビバリア、ポゴナ・クラブ、みどり商会、Reptiles Shop アライブ

本書は2009年発行の「リクガメの飼い方」に加筆や修正をして新たに出版したものです。

新訂版　リクガメの飼い方

2022年3月15日　発行

著　　者　吉田　誠
発 行 人　清水　晃
発　　行　株式会社エムピージェー
〒221-0001
神奈川県横浜市神奈川区西寺尾2丁目7番10号
太南ビル2階
Tel　045-439-0160
FAX　045-439-0161
al@mpj-aqualife.co.jp
http://www.mpj-aqualife.com
印　　刷　図書印刷株式会社

© 株式会社エムピージェー
2022 Printed in Japan

本書についてのご感想を投稿下さい。
http://www.mpj-aqualife.com/question_books.html